KB149399

# 전쟁사로 본 삼십육계

# 전쟁사로 본 삼십육계

초판발행일 | 2014년 10월 31일

지은이 | 조성주, 이덕윤, 이준성, 최장옥
펴낸곳 | 도서출판 황금알
펴낸이 | 金永馥

주간 | 김영탁
편집실장 | 조경숙
인쇄제작 | 칼라박스
주　소 | 110-510 서울시 종로구 동숭동 201-14 청기와빌라2차 104호
물류센타(직송 · 반품) | 100-272 서울시 중구 필동2가 124-6 1F
전　화 | 02) 2275-9171
팩　스 | 02) 2275-9172
이메일 | tibet21@hanmail.net
홈페이지 | http://goldegg21.com
출판등록 | 2003년 03월 26일 (제300-2003-230호)

ISBN 978-89-97318-82-7-93390

# 전쟁사로 본 삼십육계

조성주, 이덕윤, 이준성, 최장옥

황금알

# 서문

삼십육계는 중국의 오랜 역사 속에서 만들어진 중국인들의 지략(智略)이다. 이는 어느 한 시대 사람들에 의해서 완성된 것이 아니라, 중국의 역사 대대로 내려오면서 수많은 사람의 지혜가 총결집된 것이라 할 수 있다.

이 삼십육계는 주역(周易)의 원리를 전쟁과 전략, 작전, 전투에 응용한 것이다. 주역은 천지 만물이 끊임없이 변화하는 자연현상의 원리를 풀어서 정립한 세상을 살아가는 지혜이며 우주론적인 철학이라 할 수 있다. 세상 만물은 변하고 있으나 그 변하는 것은 일정한 항구불변의 법칙을 따라서 변하는 것이므로, 그 법칙 자체는 영원히 변하지 않는다는 것이다. 삼십육계는 용병의 이치를 이 같은 주역의 원리로 설명하고 있다.

계(計)는 지략(智略)이다. 지략이란 '슬기로운 계책'을 의미하며 사람들이 생활하는 가운데 머리를 써서 만들어낸 지혜의 결정체이자 누구든지 생각하고 사용할 수 있다.

지략은 '보이지 않는 칼'이라 할 수 있다. 사용하지 않을 때는 드러나지 않지만 일단 유사시에는 그 예리한 칼날이 빛을 발할 수 있다. 정치가는 이를 이용하여 권력을 휘두르고, 사업가는 사업이 번창하도록 하며, 군인은 이를 이용해 전쟁을 승리로 이끌 수 있게 되는 것이다.

손자(孫子)는 "작전은 적을 기만하는 제 방법이다.(兵子 詭道也)"라고 했다. 생과 사의 전장에서 군자(君子)와 같은 선행을 기대할 수 없다. 전쟁에 있어 적을 속이는 것은 지략의 기본원칙이며, 삼십육계는 이 원칙을 수행하는 일종의 방법인 것이다.

삼십육계는 승전계(勝戰計), 적전계(敵戰計), 공전계(攻戰計), 혼전계(混戰計), 병전계(倂戰計), 패전계(敗戰計)의 6계(計)로 크게 나뉘며, 각각의 계는 다시 6개의 계(計)로 이루어져 있다. 36계는 전쟁의 모든 상황에서 적용 가능한 지략을 제시하고 있다. 적보다 우세한 전력을 보유하고 있을 때, 적과 아군의 전력이 대등한 경우, 전투에서 바로 적용이 가능한 지략, 적이 혼란한 와중에 있을 때의 공략법, 연합 및 동맹국들과 전쟁 시 전략, 그리고 전쟁에 패했거나 극히 열악한 상황에서 채택할 수 있는 전략 등을 망라하고 있다.

이 책은 독자들이 삼십육계를 쉽게 이해하도록 원문을 소개하고 해석을 붙인 다음, 이와 관련된 108개의 사례를 발굴하여 소개하였다. 사례는 중국의 고사뿐만 아니라, 중국과 우리 민족 간의 전쟁사례를 포함하여 6·25전쟁사와 세계의 전쟁사례 중에서, 삼십육계에 대한 손쉬운 접근과 이해에 적절한 사례를 선택하여 제시하였다.

중국의 세계적인 부상과 이에 따른 일본의 우경화와 군비증강 노력 등 최근 동북아의 전략 환경은 19세기 상황과 유사하게 연출되고 있다. 이러한 상황에서 우리의 생존과 번영을 추구할 수 있는 전략도 삼십육계에 포함되어 있다. 그것은 바로 '원교근공(遠交近攻)'의 계이다.

원교근공은 공세적인 계로 먼 국가와 친교를 맺고 인접한 국가를 공격한다는 의미이다. 그러나 우리가 추구하는 전략은 근공이 아니라 근친이 되어야 한다. 우리 주변 국가들을 견제해줄 수 있는 멀리 떨어진 국가와 동맹을 맺고, 주변국과 친선관계를 유지하여 상호번영을 추구하는 것이다.

구한말 제국주의 시대에 러시아와 청, 일본 등 동북아 3대 강국은 대한제국을 식민지로 삼기 위해 다투었다. 고종 황제는 원교근공의 계로 미국과 서구세력 등과 우호 관계를 정립하여 청과 일본, 러시아의 침략 의도를 견제하면서 대한제국의 생존을 모색하려 하였으나 실패하고 말았다. 이로써 한반도는 이들 3개국의 각축장, 즉 전쟁터가 되고 말았고, 최후의 승자인 일본의 식민지 지배를 받아야만 하는 비운에 처했다.

현 남북이 대치하고 있는 상황에서 동북아의 전략적 환경은 크게 변하지 않았다. 중국, 일본, 러시아 등 3개 강국에 둘러싸인 우리의 상황에서 '원교근공'을 통해 이들 3개국을 견제하면서, 북한의 침략의도를 억지할 수 있도록 강력한 국가와 동맹관계를 유지하는 것이 매우 중요하다.

이처럼 삼십육계에는 국가의 생존전략, 국방전략, 작전술, 전술에 적용할 수 있는 무궁무진한 지혜가 담겨 있다. 모쪼록 삼십육계에 대한 깊이있는 이해를 통해 '마음속의 칼'을 예리하게 닦을 수 있기를 기대해 본다.

2014. 봄  저자 일동 씀

# 차 례

**제1부  승전계(勝戰計)・13**

　제1계 : 만천과해(瞞天過海)・14
　　– 설인귀가 황제 이세민을 속여 랴오허(遼河)를 건너다
　　– 북한군이 국군을 속여 원창고개를 넘다
　　– 이집트군이 이스라엘군을 속여 수에즈운하를 건너다

　제2계 : 위위구조(圍魏救趙)・22
　　– 손빈이 위나라의 후방을 공격하여 조나라를 구하다
　　– 태평양전쟁 시 미군이 우회전술로 일본군을 격파하다
　　– 맥아더 장군이 인천 상륙으로 북한군 병참선을 차단하다

　제3계 : 차도살인(借刀殺人)・34
　　– 유비가 손권과 연합하여 조조군을 격멸하고 천하를 삼분하다
　　– 임진왜란 시 일본군이 계략으로 이순신 장군을 파직시키다
　　– 영・미가 일본을 이용하여 러시아의 남진(南進)을 견제하다

　제4계 : 이일대로(以逸待勞)・45
　　– 강감찬 장군이 거란군을 피로에 지치게 한 후 격파하다
　　– 6・25전쟁 시 공산군 유격대가 아군을 피로하게 하다
　　– 유엔군의 상륙작전 능력이 중국군을 피로하게 하다

　제5계 : 진화타겁(趁火打劫)・52
　　– 나・당 연합군이 내분을 이용하여 고구려를 멸하다
　　– 일본이 동학혁명으로 약화된 조선을 침략하다
　　– 연합군이 전략폭격으로 나치독일과 일본을 무력화하다

　제6계 : 성동격서(聲東擊西)・64
　　– 알렉산드로스가 양동 후 강을 건너 포러스군을 격파하다
　　– 영국군이 측 후방으로 기동하여 프랑스군을 격파하다
　　– 연합군이 칼레에서 양동하고 노르망디에 상륙하다

제2부　적전계(敵戰界) · 75

　제7계 : 무중생유(無中生有) · 76

　　- 제갈량이 10만 개의 화살을 만들어내다

　　- 이순신 장군이 전선 13척으로 일본 수군 133척을 격파하다

　　- 영국군이 대규모 가공부대로 독일군을 기만하다

　제8계 : 암도진창(暗渡陳倉) · 82

　　- 한신이 잔도를 수리하고 은밀히 진창으로 나가다

　　- 독일군 기갑부대가 아르덴을 통해 대서양으로 나가다

　　- 북한군 제6사단이 호남지역을 통해 부산으로 진격하다

　제9계 : 격안관화(隔岸觀火) · 92

　　- 조조가 적 내부를 분열시킨 후 원 씨 형제를 죽이다

　　- 마오쩌둥의 격안관화 전략

　　- 중국의 아프간 및 이라크 전쟁 시 격안관화

　제10계 : 소리장도(笑裏藏刀) · 98

　　- 히틀러가 불가침조약 후 폴란드와 소련을 침공하다

　　- 일본이 진주만 기습 전에 대미협상 카드를 활용하다

　　- 6 · 25전쟁 발발 전 북한이 위장평화 공세를 전개하다

　제11계 : 이대도강(李代桃僵) · 107

　　- 손빈이 하등 마의 희생으로 경주마에서 승리하게 하다

　　- 신라군이 화랑들의 희생으로 백제의 5천 결사대를 격파하다

　　- 리지웨이 장군이 유엔군 작전을 위해 지평리 고수를 명하다

　제12계 : 순수견양(順手牽羊) · 113

　　- 조광의가 형의 방심을 틈타 황제가 되다

　　- 신라가 당(唐)의 한반도 장악 기도를 물리치다

　　- 국군 제6사단 7연대가 동락리에서 방심한 적을 격멸하다

# 제3부 공전계(攻戰計)・121

## 제13계 : 타초경사(打草驚蛇)・122
- 미군이 자동폭발탄약으로 일본군의 야간공격을 노출하다
- 리지웨이 장군이 사냥개 작전으로 중국군을 놀라게 하다
- 미군이 바그다드 진입 간 이라크군을 노출시켜 격멸하다

## 제14계 : 차시환혼(借屍還魂)・128
- 유엔군이 북한 지역의 도서들을 유격기지로 활용하다
- 베트콩이 유기 품을 부비트랩으로 만들어 미군을 공격하다
- 이라크 저항세력이 IED로 미군에게 피해를 주다

## 제15계 : 조호이산(調虎離山)・134
- 우후(虞詡) 장군이 강인을 분산시켜 격파하다
- 중국군이 유엔군의 강점을 약화해 북진을 좌절시키다
- 이집트군이 이스라엘군의 강점을 무력화하다

## 제16계 : 욕금고종(欲擒故縱)・139
- 흉노의 묵돌이 동호국을 자만에 빠지게 한 후 정벌하다
- 제갈량이 맹획을 7번 잡았다가 7번 놓아 주다
- 미군이 바그다드 포위 공격 시 한 곳을 열어놓다

## 제17계 : 포전인옥(抛磚引玉)・145
- 장의가 약소국 파(巴)를 끌어들여 6국의 합종을 파(破)하다
- 이순신 장군이 전선 5척으로 왜선 73척을 유인 격파하다
- 미군이 차량호송부대를 미끼로 베트콩 1개 연대를 격멸하다

## 제18계 : 금적금왕(擒賊擒王)・152
- 당 태종 이세민이 돌궐의 칸을 잡아 북방을 안정시키다
- 영국이 나폴레옹을 세인트 헬레나 섬에 영원히 유배시키다
- 미국이 후세인을 끝까지 추적 체포하여 사형에 처하다

# 제4부  혼전계(混戰計) · 159

### 제19계 : 부저추신(釜底抽薪) · 160
 – 스키피오가 카르타고로 건너가 한니발군을 철수시키다
 – 청군이 강화도를 점령하여 조선을 항복시키다
 – 중국군이 오마치 고개를 점령하여 국군을 포위하다

### 제20계 : 혼수모어(混水摸魚) · 167
 – 한(漢)이 고조선 내부를 분열시켜 점령하다
 – 나폴레옹이 울름에서 마크군을 혼란에 빠트려 격멸하다
 – 적 지휘체계와 방공망을 무력화하라

### 제21계 : 금선탈각(金蟬脫殼) · 176
 – 죽은 공명이 산 중달을 물리치다
 – 독일군이 대담한 기동으로 러시아군을 섬멸하다
 – 국군 제3사단이 독석동에서 구룡포로 해상 철수하다

### 제22계 : 관문착적(關門捉賊) · 182
 – 소련군이 독일 제6군을 포위 섬멸하다
 – 북한군이 봉암리 계곡에서 유엔군 포병을 포위하다
 – 유엔군이 지암리에서 중국군 1개 사단을 포위 격멸하다

### 제23계 : 원교근공(遠交近攻) · 190
 – 진(秦)이 원교근공으로 중국을 통일하다
 – 신라(新羅)가 나당동맹으로 삼국을 통일하다
 – 원교근공의 명수인 비스마르크와 히틀러

### 제24계 : 가도벌괵(假道伐虢) · 197
 – 춘추시대 진(晉)이 괵을 정벌하기 위해 우의 길을 빌리다
 – 신라가 가도벌괵으로 한강 지역을 확보하다
 – 조선이 일본과 청(淸), 러시아의 싸움터가 되다

## 제5부 병전계(併戰計) • 205

### 제25계 : 투량환주(偸樑換柱) • 206
- 조고가 호해를 황제에 앉혀 진을 멸망시키다
- 장량과 진평이 항우의 기둥인 범증을 쫓아내다
- 히틀러가 크비슬링을 내세워 노르웨이를 장악하다

### 제26계 : 지상매괴(指桑罵槐) • 213
- 주체가 권신 제거 명분으로 반란을 일으켜 황제가 되다
- 히틀러가 폴란드를 침략하여 연합국에 경종을 울리다
- 미국이 아프간 침공으로 테러지원국들에 경종을 울리다

### 제27계 : 가치부전(假癡不癲) • 219
- 다윗이 위기의 순간에 미친 척하여 사지를 벗어나다
- 초 장왕이 성색(性色)에 빠진 척하여 왕권을 보전하다
- 몽골의 수보타이가 유인작전으로 유럽군을 격멸하다

### 제28계 : 상옥추제(上屋抽梯) • 225
- 이연이 상옥추제의 계략으로 당(唐)을 세우다
- 을지문덕 장군이 수군을 기만 · 유인하여 격멸하다
- 나폴레옹이 러 · 오 동맹군을 아우스터리츠에서 격파하다

### 제29계 : 수상개화(樹上開花) • 232
- 이순신 장군이 강강술래로 일본군을 속이다
- 몽고메리 장군이 사막의 여우 로멜을 속이다
- 장춘권 소령이 트럭으로 전차의 위력을 발휘하다

### 제30계 : 반객위주(反客爲主) • 240
- 조구가 인질의 신분에서 남송의 개국황제가 되다
- 일본이 태평양지역에서 주인행세를 하다
- 마오쩌둥이 대장정의 역경을 딛고 중국의 주인이 되다

## 제6부 패전계(敗戰計) · 247

### 제31계 : 미인계(美人計) · 248
  – 범려가 서시를 이용하여 오나라를 멸망시키다
  – 독일의 스파이가 된 마타하리
  – 이강국이 애인 김수임을 간첩으로 활용하다

### 제32계 : 공성계(空城計) · 254
  – 숙첨과 제갈량이 공성(空城)으로 위기를 넘기다
  – 쿠투조프가 모스크바 공성전으로 나폴레옹군을 섬멸하다
  – 독일군이 하리코프 전투에서 기동방어로 승리하다

### 제33계 : 반간계(反間計) · 262
  – 전단이 생간(生間)을 이용하여 악의 장군을 파면시키다
  – 남베트남이 인간(因間)들로 인하여 멸망하다
  – 미국이 내간(內間)을 이용하여 쿠바 위기를 극복하다

### 제34계 : 고육계(苦肉計) · 269
  – 소진이 자신의 시체를 이용하여 범인을 잡게 하다
  – 황개(黃蓋)가 체벌을 자처하여 조조군을 속이고 화공하다
  – 엘리 코헨이 이스라엘군의 골란고원 점령에 기여하다

### 제35계 : 연환계(連環計) · 276
  – 왕윤이 연환계로 동탁과 여포, 그리고 채옹을 제거하다
  – 적벽대전에서 유방과 손권의 연합군이 연환계로 승리하다
  – 아프간전쟁에서 미군이 연환계를 활용하다

### 제36계 : 주위상(走爲上) · 284
  – 중이(重耳)가 도망쳐 전국을 떠돌다가 결국 왕이 되다
  – 유방이 홍문지회에서 무사히 도망쳐 후일을 기약하다
  – 유엔군이 지연전으로 공간을 내주고 시간을 벌다

# 제1부  승전계(勝戰計)

승전계(勝戰計)는 승리할 수 있는 조건이 충분히 구비되었을 때 사용하는 계(計)이다. 이 계를 사용하여 적과 아군의 전력에 관계없이 주도면밀한 계획과 기발한 지략으로 필승의 전세를 굳힐 수 있다.

1. 제1계 : 만천과해(瞞天過海)

2. 제2계 : 위위구조(圍魏救趙)

3. 제3계 : 차도살인(借刀殺人)

4. 제4계 : 이일대로(以逸待勞)

5. 제5계 : 진화타겁(趁火打劫)

6. 제6계 : 성동격서(聲東擊西)

# 제1계 : 만천과해(瞞天過海)

(瞞: 속일 만, 天: 하늘 천, 過: 지날 과, 海: 바다 해)

## 하늘을 속여 바다를 건너가듯 은밀히 내일을 도모하라

'만천과해'란 '하늘을 속이고 바다를 건넌다'는 뜻이다. 이 계는 황제를 속여 바다를 건넌다는 의미로 당(唐) 태종 이세민(李世民)이 고구려를 침공하는 과정에서 유래하였다.

이 계의 원문(原文)과 해석(解析)은 아래와 같다.

> 備周則意怠(비주즉의태), 常見則不疑(상견즉불의),
> 陰在陽之內(음재양지내), 不在陽之對(부재양지대),
> 太陽(태양), 太陰(태음)
>
> 군사적인 방비가 철저하게 갖추어져 있다고 생각하면 나태해진다. 평상시 늘 보던 것이면 의심을 품지 않는다. 비밀은 공공연히 드러난 것에 숨겨져 있으니, 비밀과 공공연함은 서로 대립하지 않는다.

전쟁사(戰爭史)에서 승리한 작전에는 반드시 적에 대한 기만책이 포함되어 있다. 이러한 기만은 기습의 효과를 달성할 수 있게 해준다. 기습이란 적이 설혹 알았다 할지라도 이에 효과적으로 대처하지 못하게 하는 것이다.

기만은 모든 작전에서 우선적으로 고려되어야 한다. 하지만 적을 속일 경우에는 비용 대 효과를 잘 고려해야 한다. 많은 인력과 장비가 투입되고도 그 기대되는 효과가 크지 않다면 헛일이기 때문이다.

적을 속인다는 것은 지략의 기본원칙이다. 그래서 이 '만천과해'의 계가 삼십육계 중에서 제1계로 자리 잡은 것이다.

## 설인귀가 황제 이세민을 속여 랴오허(遼河)를 건너다

'만천과해'의 계는 설인귀가 645년에 고구려를 침공할 당시 꾀를 내어 당 태종 이세민으로 하여금 요하를 건너게 한 고사에서 유래한다.

설인귀(薛仁貴, 614~683)는 당 태종과 고종 때의 장수이다. 그는 당 태종이 645년에 고구려를 침공할 당시 장사귀(張士貴)의 부하로 지원하여 안시성 전투에서 공을 세워 유격장군으로 발탁되었다. 688년에는 이적(李勣)과 함께 평양성을 함락하고 고구려를 멸망시키는 데 공을 세웠다. 고구려를 멸망시킨 이후에는 신라에 대한 침공 시에도 참가하여 신라군과 격전을 벌인 바 있는 인물이다.

우리에게는 2006년도 9월부터 2007년 12월까지 KBS 제1TV에서 방영된 바 있는 드라마 '대조영'에서 연기자 이덕화 씨가 설인귀 역으로 등장한 바 있어 다소 친숙한 인물이기도 하다.

그는 중국 산시 성(山西省)에서 농민의 아들로 태어났으며 기마와 궁술에 뛰어났다고 한다. 중국인들은 설인귀를 영웅으로 숭배하고 있으며, 설인귀는 중국의 각종 경극과 설화에 주인공으로 등장하고 있다. 또한, 설인귀에 대한 이야기는 18세기 이후 우리나라에서도 등장하는데, 경기도 파주시 적성면 감악산에서 설인귀가 태어났다는 설화가 전해지기도 한다. 이처럼 설인귀가 중국과 우리나라에서 영웅호걸로 회자되는 이유는 그가 일개 농민에서 대장군까지 오른 입지전적 인물이기 때문일 것이다.

645년에 당 태종 이세민이 30만 대군을 이끌고 보무도 당당하게 랴오허(遼河)의 서안에 도착하였다. 그러나 그는 수(隋)의 백만 대군을 물리친 고구려군에 대한 두려움을 가지고 있었고, 또한 날씨마저 좋지 않아 강에서는 소용돌이가 거세게 일어 배를 띄우면 곧바로 뒤집힐 것 같았다. 고구려군에 대한 두려움과 요하의 소용돌이로 이세민은 감히 요하를 건널 엄두를 내지 못하고, 장수들에게 안전하게 강을 건널 수 있는 대책을 찾아보라며 막사에서 나오질 않았다.

당 태종 이세민

이러한 상황에서 장사귀의 부관으로 있던 설인귀가 한 가지 계책을 내었다. 그는 군량미를 대어 준다는 부자 노인을 이세민이 직접 방문해서 감사의 말을 전하도록 했다. 이세민은 기쁜 마음에 부자 노인을 방문하였는데 황제를 맞이하는 연회장은 장막이 처진 배에 마련되어 있었다. 이세민이 부하들과 더불어 몇 날 며칠 융숭한 대접을 받고 술에 취해 놀았다. 그러던 어느 날 이세민은 크게 술에 취하여 잠이 들었고, 다음 날 깨어나 보니 이세민이 타고 있던 배는 이미 강 한복판에 떠 있었다. 이세민의 '요하 도하작전'은 이렇게 술에 취한 상태에서 이루어졌다.

이세민은 자기도 모르는 사이에 부하장수의 지혜로 강을 건너 고구려를 공격하게 되었다. 설인귀는 일상적인 연회를 이용하여 이세민을 배에 오르게 하고 강을 건너도록 했다. 나중에야 이 사실을 깨닫게 된 태종 이세민은 배포 있게 그저 웃음으로 넘겼다고 한다.

## 북한군이 국군을 속여 원창고개를 넘다

원창(原昌)고개는 강원도 춘천시 동내면 학곡리에서 동산면 원창리로 넘어가는 고개다. 정상에서 춘천 시가지를 한눈에 내려다볼 수 있는 곳으로 춘천에서 홍천에 이르는 5번 도로가 통과한다. 고도 317m의 이 고개는 남부에서 춘천에 이르는 관문이 되는 곳이다. 6·25전쟁 시 국군은 이 원창고개에서 북한군의 기만작전에 당하여 홍천으로 철수하지 않으면 안 되었다.

6 · 25전쟁 발발 당시 춘천지역의 방어를 담당했던 국군 제6사단(사단장 김종오 대령)은 6월 25일부터 27일까지 춘천 일대를 고수함으로써, 북한군 제2군단이 춘천-홍천을 거쳐 한강 이남으로 고속기동부대를 투입하여 국군 증원부대를 차단함과 동시에, 한강 이북의 국군 주력을 이중으로 포위 섬멸하려고 했던 기도를 좌절시켰다.

이후 춘천에서 물러난 제6사단은 6월 27일경 춘천 정면에 제7연대가, 우익 인제축선의 말고개에는 제2연대가 방어 중이었으며, 제19연대는 사단 예비로 홍천 북방에 종심방어 진지를 점령하고 있었다. 6월 27일 오후 5시경 춘천에서 철수한 제7연대는 6월 28일 12시경에 춘천과 홍천 사이에 있는 원창고개 일대의 방어진지를 점령하였다. 제7연대장은 북한군의 포위공격을 우려하여, 제1대대를 원창고개 좌측의 금병산에 배치하고, 제2대대를 원창고개 일대에 배치하여 전방 방어진지를 편성하고, 제3대대(-2)를 원창고개 후방의 모래고개로 철수시켜 지연 진지를 준비토록 하였다.

6월 29일 새벽에 북한군은 국군 방어진지에 치열한 포사격을 가한 후, 오전 6시경에는 사격을 연신하며 2개 연대 규모가 공격을 개시하였다. 이때 원창고개를 방어하던 국군 제7연대 제2대대장은 적을 최후방어사격권 내로 유인하여 기습사격을 가함으로써 적을 격퇴할 수 있었다. 이후 오전 11시경에는 적 1개 대대 규모가 다시 공격해 왔고, 적이 근접하기만 기다리고 있는 상황에서 제2대대장은 제5중대장으로부터 "북한군이 백기를 들고 올라온다."는 보고를 받았다. 제2대대장이 호 밖으로 나가보니 적이 진지에 근접하여 큰 흰색 깃발을 흔들면서 올라오는 것이 보였다. 이에 제2대대장은 적이 투항하려는 것으로 오인하고 사격을 중지시켰는데, 북한군이 투항하는 것을 처음 보는 병사들은 모두가 호 밖으로 나와 환성을 지르면서 맞이할 채비를 하였다.

북한군들은 서서히 웃음을 띠면서 아군 진지 20m 앞까지 다가오더니 갑작스레 백기를 내던지고 숨겼던 따발총을 꺼내 난사하면서 아군 진지로 뛰어들었다. 이리하여 순식간에 피아간에 백병전이 벌어졌다. 한편, 원창고개 좌측의 금병산에 배치된 제1대대는 제2대대 진 내에서 백병전이 벌어지자 곧 측면에서 사격을 가하여 적 후속 병력을 차단하였으며, 이 틈을 이용하여 제2대대는 분산 후퇴하여 오후 1시경에 모래고개에서 연대 주력과 합류하였다.

이처럼 북한군은 원창고개에서 백기를 들고 투항하는 것처럼 아군을 기만함으로써 원창고개를 쉽게 탈취할 수 있었다.

## 이집트군이 이스라엘군을 속여 수에즈운하를 건너다

1973년 10월 6일 제4차 중동전쟁이 발발했다. 이집트군과 시리아군은 이날 오후 2시 5분 동시에 이스라엘을 공격함으로써, 이스라엘군은 서부에서는 이집트군, 동북부에서는 시리아군과 전투를 벌여야 하는 양면전쟁의 위기에 봉착하게 되었다.

이스라엘을 서측에서 공격한 이집트군은 수에즈운하를 신속하게 건너 이스라엘군의 방어선을 돌파하였고, 수에즈운하 동안에 교두보를 확보하여 역습하는 이스라엘군 기갑부대를 격파하였다. 당시 이스라엘군은 양면공격을 당한 상황에서 작전의 우선권을 동북부의 시리아군 격파에 두었다. 대부분의 동원된 부대들이 동북부의 골란고원 전선에 우선 투입된 상황에서, 서부전선의 이스라엘군은 이집트군이 계속 공격해 온다면 더는 어찌해 볼 수 없는 위기 상황에 봉착하였고, 이스라엘군은 핵무기의 사용을 신중하게 검토하기까지 하였다.

이렇듯 초전에 이집트군이 수에즈운하를 성공적으로 건널 수 있었던 것은 이스라엘군뿐만 아니라 자신의 군대(이집트군)를 먼저 철저하게 기만

했던 이집트군의 숨겨진 노력이 있었기 때문이었다.

이집트는 1967년에 발발한 제3차 중동전쟁(6일 전쟁 : 1967. 6. 5~6. 10)에서 참패함으로써 이스라엘에 시나이반도를 상실하였다. 당시 이집트 대통령 나세르(Gamal Abdel Nasser)는 전쟁에 패한 후 아랍인들의 실추된 자존심의 회복과 이집트군의 전투태세 유지를 목적으로 이스라엘군에 대한 포격전과 게릴라 침투 및 파괴활동 등을 포함한 소모전을 1970년까지 지속하였다. 이스라엘군도 이집트군의 공격에 상응하는 대응작전을 펼쳤지만, 소모전에서는 이집트군을 당해낼 수 없었다. 이에 이스라엘군은 이집트군의 포병공격에 견딜 수 있도록 수에즈운하의 동안(東岸)을 따라 모래방벽을 쌓아 요새진지를 보강하였는데, 이 방어선은 당시 공사를 기획한 바레브 장군의 이름을 따서 '바레브(Bar-Lev) 방어선'이라 불렸다.

사다트 대통령

이집트군과의 3년여에 걸친 소모전을 견디지 못한 이스라엘군은 우월한 공군력을 이용하여 이집트를 공격했고, 나세르는 결국 소모전을 중지해야만 했다. 소모전을 중지한 이후 아랍민족주의 영웅으로 주목받았던 나세르는 1970년 9월에 심장마비로 숨을 거두었다. 나세르 사후 전임 나세르 대통령과는 사관학교 동기생이었던 사다트(Anwar el Sadat)가 이집트의 대통령으로 취임하였다.

사다트 대통령은 전임자 나세르와는 다른 노선을 취하였다. 그는 여타 아랍국들의 반대에도 불구하고 제3차 중동전쟁 시 상실한 시나이반도를 되찾기 위해서 이스라엘을 국가로 인정하는 것도 마다치 않았다. 그러나 미국과 소련 등의 이스라엘에 대한 압력과 중재 노력에도 불구하고 이스라엘은 시나이 반도에서 철군하지 않았고, 사다트는 이스라엘과의 제한전쟁을 통해 시나이 반도를 회복할 결심을 하게 된다.

이집트군의 전쟁계획은 수에즈운하를 기습적으로 건너 교두보를 확보하고, 이스라엘군의 역습을 격퇴한 후 장기소모전으로 이스라엘로부터 정치적인 양보(시나이 반도로부터의 철군)를 얻어내는 것이었다. 그러나 이집트군이 건너야 할 수에즈운하 동안(東岸)에는 이스라엘군이 콘크리트 요새와 모래방벽을 쌓은 바레브 방어선을 구축하여 대비하고 있었다.

따라서 이집트군에게 있어 일차적으로는 수에즈운하를 기습적으로 건너는 것이 관건이었다. 이집트군은 장기간에 걸쳐 기습을 위한 몇 가지 기만책을 시행하였다. 먼저 공격개시 일자를 10월 6일로 정하였다. 10월 말에는 이스라엘의 총선거가 있을 예정이었고, 10월 6일은 이슬람교와 유대교의 최고 종교적 축제일이었다. 이날은 라마단(Ramadan)의 10일째 되는 날로 예언자 모하메드가 '바드르(Badr)' 작전을 시작하여 10일 후 메카 진입에 성공한 날로 이슬람교들에게는 종교적인 의미가 깊은 날이었고 또한, 유대교의 종교적 성일(聖日)인 '속죄일(Yom Kippur)'로 많은 이스라엘군 병력이 휴가로 부대를 이탈한 상태였다. 이집트군은 이스라엘의 총선거 전의 어수선한 기간에 양 진영의 축제일을 공격 일자로 선택함으로써 자신의 군대와 이스라엘군 모두를 기만할 수 있었다.

또한, 이집트군은 훈련동원을 반복하였다. 1973년에 들어 이집트는 무려 20여 회나 예비역들을 동원하였고, 대규모 동원만도 1971년 말과 1972년 12월, 1973년 4월과 5월, 그리고 실제로 공격을 개시하였던 9월에서 10월 사이까지 4회나 되었으며, 수에즈운하에까지 병력을 전개한 것은 무려 41회에 달하였다. 따라서 9월 말에 10월 8일 해제될 것임을 전제로 3개 계층으로 구분된 모든 예비역을 동원했을 때, 이집트의 국민들과 군인들은 이것이 전쟁을 준비하고 있는 것이라는 의혹을 전혀 품지 못하였다. 이집트군의 수뇌부 일부를 제외한 대부분의 이집트군 여단급 지휘관을 포함한 하급 지휘관들과 병사들은 당일 공격이 시작되고 나서야 이것이 실제 상황임을 깨달았다. 이집트군은 이스라엘군을 기만하기 위해 먼저 자신의 군대를 기만했다.

그리고 이집트군은 공격준비 행동을 은폐하기 위해서 운하 서안에 누벽(樓壁 : '바레브선의 모래 벽보다 높은 모래언덕)을 쌓아 이스라엘군을 감제 관측할 수 있도록 하는 동시에, 이를 통해 자신들의 공격준비 행동을 은폐하였다.

이러한 조건을 갖춘 후 이집트군은 10월 1일부터 운하에 대한 병력투입 훈련을 시작하였는데, 부대는 주간에 이동하여 운하에 투입하고, 야간에는 투입된 각 여단의 1개 대대만이 모든 부대가 철수하는 것처럼 요란스런 소음을 내며 철수하였다. 주간에는 운하에 남은 부대들의 활동을 은폐함으로써 이스라엘군은 이러한 이집트군의 움직임을 파악하지 못하였다. 이러한 방법으로 전쟁개시 전 이집트군은 운하 서안에 8개 사단 10만여 명의 병력과 수많은 전차와 화포들을 은밀히 투입할 수 있었다.

또한, 이집트군은 이스라엘군이 관측할 수 있는 장소에서 공공연히 도하훈련을 반복하였다. 이러한 이집트군의 노출된 훈련 활동을 보고 이스라엘군은 이집트군이 이렇듯 공개적인 훈련을 하는 것은 공격할 의사가 전혀 없는 것이라고 평가하였다.

이렇게 이스라엘군을 방심하게 한 후 이집트군은 그해 10월 6일 오후 2시 5분에 기습공격을 개시하여 수에즈운하 도하와 교두보 확보에 성공하였고, 이스라엘군의 역습을 격퇴함으로써 전쟁 초기에 이스라엘군에게 결정적인 타격을 가할 수 있었다.

## 제2계 : 위위구조(圍魏救趙)

(圍: 둘러쌀 위, 魏: 위나라 위, 救: 구할 구, 趙: 조나라 조)

**위나라를 포위하여 조나라를 구한 것처럼 정면으로 공격하지 말고 우회하라**

'위위구조'는 중국 전국시대(戰國時代)에 제(齊)나라의 손빈이 위(魏)나라가 조(趙)나라를 침공하자, 조나라에 병력을 파병하는 대신에 침략국인 위나라의 수도를 공격함으로써, 위나라가 조나라로부터 병력을 철수하도록 한 사례에서 유래하였다.

이 계의 원문(原文)과 해석(解析)은 아래와 같다.

> 共敵不如分敵(공적불여분적), 敵陽不如敵陰(적양불여적음)
>
> 집중된 적을 공격하기보다는 적의 병력을 분산시켜 공격하고, 적을 정면에서 공격하는 것보다는 취약한 적의 후방으로 우회하여 공격해야 한다.

손자병법에도 '위위구조'와 유사한 의미인 '피실격허(避實擊虛)'라는 말이 나온다. 이는 '적의 강한 곳을 피하고 적의 약한 곳을 공격해야 한다.'는 의미이다.

강약허실(强弱虛實)은 서로 변화하는 동시에 그 실체는 끊임없이 변한다. 즉, 강 중에 약이 있고 약 중에 강이 있으며, 실은 허를 품고 있고, 허는 실을 품고 있다. 호랑이와 늑대 같은 용감하고 강한 군대를 병든 고양이나 꼬리 내린 개와 같이 허약하게 만들어 버릴 수도 있으며, 그 반대의 경우도 생길 수 있다. 따라서 허(虛)와 실(實)의 문제는 병가(兵家)의 영원한 과제라 할 수 있다.

## 손빈이 위나라의 후방을 공격하여 조나라를 구하다

중국 전국시대의 걸출한 군사사상가이며, 춘추시대 '손자병법'으로 유명한 손무(孫武)의 후손으로 알려진 손빈(孫臏)은 제(齊)나라 사람으로 산둥 성(山東省)에서 태어났다. 손빈이 생전에 완성한 '손빈병법'은 전국에 유포되어 널리 활용되었다.

손빈(孫臏)

손빈은 청년기에 방연(龐涓)과 더불어 귀곡자(鬼谷子)에게 동문수학한 사형과 사제의 관계였다. 그런데 방연은 자신보다 나이가 많고 재주가 뛰어난 손빈을 시기하였다. 학업을 마친 후 방연은 위(魏)나라에 가서 장수로 임명되었다. 당시에 위나라는 손빈이 태어난 제나라와 패권을 놓고 격렬하게 싸우고 있었다.

방연은 손빈에 비해 자신의 기량이 떨어진다는 것을 잘 알고 있었고, 손빈이 제나라의 장수로 기용되는 것을 두려워하여 비밀리에 손빈을 위나라로 초빙하였다. 손빈이 위나라로 오자 방연은 위 혜왕(惠王)이 자신보다 뛰어난 손빈을 발탁할 것을 두려워하였다. 그래서 방연은 음모를 꾸며 손빈에게 무릎 아래를 잘라내는 형벌인 빈형(臏刑)을 가해 불구로 만들어 버렸다. 그러나 손빈은 천신만고 끝에 방연의 손아귀에서 벗어나 제나라 사신을 따라 제나라로 도망칠 수 있었다. 제나라로 돌아온 손빈은 전기 장군의 책사가 되었고, 곧 능력을 인정받아 제나라 위왕에게 추천되어 군사로 임명되었다.

기원전 354년, 위나라 대장군 방연이 대군을 이끌고 조(趙)나라를 침공하여 조의 수도인 한단(邯鄲)을 포위했다. 당시 위나라는 전국 7웅 가운데 가장 강력한 나라였고, 위가 조를 공격하자 주변국들은 이러한 위나라의 공세를 저지할 만한 여력이 없었다. 진(秦)나라는 내부의 조정과 개혁에 정신이 없었으며, 제나라는 쇠약하였고 초(楚)나라도 위축된 상황이었다.

위군으로부터 침공을 당한 조군은 전력을 다해 한단을 사수하였다. 그리하여 한단에서의 위와 조의 전쟁은 승부를 떠나 시간을 끄는 소모전이 되어갔다. 조나라는 동맹국인 제나라에 구원을 요청했다. 이에 제나라 위왕은 조나라를 구원하기로 하고 손빈을 사령관으로 임명하려 했지만, 손빈은 장애인의 몸으로 사령관직을 수행하기는 어렵다고 고사하였다. 그러자 위왕은 전기를 사령관으로, 손빈을 군사로 각각 임명하였다.

사령관에 임명된 전기 장군은 바로 조나라의 한단으로 진군하여 성내의 조나라 군대와 호응하여 위군을 협공함으로써 한단에 대한 위군의 포위를 풀고자 하였다. 그러나 손빈은 위나라의 정예 군사들이 조나라 공격에 투입되어 위나라의 후방이 약화된 점에 착안하여 직접 조나라로 진군하는 대신에, 위나라 수도인 대량으로 진격하여 교통의 요충지를 점령한 다음 위의 후방지역을 습격하면 위나라 군대는 회군할 수밖에 없을 것이고, 이렇게 하면 조나라에 대한 포위도 풀고 철군하는 위나라 군대도 격파할 수 있다고 진언하였다.

어느덧 전쟁은 2년째로 접어들었고 마침내 한단은 위군에게 함락되었다. 그러나 위나라의 국력도 많이 소진되어 있었다. 손빈은 이때를 놓치지 않고 제나라군을 위나라의 수도 대량(大樑)으로 진격시켰다. 이렇게 되자, 위나라 대장군 방연은 회군하지 않을 수 없었다. 한단에서 대량까지는 160km 정도의 거리였다. 위나라의 군사들은 행군으로 지칠 대로 지쳐 거의 파김치가 되어 대량을 향해 행군하였다. 손빈은 이러한 무기력한 위군과도 정면으로 교전을 벌이지 않았다.

손빈의 병력이 대량을 포위하기는 하였으나 그 목적은 단지 위군을 한단에서 대량으로 유인하는 것이었다. 손빈의 숨겨진 계획은 제나라 주력군을 대량 북쪽 계릉(桂陵)에 매복시켜 대량을 향해 행군하는 피로에 지친 위군을 공격하는 것이었다. 마침내 피로에 지친 위군이 계릉의 협곡에 들어섰을 때, 손빈은 전면공격을 가하여 방연의 위군을 전멸시켰다.

그 후 12년 뒤에도 손빈은 똑같은 계를 한 번 더 썼다. '위위구한(圍魏救韓)'으로 위나라가 한을 침공했을 때, 한나라를 직접 구하지 않고 또다시 위나라 수도 대량을 공격했다. 위 혜왕은 이번에도 대량을 구하라는 명령과 함께 방연을 대장군으로 군사 10만 명을 파견하였다. 손빈은 방연이 자만에 빠져 제나라군을 추격하도록 유인하여 매복으로 격멸하고자 하였다. 제나라군은 첫날에 뒤로 물러날 때 10만 명이 먹을 수 있는 솥 걸이를 만들고, 다음 날엔 5만 명이 먹을 수 있는 솥 걸이를 만들었으며, 또 다음 날엔 3만 명이 먹을 수 있는 솥 걸이를 만들었다. 이에 위나라 장군 방연은 제나라군의 솥 걸이 숫자가 감소하는 것을 보고 제군의 병력이 줄고 사기가 떨어져 있다고 여겨 보병을 내버려둔 채 정예 기병들만 이끌고 제나라군을 추격하였다.

손빈은 위군의 행군을 예의 주시하며 해가 질 무렵 마릉(馬陵)에 도착하여 주력을 매복시켰다. 방연이 마릉에 도착했을 때는 날은 이미 어두워졌고, 제나라군은 위나라군을 기습하여 전멸시켰다. 방연은 이 전투에서 패배를 부끄러워하며 자결하고 말았다.

## 태평양전쟁 시 미군이 우회전술로 일본군을 격파하다

태평양전쟁 시 일본군의 작전계획은 3단계로 구분되어 있었다. 제1단계(연합군 제거 및 외곽방어선 설치)는 우선 남방자원지대에 대한 공격 시 측방 위협을 가할 수 있는 미 해군의 태평양 함대를 무력화시키고, 극동에 고립된 연합군을 제거하여 남방자원지대를 점령하는 것이었다. 제2단계(외곽방어선 강화 및 고정)는 쿠릴열도, 웨이크제도, 먀샬제도, 미스마르크제도, 북부 뉴기니, 티모르, 자바, 수마트라, 말라야, 버마(현 미얀마) 등지를 연하여 강력한 외곽방어선을 구축하고 고정하는 것이었다. 제3단계(일본 국방권의 기정사실화)는 외곽방어선 안쪽으로 침투해 오는 연합군의 공격부대를 저지 격멸하고, 주적인 미국의 전의가 분쇄될 때까지 제한된 지구전을 펼치는 것이었다.

이처럼 일본군은 미 태평양 함대와 남방자원지대를 기습적으로 공격하여 외곽방어선을 점령한 후 이를 공고히 하고, 미국과 지구전을 펼쳐 미국이 힘이 빠지게 되면 결국은 협상에 응해올 것이며, 이로써 이 외곽방어선 내에 확보된 지역을 자국의 영토로 공고히 할 수 있을 것이라 여겼다.

이러한 작전계획 하에 일본군은 1941년 12월 7일, 미 해군기지 진주만(Pearl Harbor)에 대한 기습공격과 동시에 남방자원지대에 대한 공략을 시작함으로써 태평양전쟁이 시작되었다. 일본군은 초전에 항공모함을 포함한 기동함대로 진주만을 공격하는 동시에 홍콩, 말라야, 싱가포르, 인도네시아, 필리핀 등을 공격하여 점령함으로써 제1단계 작전에서는 완벽하게 성공을 거두었다.

그러나 일본군은 제1단계 작전이 성공한 후 확보한 외곽방어선을 확고하게 유지하는 대신에, 외곽방어선을 넘어서 미군이 미국의 서부해안(샌프란시코)에서 오스트레일리아(브레스베인)에 이르는 활모양의 병참선(Arc Line)을 차단하고자 하였다.

일본군이 작전계획을 변경하여 제1단계 작전 시 확보한 외곽방어선을 확대하기로 한 배경에는 미군의 일본 본토에 대한 폭격사건이 있었다. 진주만 기습을 당한 미군은 일본의 간담을 서늘하게 할 일본 본토에 대한 폭격을 계획하였다. 1942년 4월 18일, 둘리틀(James. H Doolittle) 중령이 이끄는 B-25 폭격기 16대가 항공모함 호넷에서 발진하여 일본의 수도 도쿄(東京)를 폭격하고 중국으로 날아갔다. 미군의 일본 본토에 대한 폭격은 일본의 전승 분위기에 찬물을 끼얹고 미군의 사기를 드높였다.

일본 본토가 미군기에 의해 폭격을 당하자 일본 군부는 심각한 고민에 빠졌고, 미군의 일본 본토에 대한 폭격을 억제하기 위해서는 외곽방어선의 확대와 그 부근의 미군 육상기지를 제거할 필요성이 대두되었다.

이러한 일본군의 필요로 태평양전쟁의 전환점이 되었던 미드웨이 해전과 과달카날 소모전이 벌어지게 되었다. 1942년 6월 4일, 미드웨이(Midway) 해전에서 일본 해군은 기동함대의 항공모함 4척과 250대의 함재기를 상실하는 참패를 당하였고, 이후 태평양에서의 제해권을 상실하게 된다. 미드웨이 해전은 태평양전쟁의 해전에서의 주도권이 일본군에서 미군으로 넘어가게 되는 전환점(Turning Point)이 되었다.

또한, 일본군은 솔로몬 제도의 툴라기 섬의 점령에 이어 과달카날 섬에 상륙하여 비행장을 건설함으로써 미군의 아크 라인을 차단하고자 했다. 병참선이 차단될 위협에 직면한 미군은 과달카날 섬의 비행장을 탈취하고 솔로몬 제도에서 일본군을 구축함으로써 병참선을 유지하고자 하였다. 이에 따라 1942년 8월 7일, 미 제1해병사단이 툴라기와 과달카날 섬에 상륙하여 일본군이 건설 중인 비행장을 탈취했다. 이로부터 일본군은 과달카날(Guadalcanal) 섬을 중심으로 미군과 6개월에 걸친 소모전을 벌였으나 결국은 패하고 말았다. 일본군은 일본보다 10배 이상의 생산능력을 보유한 미군을 상대로 한 소모전을 견디어 낼 수 없었다.

과달카날 소모전에서 일본군은 막대한 전력 손실을 입었고, 그들이 설정한 남방자원지대를 포함하는 소위 '외곽방어선'을 방어할 여력을 상실하고 말았다. 이로써 전쟁의 주도권은 미군에게 넘어갔고, 1943년 초부터 미군의 본격적인 반격이 시작되었다.

미군이 광대한 태평양에서 일본군에 대한 반격작전 시에 적용했던 전술은 바로 우회전술(By Pass Tactics)이었다. 미군은 일본군이 점령하고 있던 도서 지역(島嶼地域)을 공격할 때 일본군이 강하게 배치하고 있는 도서는 우회하고, 비교적 방비가 약하고 기지건설에 적합한 주변 도서를 점령하였다. 이로써 일본군이 강력하게 방어하던 도서는 고립되었고, 미군은 고립된 도서를 해·공군작전으로 무력화시켰다. 미군의 이러한 전술은 적의 강점을 회피하고 약점을 공격한 것으로, 미 해군의 할제이(Halsey)와 니미츠(Nimitz) 제독, 그리고 맥아더(MacArthur) 장군 등이 즐겨 사용하였다.

이러한 미군의 우회전술이 적용된 대표적인 사례는 베아 라베야(Vella Lavella) 섬에 대한 상륙작전이었다. 미 해군의 할제이 제독은 일본군의 수비가 견고한 콜롬방가라(Kolombangara) 섬을 우회하여 베아 라베야 섬에 상륙함으로써 콜롬방가라 섬의 일본군을 고립시킨 후 격멸하였다.

미군의 우회전술은 태평양전쟁 초기 일본군이 남방자원지대의 도서 지역을 점령할 때 사용했던 '와조전술(蛙跳戰術)'과 유사한 개념이었다. 와조전술은 '개구리 뛰기 전술'이라고도 부르며, 일본군은 이 전술을 활용하여 신속하게 남방자원지대를 점령해 갔다. 이 전술은 주로 민다나오로부터 보르네오와 셀레베스로 공격한 이토(伊藤) 소장의 동부 분견대가 수행한 것으로, 도서작전에서 연합군의 방어태세와 무관하게 차후 진출에 유리한 즉, 해·공군 기지 건설에 긴요한 섬만을 육·해·공군의 합동작전으로 점령하고, 나머지 지역은 그냥 건너뜀으로써 단기간 내에 기지를 추진시켜 다음 도서를 점령할 수 있도록 한 전술이었다.

미군의 우회전술이 강점을 우회 회피하고 약점을 공격한 것이라면, 일본군의 와조전술은 강점을 점령함으로써 나머지 지역이 자연스럽게 제압되도록 한다는 차이점이 있다. 어느 전술이 더 우수한 것이고 옳았다고 단정할 수는 없다. 다만 당시의 작전환경과 피아의 상황에 따라 적절한 전술을 채택할 수 있는 능력, 즉 작전상황에 능동적으로 대처해 나갈 수 있는 탄력성과 융통성을 배양하는 것이 중요할 것이다.

## 맥아더 장군이 인천 상륙으로 북한군 병참선을 차단하다

6·25전쟁 시 유엔군 사령관 맥아더 장군의 인천상륙작전도 '위위구

조', '피실격허'의 대표적인 사례라 할 수 있다.

김일성은 1950년 8월에 북한군이 이미 작전한계점(Culmination of Operations)에 도달하였음에도 불구하고 부산 점령을 목표로 낙동강방어선의 국군과 유엔군을 거세게 압박하였다. 작전한계점이란 전력이 약화되어 공격 혹은 방어 작전을 더 이상 지속할 수 없는 시점을 말하며, 방자나 공자는 작전한계점에 도달하기 이전에 전력을 보강하여 작전을 지속할 수 있게 하거나 작전의 형태를 변경한다. 그러나 북한군은 작전한계점을 무시하고 공세를 지속하였다.

맥아더 장군의 인천상륙작전 구상은 1950년 6월 29일, 장군이 국군의 한강방어선을 시찰할 때 이루어졌다고 한다. 장군은 당시 국군의 절망적인 상황을 타개할 수 있는 유일한 방법은 미 지상군을 투입하여 북한군의 남진을 저지하면서, 인천으로 상륙하여 북한군을 남과 북 양쪽에서 공격함으로써 포위 섬멸하는 것으로 생각하였다. 태평양전쟁 시 우회 상륙전술로 일본군을 격파했던 장군의 경험이 '인천으로의 상륙'을 구상하도록 했을 것이다.

맥아더 장군의 구상은 합동전략기획 및 작전단(JSPOG : Joint Strategic Plans and Operations Group)에 의해 1950년 7월 22일, 미 제1기병사단을 인천에 상륙시킨다는 암호명 '블루하트(Blue Heart)' 계획으로 구체화 되었다. 그러나 이 계획은 7월 10일에 포기되었는데, 그 이유는 국군과 한반도에 최초로 투입된 미 제24사단이 평택-안성, 전의-조치원 전투에서 북한군의 남진을 저지하는 데 실패하였고, 북한군의 전투력이 예상보다 강하여 상륙작전보다는 현 전선을 안정시키는 것이 다급하게 되었으며, 이에 따라 미 제1기병사단도 포항에 상륙시켜 전선에 투입할 수밖에 없었기 때문이었다.

그러나 맥아더 장군은 인천상륙에 대한 집념을 버리지 않았다. 전선 상황이 악화되면 악화될수록 적의 후방에 대한 상륙작전의 필요성을 더욱 절감하고 상륙작전을 위한 계획을 발전시켜 나갔다. 유엔군사령부의 JSPOG는 작전명 '크로마이트(Cromite)'라는 이름 아래 9월 중순경에 미 제2사단과 미 제1해병 임시여단으로 상륙하되, 상륙지역으로 3개의 계획 즉, 인천, 군산, 그리고 주문진 상륙작전계획을 작성하여 검토하였다. 그 중 인천상륙작전계획이 가장 효과적인 것으로 평가되었다.

상륙작전 시기를 9월 중순으로 정한 이유는 유엔군의 상륙이 늦어지면 낙동강방어선이 붕괴할 가능성이 있고, 북한군이 인천에 대한 방어를 강화하여 기뢰가 대량으로 부설될 경우 상륙이 불가능해질 우려가 있었기 때문이었다.

그러나 7월 중순에 북한군의 남진은 계속되었고, 유엔군은 낙동강방어선으로 철수했으며, 상륙부대로 검토되었던 미 제2사단과 미 제1해병 임시여단도 낙동강방어선에 투입됨으로써 상륙작전의 실현은 어려움에 직면하게 되었다.

유엔군사령부는 8월 12일 새로운 상륙부대로 미 제1해병사단과 당시 일본에 주둔하고 있는 유일한 미군 사단인 미 제7사단을 지정하였고, 맥아더 장군은 미 합참에 인천상륙작전에 대한 전문을 보냈다. 미 합참 등 군 수뇌부는 맥아더 장군의 인천상륙작전계획에 대해서 부정적인 견해를 가지고 있었고, 이 계획을 맥아더가 포기하도록 육군참모총장 콜린스(Collins) 대장과 해군참모총장 셔만(Sherman) 대장 등을 도쿄에 파견하였다.

8월 23일에 도쿄에서 맥아더 장군이 제안한 인천상륙작전계획에 대한 회의가 열렸다. 회의 참석자들 가운데 인천상륙작전이 불가능하다고 직접 말한 사람은 없었다. 다만 인천상륙 시 수반되는 위험성을 제시하면서 간접적으로 상륙이 어렵다는 점을 설명했는데, 특히 해군 고위층 전문가들은 조수간만의 차와 지형적 조건의 어려움 등 두 가지 문제를 제기하였다.

그러나 맥아더 장군은 유엔군이 인천에 상륙해야 하는 이유로 북한군의 현 상황, 서울을 신속히 탈환해야 할 필요성과 성공 가능성, 인천상륙작전이 미치는 영향 등을 자신있게 확신에 찬 어조로 설명하였다. 먼저 북한군의 현 상황은 후방을 무시하고 있으며 병참선이 과도하게 신장되어 있어 서울에서 이를 신속히 차단할 수 있으며 또한, 북한군 전력의 대부분은 낙동강 전선에 투입되어 있고 훈련된 예비 병력도 없어서 전세를 회복할 능력이 없다고 평가하였다. 그리고 장군은 전략적, 정치적, 심리적 이유로 서울을 신속히 탈환해야 한다고 강조하고, 인천에 상륙하는 미 제10군단이 모루가 되고 낙동강방어선에서 반격하는 미 제8군이 북한군을 격멸하는 '망치'가 될 것이라고 말하였다.

조수간만의 차, 인천의 지형적 여건 등 어려운 여건에도 불구하고 인천상륙작전이 성공할 수 있다는 확신을 설파하였는데, 그 첫 번째는 기습달성이 가능하다는 것이었다. 회의 참석자들이 불가능하다고 판단했다면 북한군 지휘관들도 역시 인천상륙작전이 불가능하다고 생각할 것이며, 이 점이 바로 기습달성이 가능한 이유라고 말했다. 두 번째는 전사(戰史)가 적의 주 보급로를 차단하면 적을 격파할 수 있다는 것을 증명한다고 말하였다. 아군이 성공적으로 인천에 상륙한다면 적은 양면에서 협공을 당할 것이고, 부산 교두보의 압력을 완화할 수 있을 것이며 또한, 적은 모든 보급품과 탄약을 서울을 통해 공급하고 있으므로, 이를 차단하면 낙동강 전선의 북한군은 큰 타격을 입을 것이라고 말하였다.

인천상륙작전이 차후 작전에 미칠 영향에 대해 맥아더 장군은, 인천을 점령하면 곧 수도 서울을 탈환할 수 있으며, 이는 한국 국민에게 정치적, 심리적인 면에서 안심을 주고 한국군의 사기를 앙양시킬 수 있을 것이며, 반대로 북한군은 불의의 역습을 당하게 되어 낙동강 전선의 적도 그대로 무너지게 될 것이라고 하였다. 그리고 본인이 직접 상륙작전에 참여하여 작전상황을 파악하고 작전의 실패가 확실시될 경우에는 작전을 중지시키겠다고 말하였다. 마지막으로 장군은 인천상륙작전은 절대 실패하지 않을 것이고, 반드시 성공할 것이며 10만 명의 생명을 구하는 결과가 될 것이라고 강조하였다.

미 합참은 결국 9월 8일에 맥아더 사령관의 인천상륙작전계획을 승인한다는 전문을 보내왔다. 이로써 인천상륙작전 계획은 최종적으로 확정되었다. 유엔군사령부는 인천상륙작전을 위해 미 제10군단을 창설하였다. 미 제10군단장에는 유엔군사령부 참모장인 알몬드(Almond) 소장이 임명되었고, 상륙부대로는 미 제1해병사단과 미 제7사단 외에 국군 제17연대와 제1해병연대 등 국군 2개 연대 규모와 미 제7사단에 증원된 KATUSA 8,637명(KATUSA : Korean Augmentation Troops to the United States Army)이 포함되었다.

인천상륙작전을 위해 미 제7함대를 근간으로 제7합동기동부대가 편성되었고, 합동기동부대 사령관에는 제7함대 사령관 스트러블(Arthur D. Struble) 중장이 임명되었다. 상륙작전 시 상륙군이 상륙하여 해안두보(해두보)를 확보하기 이전까지는 해군 지휘관이 모든 해군과 상륙군을 통합 지휘한다. 이는 해군이 상륙군에 대한 해상수송과 상륙군에 대한 함포지원 등 충분한 지원을 제공하기 위한 것이다. 그리고 해두보가 확보되면 상륙군에 대한 지휘권한은 해군 기동부대 지휘관으로부터 상륙군부대 지휘관에게 인계된다.

제7합동기동부대는 9월 초에 부산, 일본의 사베보, 코베, 요코하마에서 상륙군 적재를 시작하여 9월 11일부터 인천으로 출항하기 시작하였다. 9월 15일, 전쟁의 판도를 전환할 역사적인 인천상륙작전이 개시되었다.

북한군은 낙동강 전선에 거의 모든 역량을 쏟아 붓고 있는 상황에서 나름대로 유엔군의 상륙작전에 대비하였으나, 인천과 같은 후방지역은 상대적으로 취약할 수밖에 없었다. 중국의 마오쩌둥은 여러 차례 김일성에게 유엔군의 인천상륙작전 가능성을 통보해 주었다. 마오쩌둥은 현 상황에서 북한군이 낙동강 전선을 돌파하는 것은 불가능함으로, 전선을 후퇴시켜 유엔군의 상륙작전으로 인해 발생할 수 있는 재앙에 대비하라고 조언했다. 그러나 부산 함락에만 관심이 집중되어 있던 김일성은 마오쩌둥의 경고에 귀를 기울이지 않았다.

유엔군이 인천에 상륙한 후 9월 28일에 수도 서울을 수복함으로써 북한군의 병참선은 차단되었다. 유엔군은 인천상륙작전이 개시된 다음날인 9월 16일에 낙동강 전선에서 미 제8군과 한국군이 반격작전을 시행함으로써 퇴로가 차단된 북한군을 쉽게 격파할 수 있었다. 인천으로 상륙한 미 제7사단과 낙동강 전선에서 반격해온 미 제8군 예하의 미 제1기병사단이 수원 북방에서 연결함으로써 북한군의 우익이었던 제1군단은 포위되어 섬멸되었다.

인천상륙작전과 낙동강방어선에서의 반격작전으로 유엔군과 한국군은 9월 말까지는 38도선을 회복함으로써 6 · 25전쟁 이전의 상태를 회복할 수 있었다. 한편, 북한군은 소수의 병력만이 38도선을 넘어 도주하였고, 일부는 남한 내 지리산을 중심으로 한 산악지대로 은거하여 게릴라화 되었다.

인천상륙작전으로 유엔군이 38도선에 도달하는 데는 10일밖에 소요되지 않았다. 낙동강 전선에서 반격 시에는 30일의 기간이 소요될 것으로 판단되었다. 인천상륙작전으로 유엔군이 38도선에 도달하는 데는 아군 8,479명과 북한군 52,179명 등 총 60,677명의 실 사상자가 발생하였지만, 낙동강선에서 반격 시에는 적군과 아군 174,595명의 사상자가 예상되어 약 11만 명 이상의 차이가 생긴다. 맥아더 장군이 10만 명의 생명을 구하는 결과가 될 것이라고 한 말은 허언이 아니었다.

이처럼 유엔군은 북한군 후방지역의 취약지역인 인천에서 상륙작전을 성공적으로 수행함으로써 사상자 발생을 최소화하면서 전쟁의 상황을 전쟁 이전의 상태로 되돌려 놓을 수 있었다.

# 제3계 : 차도살인(借刀殺人)

(借: 빌릴 차, 刀: 칼 도, 殺: 죽일 살, 人: 사람 인)

## 적의 칼을 빌려 적의 수장을 무너뜨림으로써 자신의 힘을 낭비하지 않는다

'차도살인'이란 남의 손을 빌어 사람을 죽인다는 뜻이다. 군사적으로 본다면 '적의 칼을 빌려 적의 수장을 제거하는 것이다.' 차도살인'의 원문 (原文)과 해석(解析)은 아래와 같다.

> 敵已明(적이명), 友未定(우미정), 引友殺敵(인우살적),
> 不自出力(불자출력) : 以(이) '손(損) 추연(推演)
>
> 적은 분명한 태도를 보이고 있고, 우방 국가는 아직 입장을 명확하게 밝히지 않은 상황에서는, 우방국을 끌어들여 적을 무찌르도록 함으로써 자신의 힘을 낭비하지 않는다.

전쟁사에서 '차도살인'의 계략을 쓴 예는 많다. 특별히 정치, 군사 겸용 으로 쓰이는 간첩, 음모의 수단이나 적 진영에 모순을 만들어 내고 이를 이용하며 이로써 자신의 목적을 달성하는 이 계략은 일찍이 여러 나라에 서 자주 이용되었다.

내 손에 피를 묻히지 않고 적의 칼을 빌려·적의 우두머리 장수를 제거 하는 방법 외에, 제3국의 힘을 빌려 적국을 타도하는 것도 '차도살인'의 계 이다. 임진왜란 시 조선이 일본군의 침략을 당한 상황에서 명(明)에 파병 을 요청하여 일본군을 격퇴한 것은 이 계를 실현한 것이었다. 또한, 적국 에 침략을 당할 위협에 처할 경우 제3국과의 동맹을 통해 적국을 견제하고 전쟁을 억제하는 전략도 이에 해당한다.

평시 우방국과 안보동맹을 통하여 적국의 침략 의지를 억제하는 전략도 이 계의 일종이라 할 수 있다. 이승만 대통령이 1953년에 6 · 25전쟁이 종결될 시점에서 미국과 상호안전보장조약을 체결했던 것은 바로 '차도살인'의 계였다.

## 유비가 손권과 연합하여 조조군을 격멸하고 천하를 삼분하다

중국 후한(後漢) 말기인 184년에 황건적의 난이 일어났다. 태평도라는 종교 결사 조직의 수령인 장각(長角)이 누런 두건을 착용한 농민 신도들을 이끌고 전국을 혼란에 빠뜨렸다. 어지럽고 혼란한 시기에 황건적 토벌을 기치로 각지에서 영웅호걸들이 출현하였다. 조조와 손견은 장교로서 이름을 날렸고, 유비도 관우, 장비와 함께 토벌에 나섰다.

그러나 황건적의 난이 진압된 후 중국은 다시 정쟁에 휩싸여 혼란에 빠졌다. 외척 하진은 군벌이었던 동탁과 결탁하여 환관 세력을 일거에 제거하려 하였으나, 오히려 환관들에 의해 제거되었고 대신에 동탁이 정권을 농단하였다.

그러나 동탁의 전횡도 오래가지 못했다. 그의 부장이었던 여포가 동탁을 살해했다. 다음의 실력자로 원소가 있었다. 그는 명문 구세력의 자제로 환관들을 제거하고 구질서의 회복을 꾀하였으나, 신진 세력인 조조에게 패하고 말았다. 이후 조조는 어린 황제 헌제가 보호를 요청하는 것을 명분으로 승상의 직위에 오르며 새로운 지배자의 위치에 올랐다.

조조의 양조부는 환관이었으며 부친은 뇌물로 승진을 거듭한 사람이었다. 조조는 당대의 인물 평론가인 허소가 무명의 청년이었던 조조를 보고는 '난세의 영웅, 치세의 간적'이라고 평할 만큼 뛰어난 인물이었다. 그는 두 아들 조비, 조식과 함께 '삼조(三曹)'라고 불릴 정도로 문장에도 뛰어났다. 이렇듯 조조는 문무를 겸비한 능력 있고 현실적인 정치가였다.

한편, 양쯔 강 이남에는 젊은 나이에 요절한 손견의 아들인 손권이 정치적인 자질을 보여 주유, 노숙 등 인재를 고루 등용하며 토착 호족세력과 연합하여 세력을 확장하고 있었다.

그리고 유비는 귀가 매우 커서 후덕한 인물로 알려졌으며, 황건적 토벌의 공으로 말단 관직에 봉직하였다. 유비는 전한시대 경제의 후손이라는 자부심을 지니고 있었지만, 20여 년 간을 조조, 원소 등의 밑에서 전전했고 이렇다 할 세력기반이 없었다. 그는 삼고초려(三顧草廬)의 예로써 제갈량(諸葛亮)을 자신의 사람으로 만들 만큼 매력이 있었던 것만은 틀림없으며, 후덕한 성품으로 인하여 많은 인재가 그를 따랐다. 지략이 풍부하지 못했던 유비가 제갈량과 같은 책사를 얻은 것은 '물고기가 물을 만난 것'과 같은 격이었다.

제갈량의 자는 공명(公明)으로 명성이 높아 와룡선생(臥龍先生)이라 불렸다. 제갈량은 산둥 성(山東省)에서 호족의 아들로 태어났으나, 어려서 아버지를 여의고 후베이 성(湖北省)의 형주(荊州)에서 숙부 제갈현의 손에서 자랐다. 207년에 유비가 조조에게

제갈공명

쫓겨 징저우의 유표에게 의탁하고 있던 시기에 삼고초려의 예로 초빙되어, 천연의 요새이자 양쯔 강 중류의 요충지인 형주와 기름진 평야 지대인 익주(益州 : 현 쓰촨분지와 한중분지 일대에 존재한 옛 행정구역)를 장악하여 터전으로 삼아야 한다는 '천하 삼분지계(天下三分之計)'를 진언하였다. 그리고 이 계를 실현하기 위해서 동쪽의 손권과 연합하여 북방의 조조에게 대항해야 할 필요성을 역설하였다. 즉, 현재 힘이 약한 유비가 세력이 가장 강력한 조조와 대결하기 위해서 취할 수 있는 계책은 손권과 연합하는 길밖에는 없다고 하는 현실적인 진언이었다.

조조는 200년 관도대전에서 원소군을 격파함으로써 화북을 장악했다. 관도대전은 적벽대전, 이릉전투와 더불어 삼국지에 등장하는 3대 전투의 하나로 꼽힌다. 그 후 조조는 천하 통일의 꿈을 실현하기 위해서 10만 여 명의 대군으로 형주를 향해 남하했다.

유비는 조조의 공격에 맞서기 위해서 제갈량의 건의에 따라 손권과 연합할 것을 결심하고 제갈량을 손권에게 보냈다. 제갈량은 오의 손권을 만나 뛰어난 정세분석으로 손권을 설득하여 유비와 손권의 연합을 이끌어 냈다.

형주에 침입한 조조군은 자사 유표가 급작스럽게 사망하는 바람에 손쉽게 형주를 손에 넣을 수 있었다. 조조군은 달아나는 유비군을 계속 추격하여 양쯔 강을 따라 동쪽으로 이동했으며, 마침내 양쯔 강 남안의 적벽에서 주유가 지휘하는 오군 3만 명 및 유비군으로 구성된 연합군과 대치하였다.

최근 영화로도 제작되어 상영된 바 있는 적벽대전(208년)의 결과는 유비와 손권의 연합군이 화공(火攻)으로 조조의 수군을 섬멸함으로써 승리를 거두게 된다. 조조는 군대를 모두 잃고 겨우 목숨만을 건져 화북으로 도망쳤다. 조조가 이제껏 당해보지 못한 참담한 패배였다.

이처럼 유비는 제갈량이 진언한 '천하 삼분지계'의 비전과 조조군의 추격이라는 위기 상황에 직면하여 비전의 구체적인 실행방안으로 오의 손권과 연합함으로써 조조의 대군을 격파하는 '차도살인'의 계를 실행에 옮겼다.

이후 조조는 216년에 위(魏)나라 왕에 올랐으나 황제를 칭하지는 않았다. 216년에 조조는 66세를 일기로 파란만장한 생을 마감했다. 그의 아들인 조비가 후한의 헌제를 압박하여 선양의 형식으로 위나라의 황제가 되었다. 유비는 적벽대전 후 제갈량의 계책대로 형주와 익주를 차지하여 나라 이름을 촉한(蜀漢)이라 칭하였다. 그리고 손권도 오(吳)나라를 건립하고 칭제함으로써 중국 대륙은 제갈량의 천하 삼분지계가 완성되어 위, 촉, 오가 서로 대립하는 삼국시대에 돌입하게 되었다.

## 임진왜란 시 일본군이 계략으로 이순신 장군을 파직시키다

조선은 1392년 이성계가 왕조를 연 이후, 1592년에 일본의 침략을 받기까지 약 200년 간의 평화시대를 구가하였다. 북방의 여진족과 남방 왜구의 대규모 침입도 없었다. 이러한 장기간에 걸친 평화로 안보에 대한 조선 조정과 백성들의 의식은 극도로 약화되었다. 평화 시에 전쟁을 대비하지 않았던 것이다.

임진왜란이 일어날 당시 조선의 상황은 당쟁으로 인한 정치적인 분열과 민심의 이반으로 정치, 경제, 사회적으로 혼란을 겪고 있었으며, 더불어 국방체제도 해이해져 있었다. 당시 조선의 국방체제는 진관체제(鎭管體制)였으며, 병력확보 대책으로 보법(保法)을 시행하였다. 진관체제는 향토방위체제와 비슷한 도 단위 책임방어체제였으며, 임진왜란 당시 진관체제는 붕괴되어 있었고 보법에도 모순이 많았다.

도 단위 향토방위체제였던 진관체제는 여진족이나 왜구의 침략과 같은 소규모 전투와 단기전의 경험을 바탕으로 구축된 방위체제였고, 대규모의 적이 침입하여 1개 도의 방어를 담당한 병마절도사(병사)나 수군첨절제사(수사)가 방어할 수 없으면 실질적인 대책이 없었다. 당시는 병사나 수사가 임의로 인접지역의 도를 지원할 수 없도록 하는 불필적타진지조법(不必籍他鎭之助法)이 강력히 시행되고 있었기 때문에, 임진왜란과 같이 대규모의 적이 침략해 올 경우에는 분산된 각도의 병력을 집중하여 대응해야 함에도 법적으로 이 같은 조치가 불가능하였다.

이와 같은 진관체제의 문제점은 임진왜란 이전에 발생한 삼포왜란(1510년), 을묘왜변(1555년)시 조선군의 대응과정에서 표출되었다. 이후 각 도의 병사와 수사들은 이러한 문제점을 극복하려고 노력하였으며, 그 대안이 바로 제승방략(制勝方略)이었다. 제승방략은 1587년에 함경도의 북병사로 있던 이일이 여진족의 침입에 대응하기 위해 개발한 전법으로써, 예상되는 전쟁지역 혹은 적의 예상 진로에 가용한 병력을 총동원(집중)하여 초전에 적을 격멸하는 전투력 운용 방식이었다.

그러나 조선군의 이러한 작전개념의 변화는 중앙 정부에 의해서 주도된 것이 아니라, 각 도의 병사나 수사에 의해 임시방편으로 시행되었기 때문에 운용방법이 통일되지 않았고, 집중된 병력에 대한 지휘권한과 군수지원 등과 같은 세부적인 수행방안이 정립되어 있지 않은 가운데 일본군의 침략을 받았다. 즉, 당시 조선은 진관체제의 방어개념과 제승방략의 개념이 혼재된 상태에서 전쟁을 맞이했다.

조선의 병역제도는 병농일치제로 양반과 천인은 군역의 의무에서 제외했으며, 양인(농민)들만을 대상으로 16세부터 60세까지 군 복무 의무를 부과하였다. 이 제도하에서 군인들은 군 복무기간 동안 생활비를 스스로 부담해야만 했다. 그러나 조정으로부터 토지를 받지 못한 농민들은 가난하여 군 복무 간 생활비를 마련하지 못했다. 조선 조정은 이러한 군인들의 고충을 해결하기 위해 군인 1인당 보인(保人, 후원자) 3명을 지정하여, 그들로 하여금 군인들의 생활비를 대납하게 하는 보법을 만들어 시행하였다.

그러나 군인 중에는 현역 복무가 고통스러워 포(布)를 내고 군 복무를 면제받으려고 하는 자들이 속출하였고, 이러한 분위기를 이용하여 관리들은 군 복무 면제를 미끼로 군포 값을 올리는 비행, 이른바 병역비리를 자행하였다. 군포 값이 상승하자 이를 감당하지 못한 보인(후원자)들이 도망치는 사태가 발생하였고, 그 군포는 남아있는 보인들의 부담이 되었다. 부담이 증가한 보인들이 군포 값을 마련하지 못하자 그들도 도망쳤다. 이로써 조선의 국방력은 급격히 약화되었고, 임진왜란이 발발했을 때 방어에 동원되어야 할 병력은 문서 상에만 존재하였다. 진관체제는 각 도를 지켜야 할 병력이 없는 유명무실한 방어체제로 전락해 있었다.

이처럼 임진왜란 당시의 조선은 정치, 경제적 혼란과 국방체제의 문제점과 모순으로 인하여 일본군의 대규모 침공에 대응할 수 있는 군사력을 유지하지 못했다. 이러한 결과는 일본군의 침략 시 조선 육군의 연전연패로 귀결되었다.

1592년 4월 14일, 일본군이 부산에 상륙했다. 임진왜란이 시작된 것이다. 조선의 육군은 한강 이남에 변변한 방어선을 유지하지 못하고 연전연패하였다. 조총을 휴대하고 칼, 창 등을 활용한 단병술(短兵戰術)에 능한 일본군은 활을 활용하는 장병술(長兵術)에 강한 조선군을 압도했다. 실전 배치되어 있던 조선군의 화포는 일본군이 가지지 못한 효과적인 무기였으나, 전란이 발발했을 때 화포들은 성내의 창고에서 녹슨 채 방치되고 있었다.

선조는 한성(서울)을 떠나 개성을 거쳐 의주까지 피난했다. 한양을 점령한 일본군은 일로 북진하여 평양성을 점령했다. 그러나 7월에 명군이 조선에 파병되었고, 이듬해인 1593년 1월 초, 조·명 연합군은 평양성을 탈환하였다. 이후 일본군은 강화조약 체결 의사를 보이며 경상도 지역으로 후퇴하여 남해안에 성을 쌓고 주둔하였다.

1593년 3월부터 명과 일본은 강화회담에 들어갔다. 강화회담 결과 일본군 2만 명이 남해안에 잔류하고 주력군은 철수하였으며, 명군도 1만 명만이 잔류하고 주력은 명나라로 철수했다. 이로써 전쟁은 소강 국면에 들어갔고, 조선이 배제된 채 명과 일본 간의 지루한 강화회담은 1596년 말까지 지속되었다.

그러나 일본의 도요토미 히데요시는 그가 제시한 강화조약의 조건(명 황실과의 혼인, 조선 4도의 할양, 조선 왕자와 대신을 인질로 보낼 것 등)이 충족되지 않자, 조선에 대한 재침공을 결심함으로써 정유재란(丁酉再亂: 1597~1598)이 발발하였다. 당시 일본군 수뇌부는 조선에 대한 본격적인 재침공에 앞서 남해안의 제해권을 장악하기 위한 사전공작을 벌였다.

일본군은 1592년(임진년) 침공 시에 충청도와 전라도를 장악하지 못해서 조선을 완전하게 굴복시킬 수 없었다. 일본군이 충청도와 전라도를 장악하지 못했던 이유는 이순신 장군이 지휘하는 조선 수군이 남해안의 제해권을 장악하고 있었기 때문이었다. 그 결과 일본군의 병참선이 해상에서 차단됨에 따라 북상하던 일본 지상군은 병력, 무기, 군량 부족에 시달리게 되었다.

이순신 장군은 작전 시 조선 육군이 실행하지 못했던 제승방략을 시행했다. 전라좌수사(全羅左水使)의 직책에 있던 장군은 전쟁이 일어나자 삼도의 수군(충청, 전라, 경상) 전력을 통합 지휘하여 1592년에 4번 출전하여 10회의 해전을 모두 승리로 이끌었다. 조선 수군에 접근하여 배에 올라 공격하는 전법인 등선육박전술(登船肉搏戰術)을 구사하는 일본군은, 거북선을 이용한 돌격으로 일본 진영에 혼란을 조성하고 원거리에서 화포와 불화살로 공격하는 조선 수군을 당해낼 수 없었다.

일본군은 최초 침공 시 실패 원인에 대한 분석을 기초로 정유재란 시에는 본격적으로 전라·충청도로의 진격에 앞서 삼도수군통제사(三道水軍統制使) 겸 전라 좌수사였던 이순신 장군을 제거하기 위한 공작을 진행했다. 당시에 일본군 내의 강화회담을 주도해온 온건파로 알려진 고니시 유키나가(小西行長)와 강경파인 가토 기요마사(加藤淸正) 간에 알력이 있다는 점은 조선 조정에도 알려졌었다. 강화회담의 실패로 참형을 면하고 다시 출정한 고니시는 이순신을 제거하여 전공을 세우려는 요시라(要時羅)를 통해 허위 정보를 조선 조정에 전달하도록 하였다.

요시라는 경상 우병사 김응서(金應瑞)를 방문하여 "고니시는 가토 때문에 강화회담이 결렬된 것에 불만이 있으니 조선 수군이 가토를 제거해 주기 바란다. 가토는 1월 21일에 조선에 올 것인즉 그때 조선 수군이 해상에 매복하고 있다가 급습하면 그를 생포할 수 있다."는 거짓 정보를 제공했다.

조선 조정은 이 확인되지 않은 정보를 믿고 도원수(都元帥) 권율(權慄)을 한산도로 보내 이순신 장군에게 출동 명령을 내렸다. 그러나 이순신 장군은 간교한 일본인이 제공한 정보는 허위 정보일 것이며, 만약 사실이라면 반드시 복병이 있을 것이라는 점을 들어 출동을 거부하고, 해상 수색 활동만을 강화하면서 한산도를 거점으로 거제도와 통영 간의 좁은 해협인 견내량을 굳게 지켰다.

고니시는 이순신을 유인하여 제거하려는 자신의 계략이 실패로 끝나자 1월 14일, 다시 요시라를 파견하여 이미 조선에 상륙해 있던 "가토 군이 7일간이나 해상에 머물다가 1월 21일 예정대로 상륙하였다."고 전하면서, 조선 수군이 출동하지 않은 점을 힐책하였다.

이에 조선 조정은 원균을 지지하는 서인(西人)들의 주장에 따라, 원균을 삼도수군통제사로 임명하는 동시에 2월 26일, 이순신을 체포하여 한성(서울)으로 압송하였다. 이로써 일본군은 그들이 제거하려던 이순신을 조선 조정이 제거하도록 하는 '차도살인'의 계를 성사시켰다.

일본군의 '차도살인'의 계에 빠진 조선 조정의 조치는 칠천량 해전에서 조선 수군의 전멸과 제해권의 상실이라는 결과를 낳았다.

'왕이 있어 야전군사령관의 작전에 일일이 간섭하지 않은 군대는 승리한다'는 손자의 말은 기억해야 할 대목이 아닐 수 없다.

## 영 · 미가 일본을 이용하여 러시아의 남진(南進)을 견제하다

19세기는 서구의 열강들이 전 세계에서 자신의 식민지 영역을 넓히기 위해 서로 경쟁했던 제국주의 시대였다. 이중 러시아 제국은 해군을 위해 얼지 않은 바다를 갖기를 원했다.

러시아의 제1차적인 목표는 지중해로의 진출이었으며, 이후 그들의 눈은 점차 중앙아시아, 동북아시아로 확대되어 갔다. 최초 러시아의 흑해와 지중해로의 진출 시도는 크림전쟁(Crimean War: 1853~1856)을 발발시켰다. 러시아가 오스만튀르크 제국으로의 진출을 시도하자 이를 저지하기 위해 영국과 프랑스 등이 개입함으로써 크림전쟁이 일어났다. 러시아는 이 전쟁에 개입한 영국과 프랑스 연합군에 패함으로써 지중해로의 진출이 좌절되고 말았다.

이후 러시아는 중앙아시아와 시베리아 방면으로 철도를 부설해 가면서 이 지역으로의 진출을 시도하였다. 러시아와 영국이 중앙아시아에서 맞부딪친 곳이 바로 아프가니스탄이었다. 19세기 후반기 아프가니스탄을 중심으로 하는 중앙아시아지역에서 펼쳐진 영국과 러시아의 쟁투를 '그레이트 게임(The Great Game)'이라고 부른다. 러시아의 중앙아시아를 통한 인도양 진출 기도는 영국이 아프가니스탄을 점령함으로써 또다시 좌절되었다.

러시아는 중앙아시아에서 인도양 방면으로 진출하려는 기도가 좌절되자 동북아시아로 눈을 돌렸다. 러시아는 시베리아 철도를 부설해가면서 한반도 북부까지 그 영향력을 확대해 나갔다. 이에 영국은 동북아 지역에서도 러시아의 남진을 견제하기 위한 대책을 마련해야만 하는 상황에 직면했다.

그러나 영국은 인도, 아메리카 등지의 식민지 경영과 중국에서의 이권 확보에 필요한 전력을 분산운용함으로써 동북아 지역에서 러시아의 남진을 견제하기 위해 요구되는 충분한 해군력과 지상군 전력을 파견할 만한 여유를 가지지 못했다. 따라서 이 지역에서 영국은 러시아군의 남진을 견제할 만한 해군력과 지상군 전력을 갖춘 동맹국이 필요하게 되었다.

이러한 영국의 필요성을 충족시킬 수 있는 국가가 바로 일본이었다. 일본은 1894년 청일전쟁에서 승리를 거둠으로써 동북아에서 새로운 강국으로 등장하였다. 일본 해군은 동북아와 서태평양에서 영국 해군보다 상대적으로 우월한 전력을 보유하고 있었고, 한반도를 통해 대륙으로 진출하고자 하는 야심이 있던 일본으로서도 러시아와의 개전 이전에 영국과 동맹을 맺는 것은 매우 중요한 일이었다. 이로써 양측의 이해관계가 맞아 떨어져 1902년 1월 30일 런던에서 영·일동맹이 체결되었다.

영국이 의도하던 바대로 일본은 러일전쟁(1904~1905)에서 러시아 해군과 육군을 격파하였다. 러시아는 1905년 국내에서 혁명이 발생하여 일본과의 전쟁을 조기에 종료해야 했다. 러일전쟁은 1905년 9월 5일 포츠머스 강화조약이 체결됨으로써 종결되었다. 이 전쟁에서 영국과 미국은 일본을 뒤에서 지원하였으며, 당시 러시아와 동맹관계에 있던 프랑스는 중립을 지켰고, 독일 또한 중립을 유지했다.

러일전쟁 이후에는 미국이 영국과 함께 동북아 지역에서 일본을 통해 러시아의 남진을 견제하는 주도 세력으로 부상하였다. 미국은 남북전쟁(1861~1865) 후 본격적인 서부개척을 통해 국력을 축적했고, 하와이 등 도서들을 영토로 편입하면서 서태평양에 진출해 나갔다. 스페인과의 전쟁(1898년)에서 미국은 푸에르토리코와 괌, 그리고 필리핀을 획득하였다. 이로써 미국도 제국주의 열강의 대열에 합류한 것이다.

미국은 러일전쟁 종결을 위한 포츠머스(Portsmouth) 회담이 진행 중이던 1905년 7월 29일에 일본과 가쓰라-태프트 밀약(The Katsura-Taft Agreement)을 맺었다. 이 밀약을 통해 일본은 미국의 필리핀에 대한 지배권을 인정하였으며, 미국은 일본의 한반도에서의 지배적인 위상을 인정하였다. 이로써 대한제국의 운명은 결정되고 말았다.

이 밀약의 배경에 미국이 일본을 이용하여 러시아를 견제하겠다는 의미가 숨어있다. 즉 스스로 일어설 힘이 없는 대한제국을 일본이 지배함으로써 부동항을 찾아 남진하려는 러시아의 기도를 견제할 수 있기 때문이었다.

이것은 영국과 미국의 국가이익에 기초한 외교 전략으로써 냉정한 국제관계의 단면을 엿볼 수 있는 '차도살인'의 계라 할 수 있다.

# 제4계 : 이일대로(以逸待勞)

(以: 써 이, 逸: 편안할 일, 待: 기다릴 대, 勞: 피로할 로)

## 때가 올 때까지 참고 기다려 적을 지치게 한 후 공격하라

이 계는 손자병법 군쟁편(軍爭編)의 '이근대원(以近待遠), 이일대로(以佚待勞), 이포대기(以飽待饑), 차치력자야(此治力者也)'에서 유래되었다. 이것은 "군사행동은 가까이 있는 군대가 멀리서 원정 오는 부대를 기다리고, 편안한 태세로 적이 피로해지기를 기다리며, 배부르게 있으면서 적의 굶주림을 기다리니 이는 전투력을 다스리는 방법이다."라는 뜻이다.

이 계의 원문(原文)과 해석(解析)은 아래와 같다.

> ### 困敵之勢(곤적지세), 不以戰(부이전) : 損剛益柔(손강익유)
>
> 적을 곤경에 빠뜨리는 것은 전투를 통하지 않고서도 달성할 수 있다. 적이 우세한 것에서 쇠약한 것으로 바뀌고, 강한 것에서 약한 것으로 변하도록 해야 한다.

'이일대로'는 전술상 자신이 먼저 주도권을 발휘할 수 있는 위치를 확보한 후에 적의 공격에 대응한다는 의미이다. 매사에 충분한 준비를 하고 있으면 외부의 압력이 있다고 해도 어떤 일이든 '이일대로' 할 수 있다.

앉아서 적을 기다리는 방법도 있겠으나 적을 적극적으로 피로하게 하는 방법도 있다. 적과 대치한 상황에서 여러 개의 방향에서 양동(陽動)을 실시하여 적을 혼란하게 한다든지 혹은, 적의 후방지역에 유격부대 등을 침투시켜 혼란을 유발하고, 적의 부대가 아군 유격부대를 좇아 움직이게 함으로써 적을 피로하게 하는 것도 한 방법이다.

'이일대로'의 책략을 사용할 때는 우선 조용히 상황의 변화를 관찰하여 적절하게 대응해야 한다. 아군과 적군의 환경과 의도, 그리고 전력 등을 면밀하게 계산하고 상황의 변화에 주의를 기울여야 한다. 만약 여건이 충분히 조성되지 않았다고 판단될 때는 산처럼 침묵을 지키다가, 기회가 왔다고 판단되면 성난 파도처럼 몰아쳐야 한다. 이 지략을 적절히 사용하게 된다면 상대적으로 전력이 약한 군대도 강한 군대와 싸워 이길 수 있다.

## 강감찬 장군이 거란군을 피로에 지치게 한 후 격파하다

1018년 12월 10일, 거란의 소배압(蕭排押)이 10만 대군을 이끌고 고려를 침공했다. 거란의 이번 침공은 993년에 소손녕(蕭遜寧)이 이끌었던 제1차 침공, 그리고 1010년 거란 성종(成宗)의 제2차 침공에 이은 세 번째 침공이었다.

고려는 거란군의 제1차 침공 시 서희(徐熙)의 담판으로 압록강 동쪽 땅인 강동 6주(江東六州 : 홍화, 통주, 용주, 철주, 곽주, 귀주)를 얻었다. 당시 거란의 고려 침공 목적은 송(宋)에 대한 공격에 앞서 단기전으로 거란의 배후에 위치한 고려와의 관계를 정립함으로써 배후의 안정을 도모하는 것이었다. 거란군은 고려의 송과 단교, 거란과의 교류라는 조건에 만족하여 강동 6주를 고려에 넘겨주고 돌아갔다. 그 후 고려는 강동 6주를 군사적 거점으로 만들어 거란의 침입에 대비하였다.

거란은 그 후 군사력을 증강해 999년에 송을 침공하였고, 1004년에는 송을 굴복시켜 강화조약(전연지맹)을 체결하였다. 강화조약에 따라 송은 거란에 매년 비단 20만 필, 은 10만 냥을 보냈다. 이처럼 송은 거란에 금전을 줌으로써 국가의 안전을 보장받고자 하였다. 송을 굴복시킨 후 거란의 다음 목표는 고려를 굴복시키는 것이었다.

거란은 1009년 2월에 고려의 서북면도순검사 강조(康兆)가 목종을 폐

위 및 시해하고 현종을 옹립하는 정변을 일으키자, 강조에 대한 징벌을 명분으로 1010년 11월에 고려를 침공해왔다. 거란군은 북방 국경 지역의 성들을 완전히 공략하지 않은 채 빠르게 남하하여 개경을 쉽게 함락시켰고 강화체결을 서둘렀다. 그러나 고려 왕 현종은 나주로 피난하였고, 거란군은 고려군이 퇴로를 차단하자 이듬해 1월 중순에 패주하듯이 철수해야만 했다.

거란은 8년 후인 1018년 12월에 고려 국왕의 친조(親朝)와 강동 6주의 반환을 요구하면서 3차 침공을 감행해 왔다. 거란군 장수 소배압의 전략은 고려 국왕에게 직접 항복을 받아내기 위해 수도 개경(開京 : 개성)을 직접 공격하는 것이었다. 거란군은 고려의 수비군이 북방 국경 지역에 집중되어 있기 때문에 청천강 이남지역이 상대적으로 허술할 것으로 판단하고, 국경 지역의 고려군과는 직접적인 교전을 최대한 억제하면서 교묘한 기동을 통해 개성을 포위 공격하려 하였다.

고려 조정은 거란군이 침공해오자 강감찬(姜邯贊)을 상원수(上元帥), 강민첨(姜民瞻)을 부원수(副元帥)로 삼아 20만 8천명의 대군으로 맞서 싸우게 하였다.

거란군은 흥화진(興化鎭 : 평안북도 의주군 위원면 일대)을 통하여 남하하였고 서경(西京 : 지금의 평양)을 거쳐 1019년 1월 3일경에는 개경 부근까지 내려왔다.

고려 왕 현종은 거란의 2차 침공 때와는 달리 개경을 떠나지 않고 개경 주변의 백성들을 성안으로 집결시키는 청야전술(淸野戰術)로 거란군의 군량 보급을 차단하고 농성을 벌였다.

거란군은 북방지역의 고려군 거점을 우회하여 남하함으로써 병참선이 차단되었고, 개경 부근에서는 고려의 청야전술로 식량을 구할 수 없게 되었다. 거란군은 병력의 손실과 더불어 추위와 피로로 인하여 고통을 받았다. 결국, 거란군은 개경에 대한 공격을 포기하고 황해도 신계에서 회군

강감찬 장군상(낙성대)

하여 철군을 시작했다.

이에 강감찬 장군은 연주(漣州)와 위주(渭州)에서 거란군을 공격하여 대패시켰고, 특히 귀주(貴州)에서 병마판관 김종현(金宗鉉)이 거란군을 섬멸하였다.(귀주대첩) 거란군은 수천 명만 겨우 돌아갔을 정도로 궤멸적인 타격을 입었다. 이후 거란은 고려 국왕의 친조와 강동 6주 반환을 다시는 요구하지 못하였다.

거란군은 개경 함락에 집착하여 퇴로를 염두에 두지 않고 무리하게 전진했다. 고려군은 이 기회를 놓치지 않고 거란군을 피로로 지치게 한 후 철수하는 거란군을 남북으로 협공하여 섬멸시킬 수 있었다.

## 6 · 25전쟁 시 공산군 유격대가 아군을 피로하게 하다

6 · 25전쟁이 일어나기 이전에 남한지역에서 결성된 공산당 조직인 남로당(南勞黨)은 1949년 7월에 '인민유격대(人民遊擊隊)'를 조직했다. 남로당의 인민유격대는 오대산, 지리산, 태백산 일대를 근거지로 무장투쟁을

인민유격대의 모습

전개하는 한편, 도별로 무장대를 편성해 활동하는 등 신생 대한민국 정부를 전복하기 위해 활발한 활동을 전개하였다.

이와 더불어 북한의 공산 정권은 1948년에 제주도에서 일어난 4·3사건과 10·19 여수·순천사건 등으로 국군의 진압부대가 제주도, 호남 및 경남 지역에 집중되어, 후방경비가 허술해지고 남한사회가 혼란에 빠지자 본격적으로 인민유격대를 남파시키기 시작하였다. 10·19 사건은 당시 여수에 주둔하고 있던 국군 제14연대가 일으킨 군내 좌익 반란사건이었다. 당시에 반란을 주도했던 인물은 남로당원으로 제14연대에 암약하고 있던 좌익분자인 연대 인사계 지창순 상사, 제1대대 1중대장 김지회 중위, 순천 파견대장 홍순석 중위 등이었다.

북한 공산 정권이 남파한 인민유격대는 최초 1948년 11월 14일, 양양-오대산 지구로 약 180명이 침투한 이래 1950년 3월 28일까지 총 10회에 걸쳐 약 2,400여 명이 침투하였다. 이들은 중동부의 산악지역을 타고 남한지역 후방에 침투하여 남로당의 유격대와 통합하여 험난한 산악지역을 중심으로 유격전을 전개하였다. 남로당과 북한의 유격대는 군·경의 소탕작전으로 대부분 격멸되었으나, 일부는 남한 지역의 산악지역에 남아 6·25전쟁이 발발하기 전까지 저항을 계속했다.

국군은 당시 이러한 공산 유격대를 토벌하기 위해 전방사단의 일부와 후방의 3개 사단 등 총 4개 사단 규모와 경찰력 일부를 투입하여야 했다. 이러한 국군의 공비토벌작전 수행은 국군의 38도선의 방어력과 후방지역 경계의 약화를 초래하였다. 전방부대는 교육훈련과 방어진지 구축 등 전투준비에 제한을 받았으며, 후방의 사단들도 전쟁 발발 직전까지도 대대 혹은 중대별로 분산되어 공비소탕작전을 전개할 수밖에 없었다.

이처럼 남로당과 북한 정권이 6·25전쟁 이전에 유격대를 적극적으로 운용했던 목적은 주 전선에서의 전투와 함께 후방지역에서 제2전선을 형성하고, 국군의 동원 및 증원을 방해하는 등 전후방을 동시에 전장화하여 국군을 피로케한 후 격멸하려는 의도에서 시도된 것이었다.

남로당과 북한의 유격대는 이처럼 국군의 전력을 분산시키고 피곤하게 하는 동시에, 전면전에 대비한 전투준비와 훈련 등을 할 여유를 박탈함으로써 북한의 남침전략에 이바지했다고 할 수 있다.

## 유엔군의 상륙작전 능력이 중국군을 피로하게 하다

6·25전쟁 시 유엔군에 의한 인천상륙작전과 원산상륙작전은 이후 한반도에 참전한 중국군 지휘부로 하여금 매 작전 시마다 후방지역에 대한 유엔군의 상륙위협을 고려하도록 강요하였다. 유엔군이 두 차례의 상륙작전 이후 또 다른 상륙작전을 시행하지 않았음에도 불구하고, 중국군은 항상 대부대를 동·서해안의 대상륙 방어를 위해 투입함으로써 전력 분산을 강요당하는 동시에 피로가 누적되었다.

중국군의 이러한 대응은 중국군의 제3차 공세 시(1950. 12. 31)부터 정전협정이 조인되는 순간까지도 지속되었다. 1950년 12월 31일, 중국군 제3차 공세 시 공산군 측은 북한군 제3군단과 4개 해안방어 여단으로 하여금 원산과 동해안에 대한 방어를, 북한군 제4군단으로 하여금 서해안에 대한 방어를 각각 담당하도록 하였다.

또한, 중국군이 1951년 2월 11일에 횡성과 지평리를 목표로 감행한 제4차 공세에 대응하여, 유엔군이 4월에 제2차 반격작전을 전개하여 38도선을 넘어 진격하고 있는 상황에서도 중국군은 유엔군이 상륙작전을 감행할 것으로 판단하고 있었다. 즉, 유엔군은 38도선을 넘은 후 계속 북진하고, 측 후방 지역에 대한 상륙으로 정면공격과 배합할 가능성이 크며, 유엔군 상륙 예상지역은 동해안의 원산과 통천일 가능성이 많다고 판단하였다. 유엔군의 정면공격 방향은 평강, 세포가 될 것이며, 먼저 동부 산악지구를 점령한 후 다시 서해안 진남포에서 상륙하여 서부전선의 유엔군과 배합하고 북쪽을 향해 공격할 것으로 보았다. 또한, 만약 집결한 유엔군 병력(6만 정도)이 많다면 동·서 양안에서 동시에 상륙할 가능성이 있다고 판단하고 있었다.

이러한 판단을 기초로 중국군 사령관 펑더화이(彭德懷)는 유엔군의 제2차 반격작전에 대응하여 유엔군이 상륙하기 이전에 서둘러 공세를 개시할 것을 결심하였다. 중국군은 1951년 4월 22일에 제5차 4월 공세를 개시하는 동시에. 유엔군의 상륙 가능성에 대비하여 중국군 3개 군단, 북한군 2개 군단 등 5개 군단의 대규모 전력을 후방지역에 주둔시켰다.

이처럼 유엔군의 상륙작전 가능성은 중국군 수뇌부의 결심에 지대한 영향을 미치고 있었고, 중국군은 공세를 감행하면서도 유엔군의 상륙에 대비해 대규모의 병력을 후방지역에 배치함으로써, 전방지역에 충분한 전력을 집중하지 못하고, 가용한 전력을 분산 운용할 수밖에 없었다. 유엔군이 가진 잠재적인 상륙작전 능력은 전쟁기간 내내 이와 같이 공산군의 지휘부를 피곤하게 하고 전력을 분산시키면서 항상 후방의 위협이라는 불안감을 조성할 수 있었다.

6·25전쟁의 사례에서 보듯이 우리 군과 미군의 연합해병전력은 북한군의 후방방어를 위한 전력 분산과 작전 피로도를 증가시킬 수 있는 잠재력이 있다.

# 제5계 : 진화타겁(趁火打劫)

(趁: 좇을 진, 火: 불 화, 打: 칠 타, 劫: 위협할 겁)

## 남의 집 불난 틈을 타서 물건을 훔치듯 그 기회를 최대한 이용하라

'진화타겁'의 계는 적이 어지러운 상황에 부닥쳐있을 때 공격하는 것이다. 이 계의 원문(原文)과 해석(解析)은 아래와 같다.

> 敵之害大(적지해대), 就勢取利(취세취리) : 剛怏柔也(강쾌유야)
>
> 적측에 큰 해가 발생했을 때는 이 기회를 틈타서 이득을 취한다.
> 이것이 강한 자가 약한 자를 공격하는 방법이다.

'진화타겁'의 계에는 두 가지 유형이 있다. 하나는 '진화타겁(趁火打劫)'이고, 다른 하나는 '종화타겁(縱火打劫)'이다. '진화타겁'은 적진 내부에서 일어난 분란, 내란 등의 어지러운 상황을 기회로 포착하여 공격하는 것이고, '종화타겁'은 아군이 적을 어려운 상황에 부닥치도록 만들어 공격할 수 있는 여건을 조성한 후에 공격하는 것이다.

진화(趁火)란 자신이 직접 기회를 만드는 것이 아닌 수동적인 성격을 띠고 있다. 종화(縱火)는 주동적이고 적극적인 성격을 띠는 것으로, 기회가 만들어지기를 기다리기보다는 자신이 기회를 찾을 수 있도록 스스로 여건을 조성하는 것이다.

이처럼 '진화타겁'의 계에서 적을 공격할 수 있는 상황은 두 가지 경우로써, 적이 스스로 혼란에 빠지는 경우와 아군이 주도적으로 조성한 혼란에 빠지는 경우이다.

## 나·당 연합군이 내분을 이용하여 고구려를 멸하다

660년 7월, 신라와 당(唐)의 연합군이 백제를 침공하여 멸망시켰다. 당시 나·당(羅·唐) 연합군의 전략은 제1단계로 백제를 멸망시켜 고구려를 고립시킨 후, 제2단계로 고구려를 공격하는 것이었다. 이러한 전략에 의거 당군과 신라군은 백제를 멸망시킨 후, 제2단계 목표인 고구려에 대한 침공을 시작하였다.

661년 4월, 당군은 17만 5천여 명의 병력으로 수륙 양면으로 고구려를 공격하였고, 신라군은 당군에 대한 군수지원을 담당하였다. 그러나 고구려군과 일진일퇴의 공방전을 거듭하던 소정방(蘇定方)이 지휘하는 당군은, 661년에 중국 서북지역의 회흘(回紇 : 위구르)군이 당을 공격하자 662년 3월에 작전을 종료하고 본국으로 철수해 버렸다. 이후 전쟁은 소강상태로 접어들었다.

나·당 연합군의 재출병은 고구려 지도층 내부의 분열이 심화한 가운데 이루어졌다. 고구려의 내분은 666년 5월, 실력자였던 대막리지(大莫離支) 연개소문이 사망하고 그의 장자(長子)인 연남생(淵男生)이 대막리지 직을 승계하면서부터 시작되었다.

고구려의 실권자가 된 연남생 집단과 그 아우들의 통합세력이 서로 대립하였고, 이로써 고구려 지도층의 단결이 와해되고 말았다. 결국 연남생은 아우들의 반란으로 축출되었고, 고구려의 옛 수도인 국내성에 웅거하면서 오히려 당군에 지원을 요청함으로써 당군을 불러들이는 반역을 하였다. 666년 12월에는 연개소문의 동생인 연정토(淵淨土)까지도 신라에 투항하는 사건이 발생하는 등 고구려 지도층의 내분과 혼란은 극에 달하였다.

이러한 일련의 내부 분열 사건으로 인하여 고구려의 대외항전 역량은 급격히 약화하였고, 나·당 연합군에게 '진화타겁'의 계를 실행할 기회를 제공했다.

666년 12월, 당은 이세적(李世勣)을 사령관으로 고구려를 재침공하여 요동의 신성(新城)을 점령하였다. 당군은 667년 10월부터 668년 2월까지는 고구려의 부여성을 포함한 40여 개의 성을 점령할 수 있었다. 이로써 압록강 이북의 고구려군 전력은 크게 약화되고 말았다. 668년 9월, 당군은 압록강을 넘어 평양성을 포위하였고, 신라군도 이에 호응하여 임진강을 건너 평양성 공격에 가담하였다.

나·당 연합군은 평양성에 대한 포위 1개월 만에 고구려 보장왕의 항복을 받았다. 이로써 고구려는 28왕 705년 만에 멸망하였고, 보장왕을 포함한 20여만 명의 고구려인들이 당에 포로로 끌려가는 수모를 당하였다.

이처럼 연개소문이 사망한 후 연 씨 형제들에 의해서 야기된 고구려의 내분과 혼란은 나·당 연합군에게 '진화타겁'의 계를 실행할 기회를 주었다. 고구려의 멸망 이유는 지속된 대외항쟁의 결과로 국력이 쇠퇴하여 저항능력이 약화한 데에도 원인이 있었지만, 결정적인 요인은 적이 '진화타겁'할 수 있도록 해준 지도층 내부의 분열과 혼란이었다.

### 일본이 동학혁명으로 약화된 조선을 침략하다

일본은 1868년 부국강병을 기치로 한 메이지유신(明治維新) 이후 적극적인 대외침략정책을 추진하기 시작하였다. 일본의 대외침략 시발점은 함포 위력을 매개로 1876년에 조선과 체결한 강화도조약이었다. 이로써 조선은 그동안의 통상수교 거부정책을 포기하고 미국, 영국, 러시아 등 서구 열강과 조약을 체결함으로써 개국의 길로 들어서게 되었다.

강화도조약으로 조선을 강제로 개국시킨 일본은 1882년의 임오군란(壬午軍亂)과 1884년에 일어난 갑신정변(甲申政變)에 개입하여 조선에 대한 지배적인 영향력을 확보하려 하였다. 강화도조약 이후 조선 조정은 개화파와 수구파가 날카롭게 대립하였고, 고종의 친정으로 정권에서 물러난 대원군은 명성황후를 중심으로 하는 민 씨 일파의 제거를 통해 재집권을 모색하고 있었다. 이러한 와중에 발생한 임오군란은 신식 군대인 별기군보다 차별대우를 받고 있던 구식군대가 일으킨 폭동사건이었다. 이러한 폭동은 대원군과 연결되어 민 씨 일파 및 일본세력에 대한 배척운동으로 확대되었고, 일본 공사관이 불에 탔으며 13명의 일본인이 사망하였다.

청은 민 씨 정권의 요청으로 병력 3,000명을 조선에 파병하여 난을 진압하고 군대를 주둔시켰다. 또한, 임오군란의 책임을 물어 고종의 아버지인 대원군을 톈진(天津)으로 납치해 갔다. 더욱이 청은 조선을 청의 속방으로 만들기 위해 민 씨 정권에 압력을 가하여 '조중상민수륙무역장정(朝中商民水陸貿易章程)을 체결하고, 그 조약 전문에 조선이 청국의 속방(屬邦)이라는 문구를 포함하는 등 조선에 대한 침략을 획책하였다.

한편, 일본은 조선 정부를 압박하여 임오군란의 주모자 처벌과 손해 배상을 내용으로 하는 제물포조약을 체결하였다.

이렇듯 임오군란은 대외적으로 청과 일본이 조선에 대한 권한을 확대해 주는 결과를 초래하였고, 조선 내부적으로는 청의 지원으로 재집권한 수구세력인 민 씨 일파가 청의 조선 속방화 정책에 순응하여 개화파를 탄압하고 개화운동을 저지함으로써 개화파는 정치적으로 매우 위험한 위치에 놓였다.

이처럼 청의 조선 자주독립의 침해와 조선 개화당의 자주 근대화 정책에 대한 청국과 명성황후 등 수구파의 저지와 탄압은 1884년 급진 개화파들이 갑신정변을 일으키는 요인이 되었다. 김옥균, 박영효, 서광범, 홍영식, 그리고 서재필 등 양반 출신 청년 지식인들로 구성된 급진개화파는 자주독립과 근대화를 목표로 갑신정변을 일으켰다.

김옥균 등 개화파 사상가들은 일본과의 밀약을 통해 거사 시 일본군이 왕궁을 호위하고 청군이 공격해 올 경우 이를 저지해주겠다는 약속을 받고, 12월 4일에 우정국 낙성식 축하연을 계기로 정변을 일으켜 민태호 등 민 씨 수구파 거물들을 처단하고 정권을 장악하였다. 개화파는 갑신정변 후 혁신 정강 14개 조를 작성하여 고종의 재가를 받아 공표하는 등 개혁정 치를 추진해갔다.

그러나 12월 6일 청군 1,500명이 왕궁으로 쳐들어왔고, 왕궁 호위를 책임지겠다고 한 일본군이 철수해버림으로써 개화당은 청군에 대항할 수 없었으며, 개화당의 집권은 '삼일천하(三日天下)'로 막을 내렸다.

조선의 개화당 지원을 통하여 조선에 대한 영향력을 행사하려고 했던 일본의 의도는 청군의 개입으로 말미암아 좌절되었다. 1885년 청과 일본은 톈진조약(天津條約)을 체결했다. 톈진조약의 주요 내용은 조선으로부터의 양국 군 철수, 군사교관의 파견 중지, 조선으로 군대를 파견할 시는 서로 통보할 것 등이었다. 톈진조약으로 청은 조선에 대한 정치적 주도권을 장악하였고, 일본은 경제적 영향력 행사와 조선에 군대를 파병할 명분을 얻게 되었다.

일본은 임오군란과 갑신정변 기간 끝내 청으로부터 조선 문제에 대한 정치적인 주도권을 빼앗지 못하였다. 이에 일본은 청에 빼앗긴 조선에 대한 정치적인 주도권을 확보하기 위해 청과의 전쟁을 결심하고 전쟁을 준비해가면서 그 기회를 노렸다. 일본은 1884년부터 1894년까지 10여 년간 꾸준히 군비(軍備)를 증강해가면서 그 돌파구를 모색하였다. 일본은 표면적으로는 청의 '속방(屬邦)'인 조선을 '독립' 시킨다는 명분을 제시하면서 군대 파견을 통해 조선침략의 기회를 넘보고 있었다.

일본은 1894년에 일어난 동학 농민혁명군의 봉기를 그들의 침략 의지를 실현할 수 있는 절호의 기회로 여겼고, 조선에 대한 파병을 모색하는 방향으로 나갔다. 이로써 일본의 '진화타겁'의 계가 가동되었다.

1894년 4월 27일, 동학 농민혁명군이 전주를 점령하자 조선 정부는 4월 30일, 동학 농민혁명군 토벌을 위해 청에 군대 파병을 요청하였다. 이에 따라 청의 군대는 5월 5월에 최초 부대가 아산 일대에 상륙하였다.

일본은 조선 정부의 청군 파병 요청 하루 전인 4월 29일, 텐진조약을 근거로 천황으로부터 조선에 대한 파병(派兵)을 승인받았다. 5월 4일, 일본은 청에 일본군의 조선 파병을 통지하였고, 일본군은 청군보다 하루 늦은 5월 6일에 인천항으로 상륙하였다.

청일전쟁은 일본 해군이 6월 23일 아산 앞바다 풍도 일원에 있던 청의 함대를 기습 공격함으로써 시작되었다. 일본군은 10월 중순 랴오닝성(遼東城)의 징저우(金州)와 다롄(大連)만을 함락시킨 후, 조선의 동학농민혁명군에 대한 대대적인 소탕에 집중적으로 병력을 투입하여 동학 농민군을 초토화했다. 청일전쟁은 1895년 3월에 일본의 승리로 끝이 났고, 전후 일본은 조선에 1만 명의 군대를 주둔시켰다.

이로써 일본은 조선의 혼란과 내분을 기회로 조선에 군대를 파병하여 청군을 격파하고 청의 조선에 대한 영향력을 제거하는 동시에, 조선에 대한 지배권 확보에 한 걸음 더 나갈 수 있었다.

이처럼 일본은 조선의 개항 이후 임오군란과 갑신정변 등에 개입하면서 조선에 대한 정치적 영향력 확대를 시도하였고, 청과 맺은 텐진조약으로 확보한 조선에 대한 군대 파병 명분을 활용하고, 조선이 동학 농민군의 봉기로 혼란에 빠져있던 상황을 기회로 포착하여 '진화타겁'의 계를 시행하였다.

동학혁명 시 조선이 청국에 군대의 파병을 요청한 사례는 국가 내부의 분란, 정변 등의 문제 해결을 목적으로 외국의 군대를 국내로 끌어들이는 것이 얼마나 위험한 것인지를 실증하는 사례라 할 수 있다.

## 연합군이 전략폭격으로 나치독일과 일본을 무력화하다

제2차 세계대전 시 연합국의 나치독일에 대한 전략폭격과 미국의 일본에 대한 전략폭격은 '진화타겁'의 계를 적용한 사례라 볼 수 있다. 연합군은 나치독일과 일본에 대한 전략폭격을 통해 전쟁지속능력과 국민들의 저항 의지를 약화한 후 본토를 공격하고자 하였다.

미국의 라이트 형제가 1903년에 역사상 처음으로 동력비행기를 조종하여 비행에 성공한 후 항공기는 비약적인 발전을 거듭했다. 항공기가 본격적으로 전쟁에 사용된 것은 제1차 세계대전이었다. 항공기는 최초 적 지역에 대한 정찰 및 통신용으로 사용되다가, 항공기에 기관총을 탑재하여 공중전을 벌이고, 폭탄을 휴대하여 손으로 투하하는 단계에서 발전하여 폭탄을 탑재한 대규모 폭격기 편대가 적 후방지역의 주요 도시를 폭격하는 단계로 발전해 갔다.

제1차 세계대전 시 이미 전략폭격의 개념이 태동하였으며, 연합군과 독일군은 상호 전략폭격을 주고받았다. 독일 공군은 1915년 이후 런던을 52회 폭격하여 3,000여 명의 민간인 사상자를 발생시켰고, 이에 영국도 보복 공격을 단행하여 독일의 쾰른 등 주요 도시를 폭격함으로써 1,900명 이상의 사상자를 낳게 하였다.

제1차 세계대전의 경험을 바탕으로 제2차 세계대전 이전 시기에 미래전에서 항공력 운용이 더 중요하게 될 것이라는 인식이 확대되었고 전략폭격에 관한 이론이 등장하였다. 이론의 핵심은 항공력으로 우선 제공권을 장악한 후 적의 주요 도시를 폭격하여 적의 저항 의지를 약화함으로써 전쟁에 승리할 수 있다는 것이었다.

전략폭격의 대표적인 이론가는 이탈리아군 최초로 항공대장을 역임한 줄리오 두헤(Guilio Douhet) 장군이었다. 그는 『제공권(The Command of the Air)』이라는 저서에서 미래전에서는 공군이 다른 군들을 쓸모없게 할 것이라고 주장하였다. 즉 전략폭격은 엄청난 파괴력을 지녔으며, 적의 정부와 국민들에게 공포심을 갖도록 하고 저항의지를 상실하게 하여 항복을 받아낼 수 있을 것이므로 육군과 해군은 불필요하다는 이야기였다.

영국은 제1차 세계대전의 경험, 섬나라라는 지정학적 여건, 그리고 경제적인 면을 고려하여 전략폭격에 대한 이론을 적극적으로 수용하였다. 영국은 항공력의 중요성을 인식하여 1918년에 육군항공대를 육군에서 분리하여 공군을 창설하였다.

미국은 섬나라인 영국과 같이 지정학적으로 태평양과 대서양을 건너 적국을 공격할 수 있으며, 경제력으로도 뒷받침할 수 있는 전략폭격 이론을 수용하였다. 미국의 대표적인 이론가는 제1차 세계대전 시 유럽 전선에 참전하여 전투기 조종사로 활약한 바 있는 빌리 미첼(Villy Mitchel) 장군이었다. 미첼은 전략폭격과 더불어 항공력이 지상군의 작전을 지원하는 전술적인 임무도 매우 중요하게 여겼다.

제2차 세계대전 발발 이전까지 주요국의 전략폭격에 대한 준비는 미흡한 실정이었다. 영국은 1939년 당시 대형 폭격기를 보유하지 못했고, 비행 거리나 폭격능력 면에서 떨어지는 500여 대의 경폭격기만을 보유하고 있었다. 미국은 1938년에 2,400파운드의 폭탄을 탑재하고 600마일(960km)을 날아갈 수 있는 대형 폭격기 B-17(하늘의 요새)을 생산하였다. 또한, 1939년에는 B-17의 성능을 약간 능가하는 B-24를 생산하였으며, B-24는 제2차 세계대전 기간 내내 가장 많이 생산되어 미군 육군항공대의 주력폭격기가 되었다. 미국은 이 두 종의 폭격기에 15억 달러라는 막대한 비용을 들여 개발한 폭격조준기를 장착함으로써 세계에서 가장 최신의 폭격기술을 보유하고 있었다. 당시에는 어느 나라에서도 이러한 폭격조준기를 보유하지 못하였다. 그럼에도 불구하고 미국은 1939년 당시 겨우 13대의 B-17 폭격기를 운용하고 있었고, 다른 국가에 비해 조종사의 수나 항공기의 양에서는 열세한 상태였다.

한편 독일과 일본은 전략폭격에 대한 준비가 더욱 미흡하였다. 제1차 세계대전의 패전국이었던 독일은 전후 베르사유 조약에 의거 군비통제를 당함으로써 상대적으로 항공력을 발전시킬 시간적인 여유가 부족했다. 또한, 유럽 대륙의 중앙에 위치한 대륙국가라는 지정학적 고려에서 지상군

작전을 공중에서 지원하는 급강하폭격기 개발 등 전술적인 목적에 부합하는 항공기 개발에 열중하였다. 이러한 독일 공군의 한계는 독일이 프랑스를 항복시킨 후 시도했던 영국에 대한 공략과정에서 시행된 전략폭격에서 그 한계가 노출되었다.

일본은 제로 센 전투기와 같은 우수한 항공기를 개발하여 항공모함의 함재기로 운용하였으나, 장거리를 이동하여 미국의 본토를 공격할 만한 전략폭격기를 보유하지 못했다. 일본군이 보유한 능력은 진주만 기습 시와 같이 항모 기동함대를 출동시켜 항공모함에 탑재된 항공기를 이용하여 목표지역을 폭격하는 제한된 것이었다.

제2차 세계대전 시 유럽 전선에서 연합군의 나치독일에 대한 전략폭격은 최초 영국군에 의해서 시작되었다. 영국 공군의 폭격기 사령부는 1940년 8월, 독일 공군의 집요한 공격에 대응하여 베를린을 폭격하였다. 영국 공군의 베를린 폭격에 자극을 받은 독일 공군은 그해 9월부터 런던을 포함한 영국의 인구밀집지역에 대한 폭격을 가하기 시작했다. 유럽 전선에서 장거리 전략폭격기를 이용한 전략폭격전이 시작된 것이다.

1941년에는 미국의 육군항공대 전략폭격기 부대가 영국으로 이전해 왔고, 1942년 여름부터 영국 폭격기 사령부와 연합작전을 수행하였다. 독일 본토에 대한 연합군의 전략폭격이 본격화된 것은 1943년 1월의 카사블랑카 회담 이후였다. 모로코의 카사블랑카에서 만난 미국의 루스벨트 대통령과 영국의 처칠 수상은 전쟁을 추축국의 '무조건 항복'으로 종결시킨다는 것과 연합군의 시칠리아 상륙작전, 그리고 독일에 대한 전략폭격을 강화한다는 방침을 정하였다.

영국 공군은 정밀한 폭격조준장치를 보유하지 못함으로써 주간에 독일의 인구 밀집지역인 주요 도시 등 지역 표적을 목표로 공격하였고, 정밀한 폭격조준장치를 보유하고 있던 미군 폭격기부대는 야간에 정밀폭격으로 군사 및 산업시설 등 점표적을 목표로 폭격하였다. 그러나 1945년부터는 미군 폭격기부대도 정밀폭격의 한계를 느껴 영국 공군과 마찬가지로 목표를 지역 표적으로 전환하였다.

미·영 연합공군의 폭격기부대는 엄호기를 동반하지 않아 독일의 대공포와 요격기 때문에 심대한 손실을 입었다. 연합군의 전략폭격 임무에는 한 번에 수천 대의 폭격기가 동원되었고, 이중 평균 약 1/3 가량의 폭격기가 독일의 방공포와 요격기에 의해 희생되었다. 연합군의 폭격기 부대는 1943년 말에 전투반경이 획기적으로 향상된 P-51 무스탕 전투기의 엄호 하에 작전을 수행할 수 있게 되면서부터 폭격기부대의 피해를 감소시킬 수 있었다.

연합공군의 전략폭격으로 독일의 민간인 30여만 명이 사망했음에도 불구하고 독일 국민들의 저항 의지를 무력화시킬 수는 없었다. 그럼에도 불구하고 독일의 군사 및 산업 기반시설(석유정재소, 철도 등 수송망)에 대한 폭격으로 독일의 전쟁지속능력을 극도로 약화할 수 있었다. 연합군은 전략폭격으로 독일의 전쟁지속능력을 약화해 여건을 조성하고 독일로 진주하였다. 그러나 이와 같은 전략폭격의 효과에도 불구하고 연합공군이 지급한 대가는 큰 것이었다. 영·미 연합공군의 피해는 폭격기 추락 16,000여 대, 조종사와 승무원 사망자는 무려 76,000여 명에 달하였다.

미군이 일본 본토에 대해 전략폭격을 최초로 실시한 것은 1942년 4월이었다. 4월 18일에 미(美) 항모 기동함대에서 출격한 둘리틀(Doolittle) 중령이 지휘하는 육군항공대의 B-25 중거리 폭격기 16대가 일본의 수도 도쿄(東京)지방에 대한 공습을 감행했다. 그 후 일본 본토에 대한 미군의 본격적인 전략폭격은 1944년 3월 말에 B-29라는 초대형 폭격기가 개발됨으로써 본격화되기 시작하였다.

미국은 최초 B-29 폭격기를 태평양에서 사용할 계획이었으나, 여건상 최초로 중국 내의 국민당군 공군기지에서 운용하였다. 그 이유는 소련이 시베리아를 미군 폭격기의 기지로 사용하도록 허가하지 않았고, 1944년

초 미군은 작전반경 내에서 일본 본토를 직접 폭격할 수 있는 도서(島嶼) 기지를 점령하지 못했기 때문이었다.

1944년 8월, 미군은 마리아나 제도(괌, 사이판, 티니안 섬)를 점령함으로써 일본 본토를 직접 폭격할 수 있는 B-29 폭격기의 발진 기지를 확보할 수 있었고, 일본 본토에 대한 본격적인 전략폭격을 단행하였다.

B-29 폭격기 모습

1944년 11월 24일, 마리아나 제도의 기지로부터 발진한 B-29 폭격기 111대가 도쿄 일대의 나카지마(中島) 항공기 공장에 대해 첫 폭격을 하였다. 미군은 일본이 항복하기 전까지 저고도 야간폭격 방법으로 네이팜탄을 활용하여 대부분 목조건물로 이루어진 일본의 주요 도시를 초토화했다. 더욱이 미군은 1945년 8월 6일에는 히로시마에, 8월 9일에는 나가사키에 원자폭탄을 투하하여 양 도시에서 합계 19만여 명 이상의 희생자가 발생하였다.

1945년 8월 15일, 일본 천황은 무조건 항복을 선언하였다. 미국은 이전에 결코 볼 수 없었던 불(火力)을 놓아 일본이 무릎을 꿇게 만들었던 것이다. 이로써 일본은 본토가 적에 의해 점령당하지 않았음에도 불구하고 적의 항공력에 무릎을 꿇은 유일한 나라가 되었다.

연합군의 독일에 대한 전략폭격과 일본에 대한 미국의 전략폭격은 엄청난 민간인 피해를 유발했다. 오늘날에는 이러한 민간인에 대한 무차별 폭격은 상상하기 어렵다. 민간인에 대한 무차별 폭격은 전쟁법상 금지사항으로 규정되어 있기 때문이다.

한반도에 전쟁이 다시 발발한다면 북한지역에 대한 전략폭격은 불가피하다. 그러나 폭격목표를 선정할 때에는 북한 주민들의 희생을 최소화하는 동시에, 주민들을 보호할 수 있는 대책과 통일 후의 기반시설 활용 등이 면밀하게 검토되어 시행되어야 할 것이다.

# 제6계 : 성동격서(聲東擊西)

(聲: 소리 성, 東: 동녘 동, 擊: 칠 격, 西: 서녘 서)

**동쪽에서 소리 내고 서쪽을 치듯 적의 주의를 다른 곳으로 유도하고 공격하라**

'성동격서'란 말로는 동쪽을 공격하는 체하고 실제로는 서쪽을 치는 전법을 말한다. 그 목적은 적의 관심과 방어력을 다른 곳으로 집중시키고, 그 방어태세가 허술한 틈을 타서 불시에 공격하기 위한 것이다. 작전 간에 아군의 손실을 최소화하기 위해서는 적의 힘을 분산시키거나 전투 의지를 저하시킬 수 있는 방법을 모색해서, 그 약점을 이용해야 작전목적을 쉽게 달성할 수 있다.

이 계 원문(原文)과 해석(解析)은 아래와 같다.

> 敵志亂萃(적지난췌), 不虞(불우), 坤下兌上之象(곤하태상지상) :
> 利其不自主而取之(이기불자주이취지)
>
> 적의 의지가 흔들리고 불안하면 임기응변 능력이 쉽게 상실된다.
> 적이 정신을 차리지 못하는 상태를 이용하면 승리할 수 있다.

이 계를 이용하는 방법은 다양하다. 유언비어를 살포하여 적의 시각과 청각의 장애를 일으키게 하여 판단의 착오와 근심거리를 증가시켜 적의 힘을 분산시키고 그 방어력을 약화하는 방법이 있다. 이런 방법을 쓸 때는 아군의 기도와 활동은 노출하지 않은 가운데 순식간에 주동적인 위치를 점할 수 있도록 해야 한다.

작전보안의 유지와 주도권을 확보하는 것은 이 계를 시행하면서 가장 중요한 요체이다. 아군의 작전보안이 유지되지 않으면 아군의 기도가 노출됨으로써 적에게 주도권을 빼앗겨 아군이 피동의 위치에 놓일 가능성이 있다.

## 알렉산드로스가 양동 후 강을 건너 포러스군을 격파하다

'성동격서'의 대표적인 사례는 알렉산드로스 대왕의 히다스페스 (Hydaspes) 전투일 것이다. 알렉산드로스 대왕은 히다스페스 강에서 인도의 포러스군과 대치하였는데, 적과 대치한 곳에서 마치 강을 건널 것처럼 양동작전을 활발히 전개하면서, 실제로는 양동지역에서 이격된 히다스페스 강 상류에서 주력을 도하시켜 인도 포러스군을 측 후방에서 공격함으로써 승리를 거두었다.

알렉산드로스 대왕은 뛰어난 지도력과 전술능력으로 페르시아를 정복하여 대제국을 건설하였고 그리스문화를 동방에 확산시켰다. 그는 군사분야에서 있어서 완벽했던 인물로 전쟁사상 가장 뛰어난 군사적인 천재로 평가되고 있으며, 오늘날까지도 전 세계의 군사학교에서 그의 인물됨과 전사가 교육되고 있다.

알렉산드로스는 그리스 북부에 위치한 마케도니아 왕국의 왕자로 태어났으며, 12세에 부케팔러스라 불린 사나운 명마를 그림자를 보고 놀라지 않게 함으로써 손쉽게 길들이는 재능을 보였다. 마케도니아 왕 필리포스는 이러한 아들의 교육을 위해 그리스의 대학자 아리스토텔레스를 초빙할 정도로 열성적이었다. 알렉산드로스는 아리스토텔레스를 스승으로 삼아 무예와 그리스 학문을 익혔다. 그와 함께 교육을 받은 프톨레마이오스, 헤파이스티온과 같은 어릴 적 친구들은 동방원정 시 그의 휘하 장수로서 활약하게 된다. 알렉산드로스는 18세가 되어서는 몸소 장군으로 출정하여 그리스 연합군과 싸워 승리를 거두었다. 그는 왕이 되기 전부터 전투 시

기병을 적의 전열을 와해시키는 데 활용하는 등의 전술적인 감각을 갖추고 있었다.

알렉산드로스는 20세인 기원전 336년에 부왕인 필리포스가 암살당한 후 왕위에 올랐다. 필리포스가 죽자 그리스 도시국가들은 반란을 일으켰고, 알렉산드로스는 이 반란을 효과적으로 진압함으로써 페르시아 정복을 위한 동방원정의 기틀을 닦았다. 아리스토텔레스의 영향으로 알렉산드로스는 그리스 문화가 몸에 배었고, 위대한 그리스 문명을 동방으로 전파하고 문화 간의 융합을 이루겠다는 원대한 꿈을 꾸었다.

페르시아 정복을 위한 그의 전쟁계획은 지중해의 페르시아 해군을 격파하여 병참선을 확보한 후 페르시아 지상군을 격파하는 것이었다. 이러한 계획은 마케도니아의 해군력이 페르시아보다 상대적으로 열세인 점을 고려한 주도면밀한 계획이었다. 당시 마케도니아는 180여 척의 군함을 보유했지만, 페르시아는 400여 척의 군함을 보유하고 있었다. 이처럼 지중해를 장악하고 있는 페르시아 해군을 무력화시키지 못하면 알렉산드로스는 항상 병참선에 대한 위협을 받아 원정을 지속할 수 없었다. 따라서 그는 해전을 치르지 않고 해군을 무력화시키는 방안을 모색하였다. 그는 우선 다르다넬스 해협을 횡단하여 소아시아(지금의 터키)를 점령하고, 이어서 그곳에서 이집트에 이르는 지중해 연안의 페르시아 해군 기지들을 파괴함으로써 페르시아 해군을 무력화시키고자 하였다.

B.C. 334년 알렉산드로스는 보병 3만 명과 기병 5천 명으로 구성된 정예의 원정군을 이끌고 페르시아로 진격하였다. 당시 페르시아는 다리우스 3세가 즉위한 지 얼마 되지 않은 혼란기였고, 알렉산드로스군은 다르다넬스 해협을 건너 소아시아(터키)에 교두보를 확보할 수 있었다. 알렉산드로스 군은 그라니코스 전투(B.C. 334년), 이수스 전투(B.C. 333년), 티로스 전투(B.C. 332년)에서 페르시아군에 승리하였다. 알렉산드로스는 기병과 보병의 협동작전으로 페르시아군을 격파하였는데, 우선 기병으로 적 보병

의 지원을 받지 못하는 기병을 격파하고, 이어서 보병과 기병이 협동하여 페르시아군의 보병을 공격함으로써 승리를 거두었다.

터키에 교두보를 확보한 알렉산드로스는 지중해 연안을 따라 페르시아 해군기지를 격파해 갔으며 마침내 이집트에 도달하였다. 그리고 페르시아군의 격멸과 대제국의 건설을 위해 이집트를 떠나 페르시아로 진군하였다. 그는 B.C. 331 가우가멜라 전투(아르벨라 전투라고도 함)에서 대승을 거두어 페르시군을 거의 궤멸시켰다. 알렉산드로스는 도망가는 다리우스 3세를 추격하여 동쪽으로 진군하였다. 다리우스 3세가 결국 측근들에 의해 살해당함으로써 알렉산드로스는 페르시아 전역을 정복할 수 있었다.

이후에도 그의 정복욕은 계속되었고, 지금의 아프가니스탄을 거쳐 북인도로 진격하였다. 히다스페스 전투(Battle of the Hydaspes)는 알렉산드로스의 인도정복 과정에서 일어난 전투였다. B.C. 326년 봄, 알렉산드로스가 이끄는 마케도니아군은 인더스 강의 한 줄기인 히다스페스 강에서 인도 포러스(Porus) 왕의 군대와 대치하고 있었다. 포러스군 병력은 보병 3만 명과 기병 4천 명이었고, 마케도니아군 병력은 보병 6천 명과 기병 5천 명으로 포러스군에 비해 상대적으로 열세였다.

히다스페스 강은 폭이 800m에 이르고 우기에는 강물이 범람하여 도섭(渡涉)이 불가능하였다. 이 같은 상황에서 알렉산드로스는 '성동격서'의 계를 활용했다. 그는 많은 배를 만들게 하여 주둔지 부근에서 병사들이 승

알렉산드로스 대왕

선과 하선을 반복하게 함으로써, 밤을 이용하여 강을 건널 기도를 포러스군에게 고의로 노출했다. 그리고 포러스군이 볼 수 있도록 불을 환하게 밝히고 부대를 집결시켰다가 실제 도하는 하지 않고 해산시키는 행동을 반복하였다.

이러한 알렉산드로스의 기만책에 넘어가 포러스군은 주력을 알렉산드로스군의 양동(陽動) 지역에 배치하였다.

알렉산드로스는 주둔지 부근에서 도하를 위한 양동을 계속하면서, 정찰대를 파견하여 주둔지로부터 25km 정도 이격된 상류 지역에 주력을 도하시킬 수 있는 준비를 하도록 했다. 그리고 비가 오는 날 밤 야음을 이용하여 군의 주력을 상류의 도하지점으로 이동시켰다.

마케도니아군의 주력이 포러스군의 저항을 받지 않고 히다스페스 강을 건너 포러스군의 측 후방에 출현했고, 이로써 전투의 승패는 결정되었다. 이후 벌어진 전투에서 마케도니아군은 포러스군을 격파하고 추격 끝에 포러스 왕을 생포하였다.

알렉산드로스는 히다스페스 강을 건너기 위해 주둔지 부근에서 요란한 도하준비 활동으로 포러스군을 기만하는 가운데(성동), 실제적인 도하는 25km 정도 떨어진 강의 상류에서 실시(격서)했다.

알렉산드로스의 인도정복은 병사들의 큰 반발을 초래하였다. 탈영병이 속출했고 군 내부에서 반란이 일어났다. 병사들은 습한 기후와 오랜 정복전쟁에서 오는 피곤과 스트레스, 전염병으로 지치고 힘들어 했던 것이다. 결국, 그는 B.C. 323년에 회군하여 바빌론으로 돌아갔다. 알렉산드로스는 바빌론에서 아라비아 원정을 준비하던 도중 말라리아로 사망했으며, 그의 나이는 33세였다.

그가 건설한 대제국은 동서문화의 융합을 가져왔다. 동서의 문화가 융합되어 불교 미술에도 영향을 끼쳐 간다라 미술이라는 새로운 양식이 생겨났다. 그는 정복지 여러 곳에 알렉산드리아(그중 이집트의 알렉산드리아가 가장 유명함)란 이름을 붙인 도시를 건설했고, 이는 헬레니즘 문화 형성에 큰 영향을 끼쳤다.

그러나 그의 사후 대제국은 내전에 휘말려 셀레우코스 왕조, 프톨레마이오스 왕조, 마케도니아 왕국, 리시마코스 왕조로 4분 되고 말았다.

## 영국군이 측 후방으로 기동하여 프랑스군을 격파하다

오스트리아가 실레지엔(Schlesien : 프로이센의 프레더릭 대제가 오스트리아 왕위계승전쟁 시에 점령한 구 오스트리아 영토)을 되찾으려는 시도로 인하여 7년 전쟁(1756~1763)이 일어났다. 이 전쟁은 유럽대륙을 포함하여 아메리카, 서인도제도, 인도, 아프리카 등 전 세계 지역으로 확대되었고, 프로이센·영국·포르투갈을 한편으로 하고 오스트리아·프랑스·러시아·스웨덴·스페인·작센·무굴제국 등이 한편이 되어 싸웠던 18세기의 세계대전이었다. 7년 전쟁의 규모는 제1차 세계대전보다 더 컸다.

프로이센을 공격한 오스트리아는 프랑스로부터 군사지원을 받기 위해 프랑스에 벨기에와 독일에 있는 다른 영토를 보상으로 주겠다고 약속하였다. 이에 영국은 이렇게 될 경우 프랑스의 영토 확장이 유럽대륙에서 세력균형(Balance of Power)을 깨뜨릴 수 있다는 판단 하에 프로이센에 대한 재정지원을 결정하였다.

더불어 영국은 프랑스의 중요한 해외 식민지(캐나다와 인도 등)를 탈취하고자 기도하였으며, 퀘벡(Quebec)전투는 이러한 상황에서 북아메리카에 파견된 영국군 원정대와 퀘벡 주둔 프랑스군 사이에서 발생한 전투였다.

당시 북아메리카에 남아 있던 프랑스군의 주요기지는 챔플레인(Champlain) 호수에 있는 티콘테르가 요새와 세인트로렌스 강(Saint Lawrence River)가에 있었던 퀘벡시와 요새였다.

1759년 6월에 제프리 암허스트(Jeffery Amherst)가 이끄는 영국군과 식민지 군으로 편성된 연합군은 프랑스군의 티콘테르가 요새를 점령하기 위해서 출발했고, 제임스 울프(James P. Wolfe)가 이끄는 170척의 배에 탄 8,500명의 영국 정규군 원정대는 퀘벡 요새를 공격하기 위해 루이스버그를 출발하였다.

제임스 울프 장군

퀘벡은 높고 바위가 많은 지역에 위치하여 세인트로렌스 강 상류로의 접근을 차단할 수 있는 난공불락의 요새였다. 이곳은 몽칼름(Louis-Joseph de Montcalm-Grozon) 장군의 지휘 하에 14,000명의 프랑스군과 일부 인디언들이 방어하고 있었다.

6월 26일, 영국군 원정대는 퀘벡에서 4마일 하류 지점의 오를레앙 섬을 점령한 후, 9월 초까지 수차례에 걸쳐 퀘벡요새를 공격했으나 매번 실패하였다.

몽칼름 장군

이에 제임스 울프 장군은 프랑스군 진지의 약점을 찾기 위해 노력하였고, 마침내 세인트로렌스 강 상류의 퀘벡으로부터 1.5마일 떨어진 지점에서 절벽을 통해 정상으로 올라가 프랑스군 배후로 진출할 수 있는 소로를 발견하였다. 프랑스군은 이 지점이 적이 거의 접근할 수 없는 곳이라고 여겼기 때문에 소규모의 군을 배치하고 있었다.

제임스 울프는 9월 12일 영국군의 주력 함대로 퀘벡 정면에서 요새에 대해 맹포격을 가하도록 하였다. 이에 프랑스군의 몽칼름 장군은 프랑스군을 요새 정면에 집결시켜 밤새 무장을 갖추어 방어하였다.

영국 주력함대가 퀘벡요새의 정면에서 양공을 하고 있는 동안, 제임스 울프는 야간에 1,600명의 병력을 뗏목에 승선시켜 강의 상류로 이동하여 사전에 정찰해 두었던 절벽 정상에 도달할 수 있는 소로를 따라 올라가도록 했다. 이로써 영국군은 개활한 전장인 요새 서쪽의 아브라함 평원에 진출하였고, 프랑스군의 퀘벡 요새를 서쪽으로부터 차단할 수 있었다.

9월 13일, 영국군과 프랑스군은 아브라함 평원에서 결전을 벌였다. 전투결과 병력과 화력, 사기 면에서 월등한 영국군이 승리하였다. 그러나 불행히도 영국군 지휘관 울프 장군과 프랑스군 지휘관 몽칼름 장군은 모두 이 전투에서 전사하였다. 9월 18일에 퀘벡은 영국군의 포격과 식량의 부족으로 항복하였다.

퀘벡 전투에서 영국군은 요새 정면에서 공격하는 것처럼 프랑스군을 기만(성동)하는 동시에, 프랑스군이 예상하지 못한 절벽의 통로를 따라 요새의 서쪽으로 진출함으로써, 요새를 고립시킨 후 전투(격서)에서 승리를 거두었다.

7년전쟁의 최종적인 승자는 영국과 프로이센이었다. 유럽대륙에서 영국의 재정지원을 받은 프로이센은 최종적으로 오스트리아에 승리를 거두어 실레지엔의 영유권을 확보하였고, 영국은 식민지 전쟁에서 승리를 거두어 북아메리카에서 퀘벡 주와 온타리오 주를 차지함으로써 프랑스 세력을 북아메리카에서 몰아냈고, 인도에서도 프랑스 세력을 몰아냄으로써 대영제국의 기초를 닦을 수 있었다.

## 연합군이 칼레에서 양동하고 노르망디에 상륙하다

제2차 세계대전 시 오버로드(Op. Overlord)라 불렸던 연합군의 노르망디 상륙작전은 사상 최대의 작전이었다. 연합군은 1944년 6월 6일에 프랑스의 노르망디 해안으로의 상륙작전에 성공함으로써 본격적으로 유럽대륙에 대한 진공작전을 시작할 수 있었다.

그동안 연합군은 북아프리카와 시실리아 섬, 이탈리아 본토에 대한 상륙작전에서 성공하였고, 상륙작전에 대한 충분한 경험을 쌓았다. 연합군의 노르망디 상륙은 또한 소련이 독일의 침공에 직면하여 연합국에 조속히 실행해 달라고 요구했던 이른바 '제2전선' 형성의 시작이었다. 노르망디 상륙작전의 성공으로 독일은 서 측에서는 영·미 연합군과 동 측에서는 소련군과 전투를 벌여야 하는 양면전쟁의 위협에 직면하게 되었다.

노르망디 상륙작전 시 연합군은 전략폭격으로 노르망디에 이르는 독일군의 병참선을 차단하고, 공수 3개 사단을 사전 침투시켜 독일군의 증원을 저지하고, 내륙으로 진출하는데 긴요한 지역을 선점하는 동시에, 상륙군의 좌익을 엄호하도록 하였다. 상륙군은 80여 km에 이르는 노르망디 해안을 5개의 작전구역으로 나누어 정면 우측으로부터 오마하 해안으로는 미 제5군단의 2개 사단이, 유타 해안으로는 미 제7군단의 2개 사단이, 소드 해안으로는 영국군 제1군단의 2개 사단이, 주노 해안으로는 캐나다 제1군단의 1개 사단(+)이, 그리고 맨 좌측의 골드 해안으로는 영국 제30 군단의 1개 사단(+)이 각각 상륙하였다.

한편, 독일군은 연합군의 서유럽으로의 상륙에 대비하여 프랑스 북부 해안으로부터 덴마크의 유틀란트 반도를 거쳐 노르웨이에 이르는 약 2,500마일에 달하는 대서양 방벽(Atlantic Wall)을 설치했다. 독일군은 장차 연합군이 영국에서 최단 거리에 위치한 빠드 칼레(Pas de Calais) 해안에 상륙해 올 것으로 판단하여 주력을 그곳에 배치하였다.

독일군 서부전선 사령부 총사령관이었던 룬트슈테드(Rundstedt) 원수 예하에는 서부 유럽의 전 해안방어를 담당하는 로멜(Rommel) 원수가 지휘하는 B집단군과, 남부 지중해 해안방어를 담당하는 블라스코비츠(Blaskowitz) 대장이 지휘하는 G집단군이 있었다. 서부전선에 배치된 독일군은 총 58개 사단(기갑 10, 보병 17, 해안방어 및 교육사단 31)이었으나 질적으로는 그다지 우수하지 못했다. 독일군의 문제점은 기동성 있는 기갑 예비대의 부족과 공군력의 열세였다. 독일군은 대서양에서의 제해권과 서부전선의 제공권을 연합군에게 상실함으로써 연합군의 기도를 정확히 파악하고 대처할 수 있는 능력을 갖추지 못하고 있었다.

연합군은 최초 상륙지역 선정 시 해안의 지세와 기상조건, 적 방어력의 강약도, 해안으로부터 내륙에 이르는 통로상태, 그리고 공중지원 및 수송과 관련된 거리문제 등을 고려하였다. 상륙 후보 지역으로는 네덜란드와 벨기에 해안, 빠드 칼레 해안, 센 강 하구지역, 브르타뉴 반도 서쪽 해안, 비스케이 해안, 노르망디 해안 등 6개 지역을 고려하였다. 네덜란드와 벨기에 해안은 거리가 멀고 내륙 통로에 하천과 습지가 많아 기갑부대와 대부대 기동이 어렵다는 이유로 탈락했으며, 빠드 칼레 해안은 영국으로부터 최단거리에 있어 공중엄호와 수송이 쉬운 장점이 있지만, 해안 일대에 강풍이 불고 사구가 많다는 단점이 있으며, 그 무엇보다도 이 지역의 독일군 방어태세가 매우 강력하여 제외되었다. 센 강 하구 지역은 강으로 인하여 병력이 양분되어 상륙군이 각개 격파당할 우려가 있어 제외되었다.

브르타뉴 반도 서쪽 해안은 거리가 멀고 절벽이 많으며, 프랑스 중심부에서 멀리 떨어져 있어 제외되었고, 비스케이 해안도 비슷한 이유로 제외되었다. 마지막으로 노르망디 해안은 해안 조건도 좋고 내륙 통로도 양호하며, 특히 이 지역의 독일군 방어태세가 비교적 약하다는 장점이 있어서 상륙지역으로 최종 선정되었다.

연합군은 상륙지역으로 노르망디 해안을 선정하는 동시에 연합군이 빠드 칼레에 상륙할 것처럼 기만작전을 활발하게 전개하였다. 연합군의 기만작전 명칭은 '포티튜드(Fortitude : 불굴의 용기)'였다. 포티튜드 작전은 두 가지로 구분되어 시행되었다. 먼저 '북 포티튜드'는 연합군이 노르웨이에 상륙하는 것으로 믿도록 하기 위한 것이었으며, '남 포티튜드'는 연합군이 노르망디가 아닌 빠드 칼레에 상륙하는 것으로 믿게 하는 것이었다. 빠드 칼레는 영국에서 프랑스에 이르는 최단거리 접근로였기 때문에 연합군의 상륙 예상지역으로서 매우 논리적이며 전략적인 위치에 있었다.

당시 영국에 주둔했던 연합원정군 최고사령부(SHAEF)는 표면적으로 두 개의 집단군으로 편성되어 있었다. 하나는 실제로 노르망디에 상륙하는 영국군의 몽고메리 원수가 지휘하는 제21집단군이었으며, 또 하나의 집단은 기만을 위해 가공으로 편성된 미 제1집단군이었다. 가공의 미 제1집단군은 당시 독일군에게 공포의 대상이었던 패튼(Patton) 장군이 지휘하며, 결정적인 시기에 빠드 칼레로 상륙하기 위해 잉글랜드 남동쪽에 집결해 있는 것으로 위장되었다.

연합군은 활발한 무선통신을 통해 이 가공의 집단군이 실제로 존재하고 있는 것처럼 위장하면서, 가공의 제1집단군이 주둔하는 영국 남동부 지역에 창고와 병참기지, 교통통제소 및 철로, 그리고 새로운 항만시설들을 건설했고 모조상륙정들도 준비하였다. 또한, 공군의 운영에 있어서도 연합군이 빠드 칼레로 상륙할 것처럼 노르망디 상공으로 한번 정찰비행을 할 때마다 빠드 칼레 방향으로는 두 번의 정찰을 했고, 칼레 방면에 집중적인 폭격을 가하였다.

그리고 독일 공군 정찰기들도 연합군의 기만작전에 도움을 주었다. 독일 공군기들은 영국 남서부보다는 남동부 지역에 대한 정찰이 쉬웠기 때문에 이 지역에 대한 풍부한 정보를 입수해 갔다. 독일군은 실제로 연합군 제1집단군의 존재를 믿었고, 연합군 측이 노르망디에서 조공이 최초로 기만을 위한 상륙작전을 하고 난 뒤에, 빠드 칼레 지역에서 연합군의 주력인 미 제1집단군이 진정한 제2의 상륙작전을 시행할 것이라 판단하였던 것이다.

1944년 6월 6일 새벽, 연합군은 노르망디 해안에 성공적으로 상륙하였다. 그리고 연합군은 프랑스 내륙으로 종심 깊은 돌파를 시도하여 8월 25일에는 파리를 해방할 수 있었다.

이처럼 연합군은 독일군으로 하여금 연합군의 노르망디 해안으로의 상륙은 유인작전이며, 연합군 주력에 의한 실제 상륙은 빠드 칼레에서 수행될 것이라고 믿도록 하였다. 연합군은 빠드 칼레에서 양동 및 양공하고(성동), 노르망디 해안으로 상륙(격서)함으로써, 사상 최대의 작전을 성공적으로 수행할 수 있었다.

# 제2부 적전계(敵戰界)

　적전계는 적과 아군의 전력이 대등한 경우에 사용하는 계략이다. 전력의 상대적인 우열과 관계없이 지략을 이용하여 적으로 하여금 이에 말려들게 하여 기회를 잡아 승리를 거두어야 한다.

1. 제 7 계 : 무중생유(無中生有)

2. 제 8 계 : 암도진창(暗渡陳倉)

3. 제 9 계 : 격안관화(隔岸觀火)

4. 제10계 : 소리장도(笑裏藏刀)

5. 제11계 : 이대도강(李代桃僵)

6. 제12계 : 순수견양(順手牽羊)

# 제7계 : 무중생유(無中生有)

(無: 없을 무, 中: 가운데 중, 生: 날 생, 有: 있을 유)

## 없어도 있는 것처럼, 있어도 없는 것처럼 보여 무(無)에서 유(有)를 창조하라

'무중생유'란 간단히 말해 "바람이 없는데도 풍랑이 일고, 일이 없는데도 실마리가 생긴다."는 의미로 해석할 수 있다.

이 계의 원문(原文)과 해석(解析)은 다음과 같다.

> 誑也(광야), 非誑也(비광야), 實其所誑也(실기소광야) :
> 少陰(소음), 太陰(태음), 太陽(태양)
>
> 적을 속이지만 결코 끝까지 속일 수는 없다. 따라서 교묘하게 허(虛)에서 실(實)로 변화시켜야 한다.

'무중생유'의 방법에는 중상모략하는 것과 아무런 근거 없이 사건을 만들어 내는 것 등 두 가지가 있다. 소문을 퍼뜨려 중상모략하는 방법은 전혀 근거가 없는 소문을 만들어 퍼트림으로써 상대방에게 손해를 입히고 자신은 이득을 취하기 위한 것이다. 중상모략을 실행하기 위해서는 신중한 계획과 시기적절한 운용이 필요하다.

아무런 근거 없이 사건을 만들어 내는 방법은 인형극과 유사하다. 인형극을 무대 아래서 바라보면 마치 막 뒤에 수많은 사람이 있는 것 같으나, 실제로는 실을 움직이는 사람 몇 명과 인형 몇 개, 그리고 실이 몇 가닥 있을 뿐이다.

이렇듯 '무중생유'는 없는 가운데 새로운 것을 만들어 활용하는 것으로써, 부족한 전력을 보유하고 있더라도 지휘자(관)의 통솔력으로 전력을 창출하여 적보다 우월한 상황을 만들어 갈 수 있다.

## 제갈량이 10만 개의 화살을 만들어내다

조조가 천하 통일을 위해 오를 침공함으로써 벌어진 적벽대전(赤壁大戰)에서 근거지가 없었던 유비는 제갈량의 '천하 삼분지계'에 따라 오의 손권과 연합하여 조조군에 대항하였다.

이때 적벽에서 조조군과 대치하고 있던 오(吳)나라 장군 주유(周瑜)는 제갈량의 비범한 재주에 위협을 느껴 함정에 빠뜨려 그를 죽이려는 계책을 세웠다. 그는 제갈량에게 10일 이내에 화살 10만 개를 만들어 내라는 명령을 내렸다.

이에 제갈량은 주유의 계책을 눈치채고 태연히 화살 10만 개를 3일 만에 만들어 내겠다는 약속을 하고는 주유에게 군령장(軍令狀)을 써서 주었다. 3일 만에 화살 10만 개를 만들어 내지 못하면 어떤 중벌이라도 달게 받겠다는 내용이었다. 제갈량은 이러한 다짐과 함께 주유에게 3일째 되는 날에 화살을 수송할 병력 500명을 지원해 달라고 요청하였다.

제갈량은 친구인 오나라의 노숙에게 주유 몰래 배 20척과 배마다 군사 30명씩을 딸려서 주도록 부탁했다. 또한, 배들은 모두 푸른 휘장으로 둘러씌우고 그 안에는 풀 천(千) 다발을 양쪽으로 갈라 쌓아 놓도록 하였다. 노숙은 제갈량의 안위가 걱정되어 주유에게는 말하지 않고 제갈량의 부탁을 들어주었다.

제갈량이 주유와 약속한 3일째 되는 날 새벽에 제갈량은 노숙과 함께 20척의 배를 모두 잇대어 묶고 조조의 수군을 향해 나아가도록 했다. 이때 장강(長江)에는 안개가 짙게 깔려 마주 선 사람의 얼굴을 알아보기도 어려울 정도였다. 짙은 안갯속에서 장강을 타고 내려간 제갈량의 배들은 조조군이 강가에 설치한 방어용 목책 가까이에 이르렀고, 제갈량은 군사들에게 고함을 지르고 북을 두드리게 하였다.

조조는 이러한 상황에서 오군의 매복을 두려워하여 궁노수들로 하여금 활과 쇠뇌를 쏘게 하고 적이 물러가거나 안개가 걷힐 때까지 기다리도록 명령을 내렸다. 조조군 3천의 궁노수들이 제갈량의 배들에 화살을 쏘아댔다. 제갈량은 20척의 배를 돌려 좌 우측에 모두 화살이 박히도록 하였고 배들은 곧 모두 고슴도치 모양의 화살 더미로 변하였다.

제갈량은 조조군이 쏘아댄 화살로 인하여 고슴도치와 같이 변한 20척의 배를 이끌고 오군의 진영으로 돌아왔다. 강가에는 주유가 약속대로 군사 500명을 데리고 나와 제갈량을 기다리고 있었다. 화살을 운반하기 위해서라기보다는 빈손으로 돌아온 제갈량을 잡아 군령을 시행하려는 생각이 앞서 있었다. 제갈량은 군사들을 시켜 배에 꽂힌 화살을 거두게 하였는데 10만 개를 채우고도 남았다. 주유는 제갈량의 빼어난 재주에 손을 들고 말았다.

제갈량은 '무중생유'의 계로써 적으로부터 화살 10만개를 얻어냄으로써, 제갈량을 해치려는 주유의 계책을 무력화시키는 동시에 연합군의 전력을 증강할 수 있었다.

## 이순신 장군이 전선 13척으로 일본 수군 133척을 격파하다

1597년, 4년에 걸친 명(明)과 일본의 강화교섭이 결렬되었고, 일본군이 조선을 재침공함으로써 정유재란(丁酉再亂)이 일어났다. 이때 조선 조정은 일본군의 '차도살인'과 '무중생유'의 계에 속아 넘어가 삼도수군통제사 이순신을 파직하고 원균을 삼도수군통제사로 임명하였다. 조선 조정은 원균에게 일본 수군을 해상에서 포착하여 격멸하는 '해로 차단전술(海路遮斷戰術)'을 실행하기 위해 거제도 앞바다로 나가 일본 수군을 공략할 것을 명령하였다. 그러나 원균은 선조 왕과 조선 조정이 주장하는 바와는 다르게 수륙합동작전을 해야 한다는 의견을 개진했다. 원균은 삼도수군통제사로서 육지의 일본군을 섬멸하지 않고 수군 단독으로 작전하는 것은 무리라는 것을 깨달았다. 그러나 선조는 '해로 차단전술'을 적용해야 한다는 기존의 주장을 거듭하며 원균에게 출전을 강요하였다.

결국, 삼도수군통제사 원균은 조정의 압력에 굴복하여 조선 함대 전체를 이끌고 출전하였지만, 칠천량 해전(1597년 7월 14~15일)에서 참패를 당함으로써 원균을 포함한 조선 수군의 지휘부가 전사하는 동시에, 12척의 전선을 제외한 조선 수군의 전 세력이 전멸하고 말았다.

칠천량 해전에서 조선 수군이 전멸하였다는 소식이 전해진 7월 22일, 조선 조정은 백의종군하고 있던 이순신을 다시 삼도수군통제사로 임명하였다. 다행하게도 칠천량 해전에서 승리한 일본 수군은 조선 수군을 완전히 섬멸하려 하지 않고 육군을 따라 남원 방향으로 이동하였다. 이 틈을 이용하여 이순신 장군은 전력을 수습하여 조선 수군을 재건할 수 있는 시간적인 여유를 가질 수 있었다.

명량해전 직전까지 조선 수군이 보유한 전력은 판옥선 13척과 초탐선 32척에 불과했다. 그러나 이순신 장군은 정탐 병을 활용해 적에 대한 정보를 수집하는 한편, 조선 수군을 재편성하고 전력을 보강하는 등 적과의 전투를 치밀하게 준비하였다. 9월 14일, 일본 함대가 어란포에 도착한 사실을 보고받은 이순신 장군은 이튿날 조선 수군의 진영을 벽파진에서 전라우수영이 위치한 진도로 옮겼다.

9월 16일 아침, 일본군 전선 133척이 밀물을 타고 명량수로 동쪽 입구로 진입하자 이순신은 판옥선 13척으로 그 반대쪽 명량수로 서쪽 출구에서 이격된 지점에 횡대 대형으로 일본 수군과 맞섰다. 그 뒤로는 민간 피난선 1백여 척을 전개해 군세를 과장하였다. 일본 수군 함대가 일렬종대로 명량수로를 지나 최선두의 전함이 서쪽 출구에 당도하자 이순신 함대는 거센 조류를 극복하면서 일본군 함대를 맹렬하게 공격하였고, 일본 수군들은 당황하기 시작하였다. 이때 명량수로의 조수가 동에서 서로 바뀌면서 역류하기 시작했다.

조선 수군의 맹공에 당황한 일본 수군은 때마침 조수가 역류해 들어오자 선체가 심하게 흔들리며 서로 충돌함으로써 더욱 큰 혼란에 빠졌다. 조선 수군이 이러한 혼란을 틈타 일본군 전함 31척을 격침하자, 일본 수군은 수로 통과를 포기하고 선수를 돌려 명량수로 동쪽으로 달아났다.

칠천량에서의 패전 이후 두 달 만에 벌어진 명량해전에서 이순신 장군이 이끈 조선 수군은 거의 10배가 넘는 일본함대를 맞아 기적과 같은 승리를 이끌어 냈다. 이로써 조선 수군은 남해안의 제해권을 되찾기 시작했고 조선 수군의 존재를 알리는 동시에 수군력 재건의 계기가 되었다.

이순신 장군은 불과 13척의 전함으로 가지고 싸웠지만 뛰어난 리더십으로 '무중생유' 하여 조선의 수군을 작지만 강한 함대가 되도록 만들었다. 또한, 현지 백성들의 적극적인 전투참여와 군수지원을 이끌어 냈으며 명량해협의 조류 변화를 작전에 효과적으로 활용함으로써, 13척의 10배가 넘는 전력을 창출하여 승리를 거둘 수 있었다.

## 영국군이 대규모 가공부대로 독일군을 기만하다

제2차 세계대전 시 영국군은 수많은 가공의 부대를 만들어 효과적으로 활용함으로써 독일군을 기만하였다. 이는 무에서 유를 창조한 것으로 이러한 가공의 부대는 연합군의 각종 작전에 효과적으로 활용되었다. 영국군의 기만작전에는 장기간에 걸친 치밀한 준비와 시행을 위한 노력이 따랐다.

당시 이집트에 주둔하고 있던 중동지역의 영국군 최고사령관 웨이벨 (Wawel) 장군은 그의 사령부에 'Force A'라는 명칭의 참모부를 만들어 전

략적 기만의 임무를 부여하였다. 이 참모부는 1942년 3월부터 독일군 지
휘부에 영국군의 편제와 전투편성을 크게 과장하여 전달하기 시작하였다.

전략기만 조직인 'Force A'는 '캐스캐이드(Cascade : 폭포)' 라고 명명
된 작전에 모든 가용하고 적절한 수단을 투입하여 임의로 조작한 엄청난
숫자의 부대들을 창설하였다. 'Force A'가 1942년과 1943년 사이에 창
조한 가공의 부대 규모는 약 20개 사단에 달하였다. 부대 유형별로는 4
개 기갑사단, 15개 보병사단, 그리고 1개 공정사단 등이 가공으로 창설되
었다.

연합군은 이러한 가공의 부대들을 실제로 북아프리카 상륙작전, 시칠리
아 상륙작전, 그리고 노르망디 상륙작전 간에 양동부대로 활용하는 등 다
양한 기만작전에 운용하였다. 이러한 연합군의 기만작전은 연합군의 작전
의도를 은폐하는 동시에, 독일군으로 하여금 연합군의 전력 규모 판단에
혼란을 일으켜 독일군의 전력을 분산시키는 효과가 있었다.

특히, 노르망디 상륙작전 시에 연합군은 패튼 장군이 지휘하는 가공의
'제1집단군'을 창설하여 영국의 남동부 해안에 배치한 것처럼 속여 독일군
을 기만함으로써, 독일군이 연합군은 빠드 칼레로 상륙할 것이라고 믿도
록 하는 데 결정적으로 중요한 역할을 하였다. 미국의 패튼 장군은 당시
독일군이 제일 두려워하는 장군이었다. 이러한 맹장 패튼이 지휘하는 제
1집단군이 영국 남동부 해안에 있다고 기만한 것은 연합군의 주력이 빠드
칼레 방면으로 투입될 것임을 독일군으로 하여금 믿도록 했다.

영국군은 이와 같이 '무중생유'의 계로 가공의 20개 사단을 창설하여 마
치 그 부대가 실제로 작전에 투입되는 것처럼 독일군을 기만하는 데 효과
적으로 활용할 수 있었다.

# 제8계 : 암도진창(暗渡陳倉)

(暗: 어두울 암, 渡: 건널 도, 陳: 펼칠 진, 倉: 창고 창)

## 은밀하게 진창을 건너 기습과 우회 공격을 함께 구사하라

이 계는 "잔도(棧道)를 적이 보란 듯이 수리해 놓고 진창(陳倉)을 몰래 건너다"란 중국 진(秦)나라 말기 한신(韓信) 장군의 고사에서 유래했다.

이 계의 원문(原文)과 해석(解析)은 다음과 같다.

> 示之以動(시지이동), 利其靜而有主(이기정이유주) : 益動而巽(익동이손)
>
> 고의로 자신의 공격 활동을 노출해 적이 이에 대비하도록 유도하고,
> 실제로는 은밀히 다른 방향으로 우회 공격한다.

이 계는 쌍방이 첨예하게 대립하고 있을 때, 고의로 다른 목표를 설정하여 공격하는 것처럼 상대방의 주의를 그곳으로 유도하고, 실제로는 은밀히 다른 곳을 공격하는 것이다.

손자병법에 따르면 이것은 기(奇)와 정(正)이 서로 조화를 이룬 전술로서 "정(正)은 적과 대치하고 기(奇)는 측방 또는 후방에서 방비가 없는 곳을 공격한다."는 것이다.

이 계를 활용하기 위해서는 적의 관심을 다른 곳으로 이끌 수 있는 두드러진 행동이 필요하다. 따라서 작전도 더욱 복잡하고 그 과정도 상당한 변화를 요구한다. 이런 작전과 과정은 상대방의 주의를 다른 곳으로 바꾸는 역할을 하고, 아군이 공격하고자 하는 방향에서 적의 방어력을 약화할 수 있다. 적이 관심을 두지 않은 곳에서 공격당하면 적은 당황하고 혼란에 빠져 전투 의지가 약화되어 승리를 거둘 수 있다.

## 한신이 잔도를 수리하고 은밀히 진창으로 나가다

중국에서 잔도는 산길이 매우 험한 곳에 나무로 설치한 임시 도로나 목교를 가리킨다. 잔도는 산비탈에 설치한 것도 있고 산 중턱에 구름다리 모양으로 설치한 것도 있다. 이런 다리는 중국의 산악지역인 산시(陝西), 쓰촨(四川), 간쑤(甘肅) 성 등지에 많이 있다. 이들 지역은 협곡이 즐비하며 산악이 험난하고 고목이 울창한 곳이다. 이런 지역에서 잔도는 이런 험난한 협곡과 산악지역을 통과할 수 있도록 만들어 놓은 유일한 교

중국의 잔도(화산)

통로였다. 진창(陳倉)은 현재의 산시 성 조계산(寶鷄山)을 말한다.

진(秦) 말기 유방과 항우가 한중을 점령함으로써 진시황(秦始皇) 사후의 분열상으로 약화한 진은 멸망하였다. 이후 중국은 유방과 항우의 세력이 2분하여 대립하였고, 항우는 계략을 세워 유방을 죽이려 하였다. 유방은 항우를 속여 그의 속박에서 벗어나 부대를 이끌고 쓰촨(四川) 땅으로 들어갔다. 그의 모사(謀士) 장량(張良)은 쓰촨에 이르는 유일한 교통로였던 잔도를 모두 파괴해 버렸다. 이런 조치는 항우의 추격을 막고, 한편으로는 유방이 동쪽으로 나아갈 뜻이 없음을 항우에게 보여주기 위한 것이었다.

한신은 유방군의 대장군으로 추대된 이후 여러 해 동안 부하들을 훈련해 출병을 준비하였다. 그는 출정할 시기가 도래하자 부하 수백 명을 파견하여 전에 부숴버린 잔도를 보수하도록 했다. 이는 고의로 항우의 수장(守將)인 장한(章邯)이 잔도 방향에 관심을 두고 대비하도록 유도한 후, 은밀히 다른 통로를 통해 군을 출동시키기 위한 것이었다.

한신은 적의 주의를 잔도 방향에 집중시켜 놓고 진창의 소로를 통해

은밀하게 진군함으로써 무방비 상태인 장한군을 기습하여 섬멸할 수 있었다.

한신은 본래 진나라 말기에 항우의 휘하에서 진에 반기를 들고 군사를 일으켰다. 그러나 항우는 한신의 잠재역량을 간파하지 못하고 그를 무시했다. 한신은 불우한 어린 시절을 보냈다. 그는 시비를 걸어오는 불량배들의 가랑이 밑을 태연히 기어갔고 이 때문에 '과하지욕(誇下之辱)'이라는 고사가 생겨나기도 하였다. 항우는 이러한 한신의 젊은 시절의 일화와 그의 천성적인 거만함으로 인해 한신의 숨은 재능을 알아보지 못했다. 한신은 결국 항우를 떠나 유방의 진영으로 갔다.

유방의 진영으로 간 후에도 한신은 처음에는 주목을 받지 못했다. 그러나 승상 소하(蕭何)가 그의 재능을 알아보고 유방에게 천거하여 파격적으로 대장군에 임명되었다.

한신이 군사적인 천재였음을 보여주는 대표적인 사례는 '정형전투'에서 보여준 '배수의 진(背水之陣)'이다. 유방이 한신에게 자신에게 등을 돌린 위(魏), 조(趙), 제(齊)나라의 제후들을 공격하라는 명령을 내렸다. 이에 한신은 먼저 위를 공격하여 위왕을 포로로 잡은 후 조나라를 향해 진격했다. 한신의 군사는 2만에 불과했으나 조나라군은 20만에 달하는 대군이었다.

한신은 조나라의 20만 대군에 맞서 저수를 건너 강을 등지고 '배수진'을 쳤다. 한신의 작전구상은 경무장한 2천 명으로 특공대를 편성하여 샛길을 이용해 조나라 진영 근처에 매복하고 있다가, 한신군 주력이 거짓 후퇴하여 조군이 추격을 개시하면 신속히 조나라의 성을 점령하도록 하는 것이었다. 조군은 한신군을 얕보고 성안의 전 병력을 투입하여 한신군을 정면 공격했다. 한신은 자신보다 10배나 많은 조군에 맞서 대열을 흩트리지 않은 채 후퇴하면서, 조군을 유인하여 특공부대가 성을 점령하기 전까지 버티는 전술로써 배수의 진을 사용하였다.

전투는 한신의 구상대로 진행되었다. 조군의 공격에 한신군 주력은 죽기를 각오하고 싸우며 버티고 있었고, 그 사이에 한신군의 경무장 특공부대 2천 명이 조나라의 성을 기습 공격하여 점령해 버렸다. 자신의 성이 적에게 점령당하자 조군은 혼란에 빠졌고, 한신군의 협공에 일순간 무너져 버렸다. 20만의 조군이 2만의 한신군에게 무너져 버린 동양판 칸나에 전투가 벌어진 것이다.

이어 한신은 승기를 잡아 계속 진격해 항우의 영지를 석권해 들어갔고, 항우를 오강(烏江)에서 자진하도록 만들었다. 이러한 한신의 계속된 승리는 유방을 위해 한나라의 기틀을 튼튼하게 만들어 주었다.

그러나 재능 있는 사람들의 끝이 좋지 못하듯이 그의 말년은 비참했다. 유방은 한의 황제로 등극한 후 한신의 병권을 빼앗고 명분만 있는 초나라 왕으로 임명했다. 한신이 초왕이 된 이후 자신이 불우한 시절에 밥을 먹여준 표 씨 성을 가진 여인에게 천금으로 은혜를 갚았으며, 이 때문에 '일반천금(一飯千金)'이라는 고사가 생겨났다. 그리고 자신을 가랑이 밑으로 기어가게 했던 불량배를 치안을 담당하는 관리로 임명하는 아량도 베풀었다. 이러한 한신의 행동은 백성들로부터 덕망 있고 고매한 인품을 갖춘 왕으로 칭송받았으나, 이는 한신에게 독이 되어 돌아왔다. 한 제국이 안정을 갖추어 가자 유방은 백성들의 신망이 높은 한신을 견제하면서 제거할 결심을 하였다.

유방은 한신에게 모반을 꾀하였다는 죄목을 씌워 수도인 장안으로 압송했고, 초 왕에서 회음 후(淮陰候)로 격하시켰다. 이때 한신은 유방을 원망하여 '토사구팽'(兔死拘烹 : 사냥을 가서 토끼를 잡으면, 사냥하던 개는 쓸모가 없게 되어 삶아 먹는다는 뜻 )이라는 말을 남겼다고 한다. 한신은 결국 기원전 196년에 반란에 가담했다가 생포되어 참살당하고 말았다.

## 독일군 기갑부대가 아르덴을 통해 대서양으로 나가다

제2차 세계대전 시 독일군은 프랑스를 공격할 때 북쪽에서 주공인 것처럼 강력한 공격을 하는 가운데, 기갑전력 대부분을 포함하는 주력을 중앙부의 아르덴(Ardennes) 산림 지대로 투입하여 뮤즈 강을 건너고 대서양으로 진격함으로써 연합군을 분리한 후 각개격파하였다. 한신의 암도진창의 계와 같이 독일군은 북부에서 공격하는 것처럼 연합군을 기만한 뒤, 주력을 은밀히 연합군의 방비가 미약한 전선 중앙부인 아르덴 산림지역으로 기동시켜 연합군을 격파했다.

당시 프랑스, 영국, 벨기에, 네덜란드 등 연합국들은 독일군의 공격이 제1차 세계대전 당시 독일군의 슐리펜계획(Schlieffen Plan)과 비슷할 것으로 생각했다. 슐리펜계획은 1905년 12월에 독일의 육군참모총장 슐리펜이 수립한 것으로, 작전 개념은 러시아를 견제하고 프랑스를 먼저 공격하여 단기간 내에 프랑스군을 격멸하고 러시아를 공격한다는 것이었다. 그리고 프랑스에 대한 침공 시는 좌익(남부)에서 견제하는 가운데 우익(북부)에 주력을 집중하여 파리를 포함한 프랑스군을 포위하여 격멸하는 것이었다.

연합군은 프랑스가 1936년 독일과의 국경선에 구축해 놓은 총 길이 750km의 마지노선(Ligne Maginot)과 아르덴 산림지역을 고려했을 때, 마지노선은 돌파가 어려우며 아르덴 산림지역은 기갑부대의 운용에 제한을 줄 것으로 판단하였다. 따라서 독일군의 주공 방향은 제1차 세계대전 당시 독일군의 공격로와 유사하게 북부의 벨기에와 네덜란드가 될 것으로 판단하고, 다일-브레다(Dyle-Breda) 계획을 수립하여 독일군의 공격에 대비하였다.

다일 계획은 1939년 영국의 원정군이 유럽에 배치됨에 따라 다일 강의 방어진지를 벨기에군이 사전에 구축하고, 독일군이 공격하면 영국 원정군과 프랑스군 주력이 벨기에의 다일 강 선으로 전진 배치하여 방어한다는 것이었다. 한편, 마지노선과 벨기에의 나무르(Namur) 사이(실제로 독일군 주공이 지향된 방향)에는 프랑스 제2군과 제9군이 배치되었는데, 이 부대들은 병사들의 질이 낮았고, 특히 제9군은 정규장교의 수가 적은 B급 사단들로 구성되어 있었다.

독일군의 최초 공격계획(황색계획)은 연합군이 판단했던 대로 벨기에와 네덜란드 방향에 주공을 두고 공격하는 것이었다. 그러나 이 계획을 휴대한 독일군 항공기가 예기치 않게 벨기에에 불시착하는 사건이 발생함으로써 연합군은 독일군의 공격계획을 획득할 수 있었다. 독일군의 작전계획을 확인한 연합군은 독일군의 공격계획이 제1차 세계대전 시와 같을 것이라고 확신하였다. 이에 따라 연합군은 예비대인 프랑스 제7기동군을 네덜란드의 브레다로 진출시켜 독일군 주력을 측방에서 타격한다는 브레다 변경안까지도 수립하였다.

독일군의 최초 공격계획은 당시 독일군 육군참모총장 할더(Halder)가 작성하였고, 벨기에와 네덜란드를 점령함으로써 영국 침공을 위한 해·공군기지를 확보하는데 목표를 두고 있었다. 이를 위해 북부의 B집단군은 주공으로 벨기에로 진격하고, 중앙의 A집단군은 조공으로 아르덴 방향으로 공격하여 주공인 B집단군의 좌익을 엄호하며, C집단군은 남부에서 마지노선을 견제하는 것이었다.

그러나 당시 조공 임무를 부여받은 A집단군사령부 참모장 만슈타인(Fritz Erich von Manstein) 장군은 할더 장군이 수립한 황색계획으로는 기습을 달성하기 어렵고, 연합군을 궁극적으로 격멸하기 곤란하다는 이유를 들어 새로운 방안을 제안하였다. 그의 복안은 주공을 북부의 B집단군이 아닌 중앙의 A집단군에 두고 기갑부대를 집중적으로 운용하여 아르덴 산림지역을 지나 세당(Sedan)으로 진격함으로써, 연합군을 낫을 베듯이 분리하여 각개 격파하는 것이었다. 만슈타인의 아이디어는 히틀러에 의해

지지를 받았고, 독일군은 최초 계획을 변경하여 만슈타인 장군이 제안한 안을 기초로 작전계획을 변경하였다.

이로써 독일군의 작전계획은 중앙의 A집단군을 주공으로 10개의 기갑사단 중 7개의 기갑사단을 집중 운용하여, 아르덴 산림지역을 통과하고 뮤즈 강을 건너 대서양으로 전진함으로써, 영·불 연합군을 분리한 후 각개 격파하는 것으로 변경되었다. 새로운 계획의 수행을 위해 북부의 B집단군은 조공으로서 주공인 것처럼 강력한 공격으로 연합군을 유인하고, C집단군은 마지노선 전방에서 프랑스군을 견제하도록 임무가 부여되었다.

1940년 5월 10일 자정부터 새벽까지 독일군은 조공인 북부의 B집단군이 주공인 것처럼 강력한 공격을 개시하였다. 독일군은 네덜란드군 후방으로 공수부대를 투입하여 알베르 운하(Albert Canal) 상의 교량들을 점령하였고, 네덜란드와 벨기에에 대한 무차별 폭격을 하였다. 이날 아침에 독일군은 벨기에군의 제1방어선을 돌파할 수 있었다. 독일군 B집단군의 파상적인 공격은 연합군의 정보판단이 적중하여 독일군의 주공이 북부지역으로 지향된 것처럼 보이게 하였다.

이런 상황에서 연합군 총사령관이었던 프랑스의 가믈렝(Maurice G. Gamelin) 장군은 5월 10일 새벽 6시 30분을 기하여 '다일-브레다 계획'의 시행을 명령하였다. 이로써 연합군은 독일군의 조공 방면에 주력을 투입한 결과가 되었고, 기동예비대인 프랑스 제7기동군도 독일군 주력을 측방에서 강타하기 위해 브레다로 이동하고 말았다.

이렇듯 연합군이 벨기에 북부와 네덜란드 방향에 주의를 집중하고 있는 사이에, 독일군 주공인 A집단군의 기갑부대들은 아르덴 산림지역을 통과하여 5월 12일 저녁에는 뮤즈 강에 도달하였고, 13일 오후에는 뮤즈 강을 건너기 시작하였다. 뮤즈 강을 건넌 독일군 기갑부대는 쉬지 않고 프랑스의 평원을 가로질러 대서양을 향해 질주하였다.

5월 14일, 연합군 총사령관 가믈렝은 비로소 독일군의 주공이 북부의

B집단군이 아니라 중앙의 A집단군이라는 사실을 깨달았지만, 연합군의 예비대인 제7기동군이 이미 네덜란드 북부 브레다로 투입됨으로써 융통성을 상실하였고, 독일군의 공격에 새롭게 대처할 방안을 마련하지 못하였다.

연합군은 신속하게 진격하는 독일군 기갑부대에 대해 간헐적인 역습을 하였지만, 독일군 기갑부대의 진격을 저지하기에는 역부족이었다. 독일군은 5월 20일에 대서양에 도달하였고, 연합군은 작전개시 10일 만에 프랑스 본토와 분리되었다. 영국군, 벨기에군, 네덜란드군 등이 영국에 가까운 덩케르크(Dunkirk)에서 포위되었다. 독일군 기갑부대가 5월 24일부터 27일까지 진격을 멈춘 기회를 이용하여 영국군은 덩케르크 외곽에 방어선을 준비할 수 있었고, 30만이 넘는 연합군 병력이 영국으로 겨우 철수할 수 있었다. 이후 독일군은 6월 4일 덩케르크를 점령하였으며, 6월 22일 프랑스 비시 괴뢰정부는 독일에 항복하였다.

이처럼 독일군은 한신이 쓰촨의 잔도를 수리하였듯이, 북부지역에서 강력하고 신속한 정면 공격과 더불어 적 후방지역에 대한 항공폭격으로, 연합군으로 하여금 이 방향이 독일군의 주공이라고 속단하게 하였다. 연합군이 북부지역에 주력과 예비대를 투입하고 있는 사이에 독일군 주공인 기갑부대는 한신이 진창으로 은밀히 나간 것처럼 아르덴 산림지역을 통과하여 기습적으로 연합군의 중앙부를 돌파한 후 각개 격파함으로써 승리했다.

## 북한군 제6사단이 호남지역을 통해 부산으로 진격하다

6 · 25전쟁 초기 북한군 제6사단의 호남지역으로의 우회기동은 전쟁 기간에 북한군의 뛰어난 기동으로 평가된다. 북한군 제6사단의 측 후방 기동은 경부 가도와 그 동부지역에 병력을 배치하여 지연전을 수행하고 있

던 유엔군에게 심각한 위협이 되었고, 유엔군으로 하여금 지연전에서 낙동강방어선작전으로의 전환을 강요하였다.

1950년 7월 1일, 국군 총참모장 정일권 소장과 미 극동군 전방지휘소에 파견되었던 처치(John H. Church) 준장은 한·미 간 지연전에 관하여 합의하였다. 이 합의 사항에 근거하여 미군은 경부 축선을 따라서, 국군은 그 동쪽에서 각각 지연전을 실시하고 있었다.

그러나 호남지역은 7월 17일에 서해안지구전투사령부가 편성되었으나, 병력과 장비 면에서 거의 유명무실하였다. 이 지역은 전투경찰과 민 부대 등 군소부대들이 투입되어 겨우 지연작전을 하는 상황이었다. 한마디로 호남지역은 아군 방어의 공백 지역으로 남아 있었다.

북한군 제6사단(사단장 방호산 소장)은 7월 23일에 광주를 점령하였고, 7월 25일에는 순천에 집결하여 하동방면으로 진출을 시도하였다. 북한군 제6사단장 방호산은 1949년 7월, 조선인들이 절대다수인 중국인민해방군 제166사단장으로 병사들을 이끌고 입북하였으며, 이 사단이 조선인민군 제6사단으로 확대 개편될 때에 초대 사단장이 된 인물이었다.

당시 유엔군사령부는 북한군 제6사단의 기동에 대하여 정확한 정보를 수집하지 못하고 있었다. 따라서 북한군 제6사단이 순천에 집결하여 동진을 시작하는 시점에서 유엔군 방어선의 남서방향인 영동으로부터 남해안에 이르는 140㎞의 공간 지역이 생기게 되었다. 유엔군이 이 공간 지역에 대한 대책을 마련하지 않으면, 북한군은 하동-진주-마산을 거쳐 부산에 진출할 수 있는 위험한 상황이 조성되었다.

이러한 상황에서 당시 미 제8군 사령관 워커(Walton H. Walker) 중장은 우선 대전전투 후 철수하여 재편성 중이던 미 제24사단을 진주-함양-거창방면으로 투입하여 방어토록 하였다. 이후 8월 1일에는 추가로 상주 정면에서 지연전을 수행하고 있던 미 제25사단을 남부로 전환, 미 제24사단의 좌익에 배치하여 북한군 제6사단의 동진에 대비토록 하였다.

상주 정면의 미 제25사단이 남부로 전환됨으로써 미군과 국군은 지연 방어선의 축소가 불가피하였고, 워커 장군은 8월 1일부로 전군을 영동선에서 낙동강방어선으로 후퇴하도록 명령했다.

이처럼 북한군 제6사단의 호남 우회기동은 '암도진창'의 계로써, 미군과 국군이 미쳐 대비하지 못하고 있던 유엔군 방어선 남서 측방의 약점을 파고든 기동이었으며, 아군이 방어선을 낙동강 선으로 후퇴하도록 강요했다.

# 제9계 : 격안관화(隔岸觀火)

(隔: 사이뜰 격, 岸: 낭떠러지 안, 觀: 볼 관, 火: 불 화)

## 적의 진영에 내분이 일어나면 관망하라

'격안관화'란 '강 건너 불 보듯 한다.'는 뜻이다. '굿이나 보고 떡이나 먹는다.'는 속담대로 관망의 전술이다. 이 계는 '진화타겁'의 계와는 상반된 전략으로써 상대방의 약점을 최대한 이용하는 데 그 목적이 있다.

이 계는 중국 삼국시대의 적벽대전에서 유비가 강 건너 높은 곳에서 오나라의 장군 주유가 조조 군을 공격하는 모습을 내려다본 데서 유래하였다고 한다. 주유와 조조가 격렬하게 싸워 서로 심각한 타격을 받게 되면, 유비는 싸우지 않고도 편안하게 어부지리로 승리할 수 있기 때문이었다.

이 계의 원문(原文)과 해석(解析)은 다음과 같다.

> 陽乖序亂(양승서란), 陰以待逆(음이대역),
> 暴戾恣睢(폭려자휴), 其勢自斃(기세자폐)
> : 順以動(순이동), 豫(예), 順以動(순이동)
>
> 적의 내부에 모순이 드러나고 혼란스러우면 변란을 기다린다.
> 그러면 적은 모순이 극대화되고 반목으로 인하여 스스로 자멸한다.

중국인들은 '격안관화'의 상황을 흔히 '좌산관호투(坐山觀虎鬪)'라고 말한다. 즉 산에 편하게 앉아서 호랑이들이 서로 싸우는 모습을 구경하면서 싸움이 끝나기를 기다린다는 말이다. 호랑이 두 마리가 싸우면 작은놈은 죽고, 큰놈은 상처를 입게 된다. 이때를 기다렸다가 상처 입고 비틀거리는 큰놈을 단칼에 해치우면, 호랑이 두 마리를 손쉽게 잡을 수 있다.

'격안관화'는 단순히 편안하게 기다린다는 소극적인 행위가 아니다. 상대의 약점이 무엇이고 상대가 언제 쓰러질 것인지를 살피는 적극적인 기다림인 것이다.

이 계의 핵심은 적의 내부 모순을 발견하고, 그 모순이 내부의 쟁투로 확대되도록 하여 적이 무너질 때를 기다리는 데 있다. 적이 있는 힘을 다 써버려 쓰러질 때까지 기회를 살피며 기다리는 것이다.

적이 쓰러지면 그때에 공세로 나가 힘들이지 않고 목적한 바를 달성할 수 있다. 그러나 적이 내부적으로 단결해 강한 힘을 발휘하고 있을 경우에는 일단 뒤로 물러나서 때를 기다려야 한다.

## 조조가 적 내부를 분열시킨 후 원 씨 형제를 죽이다

중국 후한 말기에 원소(袁紹)는 허난 성 사람으로 명문 귀족 출신이었다. 조조는 원소의 어릴 적 친구였으며, 둘은 황건적 토벌을 위해 함께 군대를 일으켰다. 황건적 토벌 후에 원소는 한때 조조와 제휴하였으나, 곧 반목하여 화베이(華北) 지역을 조조와 양분하여 서로 대립하였다.

그러나 원소는 200년에 관도전투(官渡戰鬪)에서 조조군에 패하였고 2년 후에는 병을 얻어 사망했다. 이후 204년에 원소의 근거지였던 업(鄴)이 조조군에게 함락됨으로써 원소의 가문은 와해되고 말았다. 이때 원소의 아들 원상과 원회가 오환족(烏丸族)과 힘을 합쳐 조조에 맞서다가 패한 뒤, 수천 명의 기병을 이끌고 요동(遼東)의 공손강에게로 달려가 투항하였다.

그런데 공손강은 애초부터 줄곧 자신의 영지가 조조에게서 멀리 떨어져 있었기 때문에 조조에게 투항하기를 거부해 오고 있었다.

조조는 오환의 동호족(東胡族)을 공격하여 격파해 버렸다. 이에 조조의 부하들은 내친김에 공손강을 쳐서 원 씨 형제들도 잡을 것을 건의하였다.

그러나 조조는 공손강이 스스로 원상과 원회를 죽여 그 목을 가져오기를 기다리고 있다고 하면서 번거롭게 원정길을 떠날 필요가 없다고 대답하였다.

조조

　　오랜 기간이 지난 뒤 조조가 대군을 이끌고 유성(지금의 요녕)을 출발하자, 공손강은 즉각 원상과 원회를 살해한 후 그 목을 보내왔다. 이에 모든 장수는 놀라 조조에게 어찌된 영문인지를 물어보았다. 이에 조조는 공손강은 줄곧 원 씨 형제들이 그를 해칠 것을 두려워해 왔으며, 만약 바로 출병을 할 경우는 그들은 서로 협력하여 저항을 해왔을 것이나, 조금 공격을 늦춘다면 그들은 서로 싸우지 않을 수 없었을 것이라고 말했다.

　　조조는 이처럼 적을 공격함으로써 적이 단결하도록 하기 보다는 기다림으로써 적의 내부를 분열시키는 '격안관화'의 계를 운영했던 것이다.

### 마오쩌둥의 격안관화 전략

　　마오쩌둥(毛澤東)은 1930년대에 장제스(蔣介石)의 국민당 군대가 일본의 침략에 소극적으로 대응했기 때문에 일본이 중국을 얕보고 공격하는 결과를 초래했다고 장제스를 비난하였다. 이는 장제스를 자극하여 국민당 군대와 일본 군대가 서로 싸우도록 하기 위한 마오쩌둥의 격안관화, 즉 좌산관호투(坐觀山虎鬪)의 전략이었다.

마오쩌둥(毛澤東)

　　이러한 마오쩌둥의 전략은 국민당 내부에서

분열을 유도하여 시안사변(西安事變)을 낳게 하였다. 시안사변으로 인하여 공산당과 국민당 간에 제2차 국공합작이 이루어졌고, 장제스는 공산당에 대한 토벌전을 중지하고 일본군을 상대로 하는 전쟁에 집중할 수밖에 없었다.

국민당군의 대일전쟁 적극 참여는 마오쩌둥에게 새로운 기회를 주었다. 그는 이 기회를 이용하여 공산당의 세력을 확장할 수 있었으며, 동시에 공산당군인 홍군의 전력을 증강함으로써 일본의 항복 후 국민당군과 내전을 벌여 승리할 수 있었다.

또, 1939년 유럽에서 전운이 감돌 무렵, 마오쩌둥은 독일과 이탈리아, 일본 등 3국이 주변 국가들을 공격하는 행위에 대해서도 영국과 프랑스가 이를 방관함으로써, 이들 3국이 마음대로 침략전쟁을 확대하도록 만들었다고 비난하였다. 이 역시 영국과 프랑스의 연합군과 독일, 이탈리아, 일본 삼국동맹군이 서로 전쟁을 벌이도록 함으로써 국력을 소진하게 한 다음, 중국이 천천히 국제무대에 등장하여 이득을 보려는 마오쩌둥의 격안관화 전략이었다.

## 중국의 아프간 및 이라크 전쟁 시 격안관화

2001년 9 · 11 테러 이후 닥친 전 세계적인 안보상의 위기에 직면하여 미국은 전 세계적인 테러와의 전쟁을 수행하였다. 미국은 아프가니스탄의 탈레반(Taliban) 정권이 9 · 11테러의 주모자인 알 카에다(Al-Qaeda)의 수장 오사마 빈 라덴(Osma Bin Laden)을 옹호하며 그에 대한 신병 인도 요구를 거부하자, 2001년 10월 7일 아프간을 침공하여 탈레반 정권과 알 카에다 세력을 몰아냈다.

아프가니스탄의 탈레반은 1994년 10월, 2만 5천여 명의 이슬람 학생들이 중심이 되어 아프간 남부 칸다하르 주에서 결성된 수니파 무장 이슬람 정치단체였다. 탈레반은 결성 당시부터 군정세력으로 1994년에 이미 아프간 국토의 80% 정도를 장악한 뒤 이듬해 수도 카불을 점령함으로써, 14년간 지속한 아프간 내전과 소련군 철수 후 4년 동안의 무자헤딘(Mojahedin : 무장 게릴라) 간의 권력투쟁을 종식했다. 탈레반은 이후 오사마 빈 라덴과 알 카에다 조직을 아프간 내에서 비호하고 있었다.

한편, 알 카에다(Al-Qaeda)는 '기지(基地)라는 의미이며, 사우디아라비아 출신 오사마 빈 라덴을 지도자로 1988년에 결성된 이슬람교도 국제무장테러조직으로 이슬람 원리주의를 신봉하며 반미·반유대주의를 표방하였다. 알 카에다는 1990년대 이래 주로 미국을 표적으로 하는 테러 행위를 감행해 왔으며 2001년 9·11테러를 주도하였다.

미국은 아프간 침공을 통해 탈레반과 알 카에다 세력을 몰아낸 후, 2003년에는 테러와의 전쟁이라는 명분으로 아프간전쟁의 연속 선상에서 이라크를 침공하였다. 미군은 불과 2주 만에 이라크의 수도 바그다드를 점령하고 사담 후세인 정권을 몰아냈다. 그러나 이후 이라크 안정화 작전에 실패함으로써 2010년에야 전쟁을 마무리하고 철수하였다.

한편, 아프간에서는 미국이 이라크 안정화에 집중하고 있는 사이에 탈레반 등 반정부 무장 세력의 영향력이 증대하였고, 미국은 병력을 증파하여 안정화에 노력하고 있다. 미국은 아프가니스탄에 2014년까지 주둔하고 철수할 계획이나 결과를 예측하기 어려운 상황이다.

미국이 테러와의 전쟁에 거의 10년 넘게 소비하고 국력을 소진하는 동안, 중국은 미국과 중동의 이슬람 국가들 간의 전쟁을 강 건너 불 보듯 하면서, 국력의 신장과 더불어 중국의 앞마당이라 할 수 있는 동남아시아 국가들과의 관계를 개선해 나갔다. 미국이 테러와의 전쟁에 여념이 없는 동안 중국은 미국의 국력이 상대적으로 약화되는 상황을 기다렸고, 적극적인 동남아 진출을 통해 아세안(ASEAN) 국가들과 FTA를 체결하는 등 그 영향력을 강화해갔다.

이러한 상황은 미국으로 하여금 적극적인 아시아 정책을 추구하도록 만들었다. 미국의 적극적인 대아시아 정책은 현재의 악화된 경제사정을 호전시키는 동시에, 중국이 이 지역에서의 패권을 추구하는 것에 대해 견제할 필요성을 절감했기 때문이었다.

　21세기 초 중국의 격안관화 전략의 성과였다.

# 제10계 : 소리장도(笑裏藏刀)

(笑: 웃음 소, 裏: 속 리, 藏: 감출 장, 刀: 칼 도)

## 웃음으로 칼을 감추어 적을 안심시키고 은밀하게 제거하라

'소리장도'의 의미는 '겉으로는 미소를 띠고 웃고 있지만 속으로는 칼을 품고 기회를 노린다'는 것이다. 유사어로 '구밀복검(口蜜腹劍)'이라는 말이 있다. 구밀복검은 입으로는 꿀처럼 달콤한 말로 상대방을 안심시키지만, 마음속으로는 뱀처럼 악랄한 계략을 꾸민다는 말이다.

이 계의 원문(原文)과 해석(解析)은 아래와 같다.

> 信以安之(신이안지), 陰以圖之(음이도지) ; 備而後動(비이후동),
>
> 勿使有變(물사유변) : 剛中柔外也(강중유외야)
>
> 적으로 하여금 안심하게 하여 경계를 소홀히 하도록 만들고, 암암리에 책략을 세워 충분한 준비를 한다. 그리고 기회가 오면 즉각 행동하여 적이 미처 변화에 대응하지 못하도록 한다.

이 계략을 쓰는 사람은 항상 웃는 얼굴로 많은 말을 하지만, 배후에는 항상 시퍼런 칼을 갈고 호시탐탐 일격을 가할 기회를 노리고 있다.

인간에게 있어 가장 천진스런 본능은 미소와 울음이라고 할 수 있는 데 웃음은 본래 보기 좋으나, 울음은 모두 좋아하지 않기 때문에 울음보다는 웃음에 당하는 경우가 많다. 웃음을 사용해서 상대방을 공격하는 것이 바로 '미소작전'이다. 미소를 사용할 경우에는 자연스럽게 해야 하고, 시기에 적절하며 그 정도가 지나쳐서는 안 된다.

# 히틀러가 불가침조약 후 폴란드와 소련을 침공하다

1929년에 미국의 경제 대공황이 전 세계로 확산하자 독일에서는 중산층이 붕괴하고 실업자가 늘어났으며, 이러한 틈을 이용하여 공산주의 세력들이 발흥하였다. 이런 상황에서 독일의 국민들 특히 보수진영들-융커(Junker), 귀족, 군부, 종교계-는 이러한 혼란한 상황을 타파해 나갈 수 있는 강력한 지도자를 갈망하게 되었다. 융커는 16세기 이래로 동부 프로이센의 보수적인 지방귀족을 말하며, 이들은 사회 · 정치적으로 커다란 영향력을 행사하여 고급관리와 장교의 지위를 독점하고 있었다.

이러한 환경에서 강력한 독일의 건설과 팽창적인 대외정책을 추구하는 히틀러가 당수로 있는 나치(Nazi)당이 마침내 1932년 7월 선거에서 승리함으로써 제1당으로 부상하였다. 나치당은 국가사회주의 독일 노동자당의 약칭이며, 정책의 중점으로 민족주의 · 반유대주의 · 반공주의 · 전체주의와 군국주의를 표방하고 있었다.

히틀러는 1933년 1월 30일에 수상이 되었고, 1934년에는 대통령 힌덴부르크(Paul von Hindenberg)가 사망하자 마침내 독일의 수상이자 대통령인 총통이 되었다. 이후 히틀러는 군비증강과 더불어 팽창주의적 대외정책을 가속하였다.

히틀러는 1933년 베르사유조약을 파기하고 국제연맹에서 탈퇴하였으며, 동유럽으로 영토를 팽창하여 소위 '독일민족의 생활권(Lebensraum)'을 확보하고자 하였다. 이를 위한 첫 단계로 히틀러는 마음속에 칼을 숨기고 미소를 띠면서, 1934년 1월 26일에 동부 유럽에서 프랑스 세력을 축출하고, 폴란드로부

히틀러

터의 위협을 회피하며 독일군의 전력증강을 위한 시간확보를 위해 폴란드와 10년 기한부로 불가침조약을 체결하였다. 이로써 독일은 동쪽 폴란드에 대한 국경 방위의 안전을 도모하는 가운데 오스트리아와 체코를 침공할 수 있는 행동의 자유를 확보할 수 있었다.

1938년 3월 13일에는 오스트리아가, 그리고 1939년 3월 16일에는 체코가 완전히 독일에 의해 병합되었다. 이제 히틀러가 폴란드에 대한 마음속의 칼을 밖으로 꺼내 들 시기가 도래하였다. 히틀러는 1938년 10월부터 독·폴 불가침조약 기한을 연장하는 교환조건으로써 단치히(Danzig) 자유항의 반환과 폴란드 회랑을 횡단하여 건설될 예정인 철도와 도로에 대한 치외법권을 폴란드에 요구하였다.

폴란드 회랑(Polish Corridor)은 제1차 세계대전 후 베르사유조약에 의해 신생국 폴란드의 영토가 된 좁고 긴 지역을 말한다. 폴란드 회랑은 폴란드가 바다로 나갈 수 있게 해주는 통로가 되었다. 폴란드 회랑으로 인하여 독일제국은 본토와 동프러시아로 분리되었고, 독일인들은 이에 반감을 품고 있었다.

폴란드가 독일의 요구를 거부하자 히틀러는 1939년 3월 23일, 발트 해의 양항(良港)인 메멜을 탈취하였고, 그 해 10월 말에는 폴란드와의 10년 기한부 불가침조약의 파기를 통보하였다.

또한, 히틀러는 1939년 8월 23일 소련과 불가침조약을 체결하였다. 이로써 독일은 폴란드 침공 시에 소련의 개입을 차단할 수 있었으며, 그 대가는 폴란드 침공 후 폴란드 영토를 나누어 동부 폴란드를 소련이 갖도록 하는 것이었다.

독일군이 1939년 9월 1일에 폴란드를 전격 침공함으로써 제2차 세계대전이 시작되었다. 폴란드군의 저항은 9월 28일에 종식되었다. 소련군도 9월 17일 히틀러와의 밀약을 실천하였다. 스탈린은 러시아인들을 보호한다는 명목 하에 동부 폴란드 지역을 침공하여 2일 만에 점령해 버리고 말았다.

소련에 대한 히틀러의 '소리장도'의 계는 서부전선에서 독일군이 덴마크, 노르웨이, 프랑스에 대한 점령과 영국 본토에 대한 공략이 중지되는 시기까지 지속하였다. 독일군은 1941년 6월 22일에 소련을 기습적으로 침공함으로써 웃음 속에 숨겨두었던 칼을 다시 꺼내 들었다.

## 일본이 진주만 기습 전에 대미협상 카드를 활용하다

1931년에 만주를 침공한 일본은 1937년 7월 7일, 루거우차우(盧溝橋) 사건을 빌미로 중일전쟁을 일으켰다. 일본군은 1940년 말까지 베이징(北京), 상하이(上海), 난징(南京), 한커우(韓構), 광둥(廣東) 등을 포함하는 중국 해안의 요지를 점령하였으며, 일본의 '대동아공영권(大東亞共榮圈)' 건설 야욕으로 인하여 이 지역에 식민지를 가지고 있던 미국, 영국, 네덜란드와의 충돌이 불가피하게 되었다.

대동아공영권이란 1940년 8월 1일, 일본 외상 마쓰오카 요스케(宋岡洋右)가 최초 발표한 것으로, 그 요지는 아시아 민족이 서양 세력의 식민 지배로부터 해방되려면 일본을 중심으로 대동아공영권을 결성하여 아시아에서 서양세력을 몰아내야 한다는 것이었다. 대동아공영권은 일본, 중국, 만주를 중축으로 하여 프랑스령 인도차이나, 태국, 말레이시아, 보르네오, 네덜란드령 동인도, 미얀마, 오스트레일리아, 뉴질랜드, 인도를 포함하는 광대한 지역의 정치적·경제적인 공존공영을 도모하자는 것이었으나, 그 실체는 피점령국의 주요 자원과 노동력의 수탈, 그리고 식민지와 점령지의 독립운동에 대한 철저한 탄압이었다.

일본은 군부가 주도한 만주사변, 중일전쟁과 같은 대륙에서의 침략전쟁 수행을 배경으로 군의 정치적 발언권이 점차 강대해졌고, 군은 통수권의 독립을 내세워 정부의 군에 대한 간섭을 철저히 배제하였다. 이로써 일본의 정치체제는 정부와 군부의 2원적 체제로 변모하였으며, 오히려 군부가 전쟁수행이라는 이유를 들어 정치를 이끌어가는 군국주의(軍國主義) 체제가 되었다.

1940년 6월 22일 프랑스가 독일에 항복하였다. 이로써 당시 프랑스의 식민지였던 인도차이나 지역은 무주공산(無主空山)이 되었고, 대동아공영권 건설을 위해 남방진출을 노리던 일본은 이 기회를 놓치지 않았다. 1940년 9월 27일, 일본은 독일 및 이탈리아와 삼국동맹을 체결하였다. 당시 유럽에서 독일군의 혁혁한 전과를 본 일본이 이 기회를 이용하여 동아시아에서 일본 세력권을 형성한다는 군부의 계산이었다. 이러한 일본의 외교정책으로 말미암아 일본의 친독일 성향이 강화되지만, 미국과 영국을 경시하는 결과를 초래하여 일본을 태평양전쟁에 몰아넣게 되었다.

이후 일본은 1941년 4월 3일, 소련과 중립조약을 체결하여 북방으로부터의 안전을 확보한 후 점차 남진론(南進論) 쪽으로 기울기 시작하였다. 일본은 태국과 호의적인 중립관계를 더욱 확고히 하면서 중국의 해안선을 차단하였다. 또한, 미국 · 영국 · 네덜란드 · 중국이 정치적 · 경제적 · 군사적으로 대일 봉쇄망을 형성하자, 이에 대한 대응조치로써 당시 친독일 성향의 프랑스 비시(Vichy) 정권을 압박하여 1941년 7월, 인도차이나 남부에 군대를 진주시켰다.

이러한 일본의 조치에 대한 미국의 반응은 강경하였다. 루스벨트 (Franklin Roosevelt) 미 대통령은 7월 24일, 일본에 대해 인도차이나에서의 일본군 철수를 강력히 요구하였고, 26일에는 미국 내 일본 자산을 동결하는 동시에 대일 석유수출금지 조치를 단행하였다. 일본의 전쟁수행에 필수적인 유류에 대한 미국의 금수(禁輸)조치는 일본에 치명적인 타격이 되었다.

미국은 더욱 강하게 일본을 압박하여 인도차이나에서뿐만 아니라 전 중국으로부터 일본군의 철군(撤軍)을 요구하였다. 이와 같은 상황에 직면하자, 일본은 미국과의 전쟁을 준비하면서 대미협상을 진행하게 했다. 미·일 협상에서 양측은 어느 편도 타협할 의도가 있지 않아서 협상은 난항(難航)을 계속했다. 일본 육군부와 해군부는 유류 재고량의 감소를 우려하면서 아직 재고가 남아있을 동안에 어떠한 결단을 내리지 않으면 안 된다고 주장하였다.

당시 일본 총리 고노에[近衛]는 비밀리에 설정했던 대미협상의 최종 시한인 10월 15일의 연장을 주장하면서 중국에서의 철군까지도 시사하였다. 그러나 육군대신 도조 히데키(東條英機) 대장은 이를 정면으로 반대했다. 이에 따라 고노에 내각은 붕괴되었고, 그 뒤를 이어 10월 18일에 도조 히데키가 수상이 되어 내각을 수립했다.

고노에 하미마루

도조는 11월 25일까지 협상을 계속할 것을 명령하였다.(협상은 11월 29일까지 연장되었다.) 일본 측의 새로운 제안은 조건부로 중국에서 철수한다는 내용을 포함하고 있었으나, 미국은 이 제안을 거부하고 11월 26일에 대안을 제시했다. 그 내용은 일본에 남경정부(일본의 괴뢰정권)의 부인(否認), 중국에서의 철군, 삼국동맹의 부인 등을 요구하는 것이었다. 이러한 미국의 요구를 도저히 수용할 수 없었던 일본은 마침내 대미 개전을 결의하였다.

도조 히데끼

일본은 대미협상이 진행 중이던 11월 6일, 남방군의 전투서열을 하달하고 작전계획의 시행을 위한 세부계획을 완성하였다. 11월 25일에는 진주만 공격을 위한 기동함대가 쿠릴열도의 기지를 비밀리에 출항하였고, 12월 1일에는 개전 일자를 12월 8일(하와이 시각으로 12월 7일)로 정했다.

이처럼 일본은 '소리장도'의 계로 마음속의 칼을 숨기고 미국과의 개전을 준비하면서 대미협상에 나섬으로써 그 기도를 은폐한 가운데 기습적인 진주만 공격을 시발점으로 태평양전쟁을 일으켰다.

## 6 · 25전쟁 발발 전 북한이 위장평화 공세를 전개하다

북한은 6 · 25전쟁 이전에 남한에 대한 침략전쟁을 은폐하기 위해 위장 평화 공세를 대대적으로 전개하였다. 북한은 남한을 기습적으로 공격하여 1950년 8월 15일에는 해방 기념식 행사를 거행하겠다는 속내의 칼을 숨긴 채, 남북평화통일방안을 제시하는 등 남한에 대하여 평화를 가장한 미소작전을 펼쳤다.

북한은 1949년 3월, '조국통일민주주의 전선(조국전선)'을 결성하여 남한 공산화를 위한 전위조직으로 활용하였다. 조국 전선은 결성 당시 총선거를 통한 평화통일안을 제시하였다. 그들이 제의한 내용의 요점은 한반도의 평화적인 통일을 위해 주한미군의 철수, 유엔 한국위원단의 철수, 남북 통일적 입법기관 선거 동시 시행, 그리고 평화적 통일을 원하는 민주주의 제 정당 · 사회단체 대표들로 구성된 위원회의 지도로 선거 시행 등이었다.

북한은 평화통일에 대한 선전을 대대적으로 벌이면서 남침개시 직전까지 사단급 기동훈련을 하는 등 최종 전쟁준비에 박차를 가하였다. 그 과정에서 김일성은 비밀리에 소련을 방문하여 스탈린으로부터 남침 전쟁계획을 최종적으로 승인받았고, 이어 중국을 방문하여 마오쩌둥으로부터 남침에 대한 지지와 지원을 약속받았다. 김일성은 귀국 후 전쟁계획 시나리오에 따라 북한군을 전선 지역에 배치하기 시작하는 등 남침 계획과 준비를 하면서 평화적인 연막공세를 펼쳤다.

1950년 6월 10일, 북한은 북한에 감금되어 있던 민족 지도자 조만식 선생 부자(父子)와 남한 경찰에 체포되어 있던 노동당 남한 총책 김삼룡 및 이주하를 38도선 상에서 교환하자고 제안해 왔다. 우리 정부는 6월 19일, 조만식 선생을 개성까지 보내면 후에 김삼룡과 이주하를 북으로 보내겠다고 하며 6월 22일까지 회답해줄 것을 통보하였으나, 이후 북한으로부터는 아무런 회답이 없었다.

북한이 조만식 선생과 노동당 총책들을 교환하자고 제의한 6월 10일에, 북한군 총참모장 강건은 비밀 군사작전회의를 소집하여 6월 23일까지 전투준비를 완료토록 지시하고 있었다.

또한, 조국 전선은 6월 19일에 '평화적 조국통일에 관하여'라는 8개 항으로 된 북한 최고 인민위원회 상임위원회의 결정서를 제안해왔다. 이는 통일문제에 관한 협의의 주체를 국회 차원으로 하자는 것으로써, 이는 남한 정부 자체를 인정하지 않겠다는 저의가 내포되어 있었다. 이 같은 제안과 동시에 북한군 총사령부는 남침 공격부대의 부대 이동과 동시에 극비리에 남침명령을 차례로 해당 부대에 하달하였다.

이처럼 북한이 6 · 25전쟁 전에 지속해서 평화통일 제안을 했던 것은 '소리장도'의 계로, 남한의 전 국민과 전 세계인의 이목을 '전국 선거 시행 호소문'이니 '납북 인민교환'이니 하는 위장된 평화적 통일방안 제의로 기만하여 남침계획을 위장하는 동시에, 전쟁의 책임을 남한 정부에 떠넘긴다는 계산이 있었다.

북한의 속셈은 평화적인 통일을 위해 조국 전선이 꾸준히 노력해 왔으나 남한에서 이를 전면적으로 거부하였고, 이는 남한 정부가 북침을 위한 전쟁준비를 하고 있었다는 증거라는 것이다. 이러한 북한의 술책은 1950년 6월 23일 북한 김두봉이 기자회견에서 "남한에서 전쟁준비를 하고 있다."고 말한 것에서 확인된다. 북한이 주장하는 6 · 25전쟁은 국군에 의한 북침전쟁이며, 이에 북한군이 반격한 것이라는 억지 주장을 펼치고 있다.

북한의 위장평화 공세 후 도발하는 행동패턴은 오늘날까지 지속되고 있다. 1972년에 7 · 4 남북 공동성명 발표 후 북한은 평화적인 분위기 속에서 남침용 땅굴을 대대적으로 구축하였다. 또한, 북한은 김대중 대통령이 북한을 방문하여 역사적인 남북정상회담을 통해 남북관계를 개선해 가는 시점에서도 제2연평해전을 일으킨 바 있다.

북한의 평화공세 뒤에는 반드시 도발이 따른다는 교훈을 명심하고 철저히 대비해야 할 것이다.

# 제11계 : 이대도강(李代桃僵)

(李: 자두 리, 代: 대신할 대, 挑: 복숭아 도, 僵: 넘어질 강)

## 자두나무가 복숭아나무 대신 죽듯이 대(大)를 위해 소(小)를 희생하다

'이대도강'의 유래는 중국의 『악부시집(樂府詩集)』에 있는 '계명(鷄鳴)'이란 시에서 유래되었으며, 그 내용은 다음과 같다. '복숭아나무가 우물가에서 생겨나고 자두나무는 복숭아나무 옆에서 생겨났네. 벌레가 복숭아나무의 뿌리를 갉아 먹으니, 자두나무가 복숭아나무를 대신하여 넘어갔네. 나무들도 제 몸을 대신하거늘, 형제는 서로를 잊어버리네. (桃生露井上, 李樹生桃旁, 蟲來齧桃根, 李樹代桃僵, 樹木身相代, 兄弟還相忘)

이 시에 나오는 이수대도강(李樹代桃僵)에서 나무 수(樹)자를 빼 '이대도강'으로 사자성어가 만들어졌으며, 자두나무가 대신하여 벌레들에게 갉아 먹혀 희생함으로써 복숭아나무를 살리는 것을 빗대 형제간의 우애에 대하여 말한 것이다.

이 계의 원문(原文)과 해석(解析)은 다음과 같다.

> **勢必有損(세필유손), 損陰以益陽(손음이익양)**
>
> 전쟁 중에는 반드시 손실이 따르게 마련이니 작은 희생으로 승리를 거둔다.

'이대도강'의 계는 나의 살을 내주고 적의 뼈를 취하는 전략과 비슷하다. 군이 전쟁에 승리하는 것은 어려운 일이며, 더구나 완전한 승리는 정말로 어렵다. 특히 우리 군이 아무런 희생 없이 승리하는 것은 너무나 어려운 만큼 최소한의 아군 희생으로 적에게 결정적인 승리를 거두는 전략을 채택해야 한다.

문제는 이때 누가 자두나무와 같은 역할을 해주느냐 하는 것이다. 전쟁이란 자신의 목숨을 거두는 선택이 많아서 남다른 각오와 결연함이 필요하다.

승리를 위해서 작은 희생을 감수하는 것은 불가피하다. 지연전 시 주력부대의 철수를 위한 엄호부대나 잔류접촉분견대 운용, 공격작전 시 양동 또는 양공부대 운용, 적 후방지역에 침투하여 고도의 위험 속에서 활동하는 특수작전부대 운영 등이 현대적인 '이대도강' 계의 사례가 될 것이다.

## 손빈이 하등마의 희생으로 경주마에서 승리하게 하다

중국 전국시대 손빈은 위(魏)나라 장군 방연(龐涓)에게 빈형(臏刑: 슬개골을 자르는 형벌)을 받고 감옥에 갇혀 있다가 구사일생으로 제(齊)나라로 탈출하였다. 제나라 위왕은 손빈에게 벼슬을 주려고 했으나, 손빈은 자신이 제나라에서 벼슬을 하는 것이 위나라에 알려지면 방연이 무슨 짓을 꾸밀지 모른다는 이유를 들어 벼슬을 사양하고 전기(田忌)의 문객으로 지냈다.

손빈이 전기 장군으로부터 능력을 인정받은 것은 경주마 노름에서 전기 장군이 승리하게 하여준 것이 계기가 되었다.

제나라 위왕은 한가한 시간에 왕족들과 공자들을 거느리고 사냥터에 나가 내기를 걸고 경주마 노름을 하거나 활을 쏘는 것을 취미로 하였다. 그런데 위왕의 왕족인 전기 장군은 말(馬)이 좋지 못해서 늘 위왕에게 막대한 돈을 잃곤 했다.

어느 날 전기는 손빈을 데리고 나가 내기 경주마 노름을 구경시켰다. 그 날도 전기는 위왕과 세 번을 겨루어 모두 지고 말았다. 이에 손빈은 후세 사람들이 '삼사법(三駟法 : 삼 판이 선승 전략)'이라고 부르는 비법을 전기 장군에게 알려주어 마차 경주에서 항상 승리할 수 있도록 하였다. 즉 마차를 끄는 말을 상, 중, 하등의 말로 등급을 매겨 우선 하등마로 상대의 상등마를 상대하게 하고, 상등마로 상대의 중등마와 경주시키며, 중등마로는 상대의 하등마와 경주하도록 하였다. 즉 세 번 중 한번은 지겠지만, 두 번은 반드시 이길 수 있을 것이라고 하였다. '이대도강'의 계 즉, 하등마를 희생함으로써 승리를 거두는 비책이었다.

이후 전기 장군은 손빈의 계책에 따라 경주마를 출전시켜 한 번은 지고 두 번은 이겼다. 전기는 그 후 왕에게 자신이 이긴 것은 손빈의 계책 덕분이라고 말하였다. 이에 위왕은 손빈을 깊이 신뢰하여 많은 상을 내렸고, 위나라가 조나라를 침공했을 때 전기 장군의 군사(軍師)로 종군하도록 하였다.

## 신라군이 화랑들의 희생으로 백제의 5천 결사대를 격파하다

660년 봄, 신라와 당의 연합군이 백제의 수도인 사비성(부여)을 향해 진군해 갔다. 당군은 덕적도를 거쳐 백강(白江 : 금강) 입구로 진입하여 상륙한 후 육로로 사비성을 향해 진격하였고, 신라군은 탄현(炭峴)을 넘어 황산(지금의 연산)으로 진출하였다.

백제군은 당군과 신라군을 맞아 분전했으나, 황산 전투에서 계백 장군의 결사대가 신라군에게 패함으로써 수도 사비성을 빼앗기고 만다. 웅진성으로 탈출한 의자왕이 그해 7월 18일에 항복함으로써 백제는 31왕 678년 만에 멸망하고 말았다.

황산벌에서 신라군과 맞서 분전한 백제 계백 장군의 오천 결사대는 신라군의 '이대도강'의 계로 무너졌다. 신라군은 김유신의 지휘를 받는 5만의 병력이었으나, 황산벌에서 백제군 5천 결사대와의 4차례에 걸친 전투에서 연패하여 한 걸음도 나가지 못하고 있었다. 이때 김유신의 동생이자

관창-계백의 황산벌 전투도

김흠춘 장군의 아들인 화랑 반굴(盤屈)이 아버지의 뜻을 따라 단신으로 적진으로 뛰어들어 싸우다 전사하였다.

뒤이어 김품일 장군의 아들인 화랑 관창(官昌)이 나서서 단신으로 백제의 진영으로 나아가 싸우다가 백제군에게 사로잡혔다. 계백 장군은 반굴에 이어 관창까지 죽이면 신라군의 기세가 되살아나 죽기 살기로 공격해 올 것을 우려하여 관창을 살려 신라군 진영으로 돌려보냈다. 그러나 관창은 다시 백제군 진영으로 돌진하여 싸우다 사로잡혔다. 이번에는 계백 장군도 어쩔 수 없다고 생각하고 관창의 목을 베어 그가 타고 온 말 안장에 매달아 돌려보냈다.

그러자 신라군은 화랑 반굴과 관창의 장렬한 죽음에 분기탱천하여 죽기를 각오하고 백제군을 공격하였으며, 계백 장군의 5천 결사대는 패하여 전원 전사하고 말았다.

신라군은 반굴과 관창 두 사람의 희생으로 전쟁을 승리로 이끌었다. 즉, '이대도강'의 계로 승리의 계기를 마련했던 것이다.

## 리지웨이 장군이 유엔군 작전을 위해 지평리 고수를 명하다

인천상륙작전과 낙동강방어선에서의 총반격으로 북한군 주력을 격멸한 유엔군은 1950년 10월 초에 한반도의 통일을 목표로 북진하였다. 그러나 중국군의 참전과 연이은 중국군의 3차례에 걸친 공세로 인하여 유엔군은 1951년 1월 4일, 다시 38도선과 수도 서울을 적에게 내주고 철수하였다.

한강 이남까지 진출한 중국군은 공세를 중지하고 춘계공세에 대비한 부대 정비에 들어갔고, 유엔군은 1951년 1월 15일부터 반격으로 전환하여 서부지역에서는 한강 선을, 중동부지역에서는 홍천과 강릉을 연하는 선을 목표로 공격하였다.

유엔군의 예기치 않은 신속한 반격에 당황한 중국군은 급히 부대정비를 중단하고, 유엔군의 진격을 저지하기 위해 2월 11일에 제4차 공세(2월 공세)를 실시하였다. 중국군의 주공은 유엔군의 반격으로 인하여 돌출된 중동부 전선의 횡성과 지평리로 지향되었다. 중국군은 미 제8군 전선의 중앙을 양단하여 서부의 제1군단과 9군단을 포위하고, 신속히 남하하여 안동 일대의 제2 전선부대와 합류하고자 기도하였다.

중국군은 우선 횡성지역의 아군 돌출부를 목표로 공격하여 미 제10군단 예하의 국군 3개 사단(제3, 5, 8사단)에 큰 피해를 가하여 후퇴하도록 하였다. 이 때문에 지평리를 점령 중이던 미 제2사단 23연대(연대장 Paul L. Freeman 대령)가 미 제10군단의 좌 일선 부대로 돌출되어 중국군의 공격에 노출되었다. 당시 미 제2사단의 주력은 원주 일대에 배치되어 있었고, 지평리에 위치한 제23연대와는 20km 정도 떨어져 있었다.

이런 상황에서는 통상 돌출된 부대를 철수시켜 전선을 조정하는 것이 일반적인 조치였고, 당시 미 제10군단장 알몬드(Edward Mallory Almond) 장군도 적진에 돌출되어 고립위기에 있는 미 제23연대를 여주 방향으로 철수시킬 것을 미 제8군 사령관에게 건의하였다. 그러나 미 제8군 사령관 리지웨이(Mathew B. Ridgway) 장군은 이를 승인하지 않았다. 그는 지평리의 작전적인 가치를 인식하고 있었다.

지평리는 홍천-여주 축선상에 위치한 병참선의 중심지였다. 유엔군의 입장에서 지평리는 인접 전체 도로망을 통제하고 한강 선으로 진출할 수 있는 관문이었으며, 미 제10군단의 좌 측방을 방어할 수 있는 강력한 방어진지인 동시에, 남한강 서쪽 광주지역의 적을 위협할 수 있는 요충지였다.

만약 유엔군이 지평리를 포기하면, 한강 서쪽에서 공격 중인 미 제1군단과 제9군단의 우 측방이 노출되어, 이미 확보한 한강 이남 지역을 다시 적에게 내주어야 할 뿐만 아니라, 아군의 사기에 막대한 영향을 미칠 수 있었다. 이러한 판단으로 리지웨이 장군은 미 제10군단장에게 지평리를 사수할 것을 명령하였다. 유엔군 작전 전체를 위해[李代] 미 제23연대를 적진에서 고수 방어[桃僵]토록 한 것이다.

미 제23연대는 연대전투단(예하 3개 대대, 프랑스 대대, 제1유격중대, 제37포병대대(105mm), 제503야포대대 B포대(155mm), 고사포 1개 포대, 공병 1개 중대, 전차중대)으로 편성되어 있었다. 연대는 지평리 주변의 고지를 중심으로 사주방어를 편성하였고, 2월 13일 저녁부터 시작된 중국군 6개 연대의 파상적인 공격을 3일간 견디어 내며 지평리를 고수하였다.

리지웨이 장군은 미 제23연대가 지평리에서 고군분투하고 있을 때, 연대의 구출을 위한 필사적인 노력을 전개하였다. 미 제5기병연대를 중심으로 한 '크롬베즈 특수임무부대(TF Crombez)'가 2월 14일 자정경에 지평리 남쪽에 도착하였고, 15일 17시경 미 제23연대 전투단과 연결에 성공했다.

중국군 사령관 펑더화이(彭德懷)는 지평리의 미 제23연대를 포위 섬멸하는데 실패하자, 2월 15일 저녁에 지평리에 대한 공격을 중지시켰다.

리지웨이 장군은 미 제8군의 양단을 방지하는 동시에 중동부 전선에서 재반격을 위한 좌 견부로 활용하기 위해 미 제23연대를 희생시키는 경우가 있더라도 지평리를 고수하도록 명령했던 것이다.

# 제12계 : 순수견양(順手牽羊)

(順: 순할 순, 手: 손 수, 牽: 끌 견, 羊: 양 양)

## 기회를 틈타 양을 끌고 가듯 작은 이익이라도 놓치지 마라

'순수견양'이란 길을 걷다가 길가에 양 한 마리가 있으면, 집으로 끌고 간다는 뜻이다. 이는 의외의 소득을 가리키는 말이며, '복(福)'이 저절로 굴러 들어오는 격'이라는 속담과 같은 의미이다.

이 계에 대한 원문(原文)과 해석(解析)은 다음과 같다.

> 微隙在所必乘(미극재소필승), 微利在所必得(미리재소필득),
> 少陰(소음), 少陽(소양)
>
> 적의 약점이 아무리 작더라도 시기적절하게 이용해야 하고, 아무리 작은 이익이라도 적극적으로 쟁취하여야 한다. 적의 작은 손실이 아군을 승리할 수 있게 한다.

세상사는 복잡하고 다양하며 미묘하기 짝이 없어서 종종 생각지도 않았던 소득이 들어온다거나, 한 곳에서 본 손해를 다른 곳에서 보상받는 일이 생기는 경우가 있다. 그러나 이러한 행운도 아무 일도 하지 않고서는 절대로 생기지 않는다. 아무리 작은 것이라도 얻고자 하며, 적의 실수를 찾고 우연히 찾아온 기회를 적극적으로 활용하고자 하는 의지가 있을 때 행운이 찾아오는 것이다.

주인 없는 살찐 양이 끌고 가주길 기다리며 길옆에 쪼그려 앉아 있는 행운이란 절대 존재하지 않는다. '순수견양'이란 의미상으로는 뜻밖의 소득이지만 사실은 서로가 혼전을 거듭하는 과정에서 얻어낸 승리이다.

나폴레옹 전쟁에 참전하고 프로이센의 육군대학장을 역임한 클라우제비츠(Carl von Clausewitz)는 불후의 명저인『전쟁론(Vom Kriege)』을 집필했다. 클라우제비츠는 전장은 안갯속과 같이 불확실성이 남아 있는 영역으로 보았다. 그는 전쟁은 우연성(Chance)과 개연성(Probability)과 같은 불확실하며 비합리적인 속성이 있음을 갈파했다. 그리고 이러한 불확실성 가운데에서도 전장을 꿰뚫어보는 통찰력(Coep d'oet : 꾸데이)으로 결단을 내릴 수 있는 용기를 지닌 '군사적인 천재'의 필요성을 역설하였다.

불확실한 전장상황 속에서는 의도하지 않았던 기회가 발견되어질 수 있다. 기회를 찾고 이러한 기회를 적극적으로 대담하게 활용(순수견양)할 수 있는 자가 승리할 수 있다.

## 조광의가 형의 방심을 틈타 황제가 되다

조광윤은 960년, 중국 5대 10국 시대의 마지막 왕조였던 후주(後周)를 멸망시키고 송(宋)을 건국하였다. 후주의 세종은 장영덕의 병권(兵權)을 박탈하고 조광윤에게 의지하였다. 그러나 조광윤은 세종의 신임 하에 병권을 장악한 후 '순수견양'으로 후주를 멸하고 자신의 왕국인 송(宋)을 세웠다.

조광윤은 송을 건국한 후 자신이 후주를 멸하고 '순수견양' 했던 것처럼 자신의 신하들이 역성혁명을 일으켜 황제의 자리를 빼앗을 것을 우려하였다. 고민 끝에 결심한 조광윤의 비책은 자신을 도와 송의 건국에 공을 세운 공신들을 하나하나 제거하는 것이었으며, 그 방법은 '배주석병권(杯酒釋兵權)'이었다. 즉, 개국공신들에게 재물과 명예를 주는 대신에 그들로부터 병권(兵權)을 빼앗았다.

그러나 아무런 병도 없이 죽게 된 조광윤은 그의 친동생인 조광의(趙光義)가 자신이 했던 것처럼 순수견양 하여 황제의 자리를 차지하리라고는 생각지 못하였다.

조광윤에게 천하를 빼앗겼던 후주 세종의 황후였던 부(符)의 여동생은 공교롭게도 진왕(晉王) 조광의의 부인이었다. 부 황후는 진왕의 부인이 된 친동생을 복수를 위한 통로로 생각하고 틈만 나면 동생에게 복수의 의지를 상기시키면서 장차 황후가 되는 꿈을 꾸도록 하였다.

조광의는 일찌감치 형인 조광윤을 도와서 진왕이 되었지만, 조광윤이 개국공신들로부터 병권을 박탈하자 자신을 보호하기 어렵다는 것을 느꼈다. 그는 나아가지 않으면 물러서야 한다는 생각을 하던 중, 부인인 부씨의 영향으로 황제가 되는 길을 선택하게 된다.

조광윤은 '배주석병권'을 실행함으로써 자기 아들(황제)을 돌보아 주고 송을 떠받쳐 줄 수 있는 모든 중신을 잃고 말았다. 그가 죽었을 때 자기 아들을 떠받칠 수 있는 개국공신들은 그의 곁에 없었고, 그는 아들에게 지지 세력이 없는 껍데기뿐인 황제의 직을 넘겨주었다.

그는 동생인 조광의를 유일하게 믿을 수 있고 없어서는 안 되는 존재로 생각하였다. 조광의는 자신의 친동생이기에 골육의 정으로 조카를 제거하고 황권을 넘보는 일은 없을 것이라 믿었다.

조광의는 조광윤으로부터 야심을 가지고 있을 것으로 의심을 받았지만, 조광윤의 앞에서는 공손하였기에 잘못이 있어도 문책을 당하지 않았고 형인 황제의 심복으로서 신임을 받을 수 있었다.

결국, 그는 조광윤이 방심하고 대비하지 않은 틈을 타서 형이 건국한 나라를 순수견양하여 자신의 나라로 만들었다.

## 신라가 당(唐)의 한반도 장악 기도를 물리치다

660년 3월, 신라가 당(唐)과 동맹을 맺음으로써 나·당 연합군이 결성되었다. 신라와 당은 먼저 백제를 멸망시켜 신라의 배후에 대한 위협을 제거한 후 고립된 고구려를 공격하기로 했다. 양국이 동맹을 맺으면서 합의한 사항은 백제와 고구려가 평정되면 평양 이남과 백제의 영토는 모두 신라에 준다는 것이었다.

그러나 당은 속으로는 다른 생각을 품고 있었다. 당은 전쟁 수행 중에 '순수견양'의 계로 전 한반도를 지배하려고 획책하였다.

당은 660년 7월에 백제를 멸망시킨 후, 9월에는 소정방 부대를 본국으로 철수시키면서 1만여 명의 병력을 사비성(부여)에 잔류시켰다. 그리고 백제 지역에 웅진도독부(熊津都督府) 등 5개 도독부를 설치하고, 웅진도독부가 나머지 도독부를 장악하도록 하였다. 이는 당이 백제지역을 직접 통치하겠다는 의도로 나・당 동맹의 약속을 저버리는 배신행위였다.

당의 한반도 전체에 대한 지배 야욕은 나・당 연합군이 668년에 고구려를 멸망시킨 이후에도 표출되었다. 당은 고구려의 옛 영토 내에 9개의 도호부를 설치하였다. 그중 평양에 설치된 안동도호부(安東都護府)는 고구려 본토에 설치된 도독부뿐만 아니라 백제 영역 및 신라에도 영향력을 행사하여 삼국 전체를 장악하려는 당의 야심을 실현하는 통치기관이었다.

신라는 당의 야욕을 간파하고 당군을 한반도에서 축출하기 위해 백제와 고구려의 부흥군(復興軍)을 적극으로 활용하는 동시에, 왜(倭)와의 외교교섭을 통해 왜가 중립을 유지토록 함으로써, 신라가 대당(對唐) 전쟁에 주력할 수 있도록 여건을 조성하였다.

우선 신라는 백제 고토의 당군을 축출하기 위한 작전을 개시하였다. 671년 1월, 신라는 구백제의 웅진을 압박하며 주변 일대까지 진출하였고, 672년 후반기에는 당군을 축출하고 구 백제 지역에 대한 자주적인 지배권을 확보하였다.

이후 신라는 고구려 고토로 관심을 전환하여 당과 신라의 완충 지역인 임진강 선에 신라에 투항한 고구려 부흥군을 배치하고 한강 이남 지역에는 신라군의 주력을 배치하였다. 그러나 당군은 673년에 임진강과 한강,

그리고 예성강 하류의 평야 지대에 위치한 성곽들을 대부분 점령함으로써 고구려 부흥군의 힘은 약화되었고, 신라군 단독으로 당군 축출을 위한 전쟁을 수행해야만 했다.

신라군은 675년 9월 매소성(경기도 전곡 일대) 전투에서 당군에 승리함으로써 대당 전쟁의 전환점을 마련하였고, 676년 11월에는 기벌포(충남 장항)에 상륙한 당 군을 격멸하였다.

이처럼 신라는 대당 전쟁을 통해 당군을 대동강 이북으로 축출함으로써, 당의 백제·고구려 정복전쟁 수행 중에 자연스럽게 한반도 전체를 지배하려고 했던 야욕을 물리칠 수 있었다.

그러나 당은 신라의 대동강 이남에 대한 지배권을 인정하지 않았다. 당이 공식적으로 대동강 이남을 신라의 영토로 인정한 것은 반세기가 지난 735년(성덕왕 34년)이었다. 당의 이러한 조치는 신라를 이용하여 동북 만주지역의 강력한 세력인 발해를 견제하기 위해 신중히 고려된 조치였다.

## 국군 제6사단 7연대가 동락리에서 방심한 적을 격멸하다

6·25전쟁 시 국군 제6사단 7연대(연대장 중령 임부택)는 지연전 기간인 1950년 7월 7일, 동락리 전투에서 경계대책을 세우지 않고 있던 북한군 제15사단 48연대를 기습적으로 공격하여 연대 군수참모를 포함한 132명의 포로와 포 54문, 차량 75대 등 많은 장비를 노획하였다. 이 공로로 제7연대는 대통령 부대표창과 전 장병이 1계급씩 특진되는 영예를 안게 되었다.

제7연대의 이와 같은 승리는 아군의 사기가 저하된 가운데 지연전을 수행하던 기간에 거둔 최초의 장쾌한 승리였다. 이는 적의 경계소홀과 방심을 적극적으로 이용(순수견양)하여 거둔 쾌거였다.

전쟁 초기 국군 제6사단은 춘천과 홍천에서 적을 효과적으로 저지하고,

육본의 명에 의거 충주로 철수하였다. 그러나 국군의 한강방어선이 7월 3일에 북한군에 의해 돌파되었고, 국군은 재편성과 더불어 미군과 연합작전을 위해 전선을 조정하였다. 국군은 경부 가도에 대한 방어를 미군에게 넘기고 주력을 중서부 전선으로 이동시켰다. 이러한 상황에서 제6사단은 국군 제1군단(수도사단, 제1, 제2사단)의 중서부 전선으로의 측방이동을 엄호하기 위해, 2개 연대(제7, 19연대)를 충주로부터 죽산-장호원 선으로 전개하라는 명령을 받았다.

이에 따라 제6사단 19연대는 이천-진천 방면으로, 제7연대는 음성방면으로 각각 투입되었다. 제7연대는 명에 의거 7월 4일 야간에 음성 북방 일대에 전개하여 배치되었다. 제6사단장(사단장 김종오 대령)이 제7연대에 부여한 임무는 국군 제1사단이 음성지역으로 이동 시 이를 엄호하기 위해서 음성으로부터 북한군 제15사단이 점령하고 있는 장호원을 공격하여 탈환하라는 것이었다.

제7연대장은 제2대대를 우선 투입하였으며, 그날 바로 장호원에서 음성에 진출하려던 북한군 제15사단의 선두부대와 교전을 벌여 격퇴하였다. 연대의 제3대대는 7월 5일에 동락리 일대까지 진출하여 아침 무렵 적 정찰대와 교전을 벌인 후 7월 6일에는 동락리에서 차량으로 철수하여 음성 북방의 견학리 일대에 은밀히 배치하고, 차량은 음성의 연대 본부로 돌려보냈다. 제7연대의 이러한 조치는 동락리 주민들이 국군은 청주방면으로 철수해 버린 것으로 인식하게 하였다.

한편, 가엽산 서쪽 644고지에 배치되었던 제2대대는 7월 6일 오후에 동락리 초등학교에 북한군 대병력이 집결해 있는 것을 발견하였다. 적은 북한군 제15사단 48연대 주력으로 무방비상태로 휴식을 취하고 있었다. 아마도 국군은 청주로 철수했다는 주민들의 제보에 따라 북한군은 안심하고 휴식을 취하는 듯했다. 이러한 호기를 이용하여 제2대대장 김종수 소령은 대대 가용전투력으로 즉각적인 공격을 결심했고, 3개 중대로 동락리 초등학교를 포위하고 기습적인 공격을 가하여 북한군 제15사단 48연대 주력을 격멸할 수 있었다.

제7연대 2대대의 동락리 전투는 길가에 매여있는 양을 끌고 가듯이, 적의 무방비 상태를 기회로 포착하고 대담한 공격작전을 감행함으로써 얻은 승리였다.

# 제3부  공전계(攻戰計)

공전계란 전투에 직접 적용할 수 있는 전술을 말한다. 공격과 방어는 서로 상대적이기는 하나, 서로 없어서는 안 될 보완적인 요소를 갖추고 있다. 그리고 적을 알고 자신을 정확하게 파악할 수 있다면 백 번을 싸워도 위태롭지 않은 법이다.

1. 제13계 : 타초경사(打草驚蛇)

2. 제14계 : 차시환혼(借屍還魂)

3. 제15계 : 조호이산(調虎離山)

4. 제16계 : 욕금고종(欲擒故縱)

5. 제17계 : 포전인옥(抛磚引玉)

6. 제18계 : 금적금왕(擒賊擒王)

# 제13계 : 타초경사(打草驚蛇)

(打: 칠 타, 草: 풀 초, 驚: 놀랄 경, 蛇: 뱀 사)

## 풀을 쳐서 뱀을 놀라게 하듯 적의 숨은 본색을 드러나게 하라

'타초경사'의 계는 풀을 쳐서 뱀을 놀라게 한다는 것이다. 이는 분명히
사실이 존재하는 상태에서 사람들이 소홀히 여기고 있는 것을 부추겨 혼
란을 가중시키고, 혼란한 국면을 이용하여 자신의 목적을 달성하는 교묘
한 술책이다.
　이 계의 원문(原文)과 해석(解析)은 아래와 같다.

> 疑以叩實(의사고실), 察而後動(찰이후동), 復者(복자),
> 陰之媒也(음지모야)
>
> 의심나는 것은 그 실체를 살핀 다음 움직여라.
> 이렇게 반복하여 숨어있는 복병(음모)을 찾아내야 한다.

'타초경사'의 계는 실제로 적에 대한 정찰활동이나 접적이동 등으로부
터 얻어질 수 있다. 이러한 활동으로부터 적의 의도와 행동 양상을 파악하
여 효과적으로 대처할 수 있다.

### 미군이 자동폭발탄약으로 일본군의 야간공격을 노출하다

태평양전쟁에서 미군과 일본군은 과달카날 섬 등 태평양 상의 수많은
도서의 밀림 속에서 처절한 공방전을 전개하여 쌍방 모두 수없이 많은 인
명손실을 입었다.

태평양전쟁의 중·후반기로 접어들면서 일본군은 화력과 공중우세권이 미군보다 절대적으로 열세한 상태에서 주로 야간 공격을 통해 미군을 지속해서 괴롭혔다. 미군은 일본군이 야간에 진지 직 전방까지 은밀히 접근하여 기습적으로 돌격을 감행하는 전술로 인하여 큰 피해를 입었고, 대부분 병사들은 일본군의 야습(夜襲)에 대한 공포심을 가지고 있었다. 미군에게 야간전투에서 가장 두려운 것은 '일본군이 야간의 밀림 속에서 언제 어디서 뛰어 나와 공격할 것인가'하는 것이었다.

이러한 위협을 타계하기 위해 미군은 일종의 부비트랩인 자동폭발탄약을 개발하여 활용하였다. 이 장치는 일정한 시간이 되면 자동으로 폭발하는 단순한 것이었다. 미군은 이 자동폭발탄약을 진지 전방에 여기저기 설치하여 무작위 시간에 여기저기에서 한 발씩 터지도록 설치해 놓았다.

이 이후 야간공격을 감행하던 일본군은 주변에서 갑자기 자동폭발탄약이 터지는 소리에 놀라서 전방에 마구 사격을 해댔고, 이 때문에 그들의 공격기도와 위치를 노출하곤 했다.

사전에 위치가 노출된 일본군은 미군에게는 더 이상 위협이 되지 못하였을 뿐만 아니라, 미군의 집중사격 표적이 되어 매번 심대한 손실을 보고 격퇴되었다. 이는 미군이 '타초경사'의 계를 잘 활용한 예라 하겠다.

## 리지웨이 장군이 사냥개 작전으로 중국군을 놀라게 하다

6·25전쟁 중 중국군은 1950년 12월 31일에 38도선 북방에서 유엔군에 대한 대대적인 공세를 실시하였다.(중국군 제3차 공세 또는 정월공세라고도 함) 이 때에 미 제8군 사령관 리지웨이 장군은 서울을 포기하고 37도선으로 후퇴를 단행하였다.

리지웨이 장군은 중국군의 공세 직전인 1950년 12월 23일에 전임자인 미 제8군 사령관 워커 중장이 교통사고로 순직하자 그 후임자로 임명되었다. 리지웨이 장군은 부임 후 지휘관의 전방 지휘와 보급품 애호를 강조하는 등 전반적으로 침체에 빠진 유엔군의 분위기를 일소하고 전의를 고양하였다.

또한, '축차 진지 상에서의 방어작전의 반복'이라는 작전개념을 적용하여 중국군의 공세 시 유엔군의 강점인 화력으로 적에게 출혈을 강요하여 저지한 후 신속하게 공세로 전환하고자 하였다. 한강 이남의 방어에 유리한 저명한 지형지물을 이용하여 축차적인 방어진지를 선정하고, 이 방어진지에서 결전하는 것이 아니라 적의 공세가 격렬할 경우는 차후 진지로 후퇴하고 이때 노출된 적을 화력으로 격멸하며, 적이 작전한계점에 도달하면 신속하게 공세로 전환한다는 것이었다.

3차 공세시 중국군 사령관 펑더화이는 서울을 점령하고 한강 이남까지 진출하는 데 성공한 후, 주력을 서울 북방으로 철수시켜 충분한 휴식을 취하고 2월 이후에나 재공격을 한다는 방침을 정하고 있었다.

한편, 리지웨이 장군은 서부전선에서 중국군의 제3차 공세로 유엔군이 37도선까지 철수한 상황에서, 서부전선에서 적의 공세가 중지되자 곧 반격으로 전환하고자 했다. 그러나 적과의 접촉이 단절된 상황에서 적의 기도와 위치도 확인할 수가 없었다. 따라서 리지웨이 장군은 서부전선에서 본격적인 반격작전 이전에 적의 기도를 탐지하고 적과 접촉을 유지하기 위한 제한된 위력수색작전을 구상하였다.

리지웨이 장군은 1951년 1월 15일, 미 제1군단과 제9군단에서 각각 증강된 1개 연대 규모의 위력수색 부대로 울프하운드(Wolfhound, 사냥개) 작전을 전개하여 수원~여주 선까지 수색정찰을 하면서 탐색작전을 시행하였다. 작전결과 적의 저항은 가벼웠고 중국군의 주력은 접촉선으로부터 훨씬 북쪽에 있다는 것을 알게 되었다.

이에 따라 리지웨이 장군은 남한강 이서지역과 한강 이남의 적을 소탕하고 북진하면서 적의 주 저항선을 탐지할 목적으로 수원~여주 선에서 한강 선에 이르는 제한된 목표에 대한 천둥·번개 작전(OP. Thunderbolt)을 시행하였다.

당시 중국군은 마오쩌둥(毛澤東)의 정치적 요구에 따라, 무리한 여건임에도 불구하고 제3차 공세를 강행하여 서울을 점령하고 한강 이남으로 진출했으나, 휴식과 부대정비가 시급한 실정이었다. 따라서 중국군은 일부 병력으로 한강 이남 지역에서 경계임무를 수행하고, 주력은 한강 이북으로 철수하여 휴식 및 부대정비를 하고 있었다.

당시 중국군은 계속된 3차례의 대규모 공세에서 승리하였고, 세계 최강의 미군을 격파한 경험으로 사기는 매우 높았다. 그러나 병참선이 과도하게 신장되어 손실된 병력의 보충이 지연되고 보급마저 열악한 상태였으며, 장진호 전투에서 심대한 피해를 당한 제9군단은 아직도 원산과 함흥 일대에서 예비로 정비 중에 있었다.

중국군 사령관 펑더화이는 공세 후 '유엔군은 3차례에 걸친 중국군의 공격으로 큰 손실을 입었기 때문에 2월까지는 공격할 수 없을 것'으로 판단하였다. 또한, 중국군도 계속된 무리한 공격으로 2월까지는 정비를 해야 정상적인 작전이 가능하다고 판단하고 여유 있게 부대정비에 임하고 있었다.

리지웨이 장군의 '울프하운드 작전'과 '썬더볼트 작전'은 펑더화이의 이러한 예상을 깬 신속한 공격작전이었다. 중국군은 이러한 연속된 유엔군의 위력수색 즉, '타초경사'에 놀라서 휴식과 부대정비를 중지하고 주력을 급히 방어작전에 투입할 수밖에 없었다.

이후 중국군은 서부전선에서 유엔군의 전진을 우선하여 저지하는 데 목적을 두고 중동부지역의 횡성과 지평리에 주력을 투입하여 제4차 공세를 실시하였으나, 유엔군의 효과적인 방어 이후 반격으로 중국군의 작전은 실패하게 된다.

# 미군이 바그다드 진입 간 이라크군을 노출시켜 격멸하다

이라크 전쟁 시 미군의 작전 명칭은 '충격과 공포 작전((Op. Shock & Awe)' 이었다. 미군은 2003년 3월 20일에 신속결전작전(RDO) 개념하에 이라크군의 전의를 무력화하는 데 초점을 두고 정밀유도무기로 군 지휘시설, WMD 시설, 방공망 등 전략목표에 대한 압도적인 공습을 하는 동시에, 3월 21일에는 곧바로 지상군부대를 투입하였다. 이는 미군이 공군력의 지원으로 기갑부대를 고속기동시켜 이라크의 수도인 바그다드를 신속하게 점령함으로써 전쟁을 조기에 종결하기 위한 것이었다.

미군의 지상작전은 이라크 남쪽에서 제5군단(주력 : 제3보병사단)과 제1해병원정군(주력 : 제1해병사단)에 의해서 수행되었다. 그리고 이라크의 서부지역과 북부지역에는 특수부대가 투입되어 작전을 수행하였다. 미 제3보병사단(서 측)과 제1해병사단(동 측)은 파죽지세로 이라크의 수도 바그다드를 향해 진격하였고, 16일 만인 4월 5일에는 바그다드를 봉쇄하는데 성공하였다.

한편, 이라크군은 미 지상군이 바그다드까지 고속기동하는 동안 변변한 대응을 하지 못하였다. 이라크군 일부는 미군과 싸웠지만, 상당수의 부대는 그들의 장비를 버리고 도주해 버렸다. 하지만 그들이 집으로 돌아갔는지 아니면 도시지역에서 비정규군화 되었는지는 알 수 없었다.

이처럼 미군은 바그다드가 이라크군의 함정인지 또는, 어떻게 방어하고 있는지, 어느 정도 규모의 병력이 배치되어 있는지, 무장은 어떤지 등에 대한 정보가 부족하였다. 미군이 비록 인공위성 등 첨단 정찰감시자산을 보유하고 있었지만, 사단이나 여단급의 전술 제대는 먼저 투입된 특수부대로부터 첩보를 입수하거나, 아니면 스스로 정찰대를 운용하여 이라크군에 대한 첩보를 획득할 수밖에 없었다.

따라서 바그다드를 봉쇄한 미군은 이라크군의 바그다드에 대한 방어 상태를 확인하고, 신속한 점령이 가능한지를 직접 확인하고자 하였다. 이를 위해 계획된 위력수색 작전이 바로 바그다드 시내를 기갑부대로 고속 질주하면서 적정을 확인하기 위한 썬더 런(Thunder Run) 작전이었다.

썬더 런 작전을 수행하는 임무는 걸프전쟁에 참전했던 경험 많은 에릴 스워츠 중령이 지휘하는 제3보병사단 예하의 제2여단 64-1기갑 TF(M1A1 전차 29대, M2A2 브래들리 장갑차 14대, M106A3 120mm 자주 박격포 4문, M113 공병장갑차 3대)에 부여되었다. 이 부대의 임무는 이라크군의 배치병력과 전투 의지를 확인하는 것이었으며, 바그다드 남쪽 중앙에서 시내 방향으로 나 있는 8번 고속도로를 따라 시내로 진입하여 시내의 중심에서 좌회전하여 외곽에 위치한 바그다드 공항까지 기동하면서 적정을 탐지하는 것이었다.

제64-1기갑 TF는 4월 5일 오전 06:30에 M1A1 전차를 선두로 공격개시선을 넘어서 8번 도로를 따라 지그재그 대형으로 기동하였다. 미군의 바그다드 시내에 대한 공격이 시작되자 도로 주변에 있던 이라크군과 민병대들은 몹시 당황해 하며 산발적인 대응 사격을 해왔다. 제64-1기갑 TF는 작전수행 간 M1A1 전차 1대 파손 등 일부 손실을 보았으나, 이라크군의 방어상태를 파악하고 이라크군 대령 1명을 생포하는 등 성공적인 작전을 하였다.

미군은 썬더 런 작전을 통해서, 이라크군은 미군이 바그다드에 도착한 것을 모르고 있었다는 것과 바그다드의 이라크군은 조직적인 방어준비를 하지 못하였음을 확인할 수 있었다. 미군은 이러한 이라크군의 상황을 바탕으로 제3보병사단 예하의 제2여단 전체를 투입하여 제2차 썬더 런 작전을 수행하였다. 미군은 4월 9일, 바그다드 시내로 기계화 부대를 고속기동시켜 대통령 궁과 주요 목표를 장악함으로써 바그다드 전체를 신속하게 점령할 수 있었다.

이처럼 미군의 바그다드에 대한 썬더 런 작전은 이라크군의 상태와 능력을 확인하도록 해준 '타초경사'의 계였다.

# 제14계 : 차시환혼(借屍還魂)

(借: 빌릴 차, 屍: 시신 시, 還: 돌아올 환, 魂: 영혼 혼)

## 남의 육체를 빌려 새로운 생명을 얻듯 목표를 위해 무엇이든 이용하라

'차시환혼'은 자신이 한 번 실패한 후에 어떤 다른 힘을 빌리거나 이용하여 재기한다는 의미이다. 새로운 힘을 빌린다는 뜻으로 '차시(借屍)'라는 용어를 사용했고, 재기한다는 의미로 '환혼(還魂)'이란 단어를 썼다.

이 계의 원문(原文)과 해석(解析)은 아래와 같다.

> 有用者(유용자), 不可借(불가차) ; 不能用者(불능용자),
> 求借(구차). 借不能用者而用之(차불능용자이용지),
> 匪我求童蒙(비아구동몽), 童蒙求我(동몽구아)
>
> 유용한 것은 빌릴 수 없고, 유용하지 않은 것은 빌리기 쉽다. 유용한 것을 빌릴 수 없을 때는 쓸모없는 것을 빌려서 이를 이용하여 자신의 것으로 만들어야 한다.

'차시환혼'의 계에서 시체(屍體)는 명분(名分)이며, 기치(旗幟)라 할 수 있다. 여기서 혼(魂)이란 목표이며 잠재된 기도이다.

군사적인 면에서 '차시환혼'의 계는 아주 쓸모없거나 유용성이 떨어진다고 평가되었던 군용물, 지리적 여건, 환경 등을 변모시켜 아군에게 유리하게 효과적으로 활용하는 것이다.

## 유엔군이 북한 지역의 도서들을 유격기지로 활용하다

북한의 기습남침으로 시작된 6·25전쟁 시 낙동강까지 밀렸던 국군과 유엔군은 인천상륙작전의 성공으로 북진을 하였으나, 중국군의 개입과 연속된 두 차례의 공세로 다시 철수하지 않으면 안 되었다.

유엔군이 북한지역으로부터 철수할 때 북한지역에 있던 많은 애국 청년들은 중국군의 개입에 분개하며 남으로 피난하였고, 남쪽으로의 피난이 여의치 않던 일부 청년들은 동해와 서해 상의 인근 섬들로 대피하였다.

당시 북한군과 중국군은 해군과 공군이 거의 없는 상태였고, 지상전에서 국군과 유엔군과의 치열한 전투로 인해, 동해와 서해 상의 섬들에 관해서는 관심을 가질 여력이 없어 그냥 내버려둘 수밖에 없었다.

이러한 상황에서 동해와 서해의 섬으로 대피한 북한의 애국청년들은 야간에 육지로 상륙하여 공산군 후방의 주요시설을 수시로 공격함으로써 적의 후방을 교란하였다.

북한지역 도서에서의 반공청년들의 활동에 관한 첩보를 입수한 유엔군 사령부는 이들을 조직적으로 규합하고 미군과 국군의 유격부대를 추가로 투입하여 조직적인 유격부대로 활용하였다.

이에 따라 북한군과 중국군은 해안 및 후방지역 방어에 상당한 병력을 투입할 수밖에 없었고, 이는 6·25전쟁 전반에 걸쳐 상당한 영향을 미쳤다. 동·서해의 도서 지역을 기반으로 수행한 반공 유격대의 후방교란으로 인하여 북한군과 중국군은 그들의 병참선 확보와 남한 유격대의 소탕 등의 임무수행을 위해 약 10만~20만 명의 병력을 운용한 것으로 추정되며, 만약 이들이 중국군 제4차 공세와 제5차 공세에 전선으로 투입되었다면 6·25전쟁의 전세가 바뀌었을 것이다.

동·서해의 도서 지역을 기반으로 수행한 반공유격대의 작전은 북한이 소홀히 한 도서 지역을 아군이 특수작전용 기지로 효과적으로 활용함으로써, 북한군과 중국군의 전선에 대한 병력집중을 억제하고 병력을 분산시키도록 했다.

## 베트콩이 유기품을 부비트랩으로 만들어 미군을 공격하다

베트남전쟁은 세계 최강의 미국이 최후진국 중의 하나인 북베트남과 남베트남의 자생 공산주의자들인 베트콩을 상대로 한 전쟁이었다. 국력이나 전력의 규모로 보면 당연히 미국이 승리했어야 하는 전쟁이었다. 그러나 결과는 정반대로 미국이 굴욕적으로 패배하고 말았다.

미국은 막강한 국력을 바탕으로 최첨단의 무기체계와 대량의 화력 및 물량전으로 북베트남과 베트콩 세력을 무자비하게 공격하였다. 이에 대해 베트콩과 북베트남군은 미국이 원하는 방향과는 정반대로 가장 원시적인 수단과 방법으로 싸웠다. 기본적인 소총과 박격포 등 기초적인 무기만 가지고 미국이 생각하지 않는 곳에서 생각하지 못하는 수단과 방법으로 즉, 전후방을 구분하지 않고, 민간인과 무장군인이 구별되지 않은 상태에서 미군이 생각지도 못한 수단과 방법으로 그들이 공격하기 가장 유리한 시간과 장소를 선택해서 공격하고, 즉시 사라져버리는 방법으로 미군을 괴롭혔다. 소위 비대칭전인 게릴라전을 수행한 것이다.

베트콩이 전투 중 미군들에게 큰 피해를 입힌 것 중의 하나는 바로 부비트랩이었다. 베트콩은 부비트랩을 만드는 데 있어서 타의 추종을 허락하지 않았다. 그들은 미군들의 일상적인 생활공간에서 아무 의심 없이 생활하는 모든 것에 부비트랩을 감쪽같이 설치하여 무의식적으로 행동하는 미군에게 심대한 피해를 주었다.

베트콩이 부비트랩을 만드는 방법은 다양했지만 몇 가지 예를 들면, 미군이 먹고 버린 맥주 캔을 이용하여 부비트랩이나 수류탄을 만들었고, 미군 병사의 시체나 유기한 철모, 소총 등을 이용하여 부비트랩을 설치했다.

즉, 미군이 쓸모없이 버린 것을 이용하여 베트콩은 '차시환혼'의 계로 미군을 공격하는 무기로 만들어 효과적으로 활용함으로써 미군에게 많은 피해를 줬던 것이다.

## 이라크 저항세력이 IED로 미군에게 피해를 주다

2003년 3월 20일에 이라크를 침공한 미군은 첨단무기를 앞세워 1일 80km라는 놀라운 기동속도로 진격하여 4월 9일에는 이라크 수도인 바그다드를 점령하였다. 미군은 4월 14일에는 후세인의 고향인 티그리트를 점령함으로써 개전 27일 만에 주요 전투를 종결하였다. 그리고 5월 1일에는 부시 미국 대통령이 미 항공모함 아브라함 링컨호에서 이라크 전쟁의 종전을 선언함으로써, 이라크 전쟁은 미군의 일방적인 승리로 종결되는 듯하였다.

그러나 미군의 어설픈 종전처리로 말미암아 정상적인 항복절차와 무장해제 절차를 간과함으로써, 이라크군은 무질서하게 와해되어 그들이 보유하고 있던 각종 무기와 탄약, 폭발물 등이 대량으로 유출되었다.

그리고 생계수단이 마련되지 않은 채 해산된 이라크 군인들은 그들의 생존을 위해 무수히 많은 반군 세력과 테러집단 등에 자연스럽게 유입되었고, 그들이 가져간 무기들은 미군을 포함한 동맹군과 이라크 정부 및 민간인들에게 치명적인 살상무기로 변하게 되었다.

첨단장비로 무장된 동맹군과의 정면대결은 적수가 되지 않다는 것을 잘 알고 있는 저항세력은 그들이 가져간 무기와 폭발물들을 동맹군에게 비대칭적 방법으로 사용하였다.

그들이 동맹군들을 공격하는 데 주로 사용한 것은 이른바 IED(Improvised Explosive Devices)라고 불리는 급조폭발물이었다. IED는 폭발물에 접촉식 기폭장치나 원격 기폭장치 또는, 시한형 기폭장치 등을 결합하여 폭발시킴으로써 적에게 치명적인 피해를 주는 폭발장치를 말한다.

저항세력은 조악한 IED를 사용했지만, 동맹군에게는 가장 위협적인 무기가 되었다. IED는 저비용으로 제조할 수 있고 사용이 쉬우면서 공격자에게는 위험이 별로 없었다. 그리고 저항세력들은 수없이 유출된 폭발물과 이라크 곳곳에 위치한 탄약 저장소 내의 포병 탄을 이용하여 IED를 손쉽게 제조할 수 있었다.

저항세력들의 IED 공격으로 인하여 미군은 막대한 손실을 보았다. 제1기갑사단의 제1전투여단은 2003년 8월부터 10월 중순까지 저항세력으로부터 무려 38회의 IED 공격을 받았다. 그리고 미국 단체인 iCasuslties. org가 미국 정부 발표를 종합한 것에 의하면, 이라크전쟁에서 미군 전사자 2,222명(2006년 1월 17일 현재) 중 IED에 의한 전사자는 682명(31%)으로 가장 많았다. 여기에 자동차에 설치된 폭탄(74명)과 자동차 자폭(41명), 자살폭탄(26명), 보트 폭탄(3명)을 포함하면 IED에 의한 미군의 희생자는 826명으로 전체 전사자의 37%까지 높아진다. 두 번째로 많은 전사자는 적의 소화기 사격으로 발생하였으며(335명, 15%), 세 번째로는 차사고에 의한 사망자(176명)였다. 사고사와 병사(病死) 등 비전투 사망자를 제외한 순수한 사망자에 대한 비율을 보면 IED에 의한 사망자는 전투원 사망자 전체의 절반에 가까워진다. 여기에 부상자 수는 16,420명으로 전사자의 7~8배에 달하고 있기 때문에 단순한 계산으로 보면 IED에 의한 부상자는 6천 명에 이를지도 모른다.

IED는 월남전 당시 베트콩이 사용한 부비트랩과 유사하다. 월남전에서 사용된 부비트랩은 인원을 살상함으로써 적에게 공포감을 주어 행동의 자유를 억압하려는 것이었다. 그러나 이라크에서 사용된 IED는 대인 살상뿐만 아니라 차량과 건물의 파괴를 목적으로 하였다. 그만큼 대형으로 설치되었고 그 위력도 컸다.

그리고 IED의 기폭장치는 조잡한 구형 기폭장치에서부터 시장에서 흔히 구할 수 있는 첨단 과학 장비인 휴대전화나 적외선 센서, 장난감 자동차 조종기, 세탁기에서 흔히 볼 수 있는 전자식 타이머, 원격 자동차 키 등에 이르기까지 우리가 일상생활에서 흔히 사용하는 것들을 개조하여 폭발물을 만들었다.

저항세력들은 IED를 다양한 장소에 설치하였다. 도로의 중앙이나 양측면 또는 땅속에 묻어 두어 통행하는 차량을 폭파하거나 나무, 가로등, 고가도로나 다리 윗부분에 걸어두거나, 쇼핑카터나 짐 꾸러미 밑 부분이나 속에 숨겨두어 지나가는 사람을 살상하게 하거나, 버려진 차량이나 주차된 차, 트럭, 오토바이에 설치하여 이것을 제거하기 위해 투입된 인원과 장비에게 피해를 주기도 하였다. 그리고 IED 밑에나 그 주변에 또 다른 IED를 설치하여 하나를 발견하고 제거하려 할 때 또 다른 IED가 폭발하게 하기도 하였고, IED 주변에 감지센서가 장착된 발사형 IED를 설치하여 폭발사고를 수습하기 위해 모여 있는 사람들에게 발사되어 2차 피해를 끼치도록 하는 IED를 설치하기도 하였다.

이처럼 IED로 인한 피해가 증가하자 당시 미국 국방장관 럼즈펠드는 2004년 7월에 'IED 타파를 위한 특수팀(JIEDDTF: Joint IED Defeat Task Force)'을 편성하고 퇴역 육군 대장 몽고메리 마이구즈를 책임자로 임명하였다. 미군은 IED 공격으로 인한 손실을 줄이기 위해 300여 명 이상의 인력과 수십 억 달러의 예산을 투입해야 했다.

미군은 도시지역에서의 순찰에 광범위하게 활용하는 스트라이커 차량의 측면 방호력을 향상하기 위해 차량 외부에 장갑 보호판을 장착하는 등 다양한 방호 장비를 추가로 설치하였다. 또한, IED 탐지차량과 전면에 삽날을 부착하여 지뢰와 기타 장애물을 제거할 수 있는 개량형 아브라함 전차 등을 개발하는 등 피해 감소를 위해 많은 노력을 기울였다.

이처럼 이라크의 저항세력은 미군이 소홀히 하여 유출된 폭발물을 이용하여 미군을 공격하는 차시환혼의 계로 미군에게 치명적인 피해를 주었다.

# 제15계 : 조호이산(調虎離山)

(調: 고를 조, 虎: 호랑이 호, 離: 떠날 이, 山: 메 산)

**호랑이를 산에서 끌어내듯 상대의 유리한 조건을 없앤 뒤 공격하라**

'조호이산'의 계는 두 가지가 있다. 하나는 호랑이를 깊은 산속에서 끌어내어 넓은 들판으로 유인한 다음 쏘아 죽이는 것이고, 다른 하나는 호랑이를 산 속에서 쫓아낸 다음 그동안에 호랑이의 위세를 업고 산 속을 호령하는 여우 같은 것들을 제거하는 것이다.

이 계의 원문(原文)과 해석(解析)은 아래와 같다.

> 待天以困之(대천이곤지), 用人以誘之(용인이유지) : 往蹇來反(왕건래반)
>
> 하늘이 적을 곤궁하게 만들 때를 기다리고, 인위적으로 적을 유인하여 그 행보를 어렵게 만든다.

'조호이산'은 호랑이를 잡는 계책이다. 그 목적은 상대방의 저항력을 약화시킴으로써 내 자신의 위험을 감소시키는 데 있다. 호랑이가 산을 벗어나거나 고래가 바다를 벗어나면 그들이 가진 힘을 정상적으로 발휘할 수 없게 된다. 적군이 지닌 강점을 약화시킬 수 있는 대책을 마련하고, 아군의 강점을 더욱 증진하는 것이 바로 '조호이산'의 계이다.

## 우후(虞詡) 장군이 강인을 분산시켜 격파하다

중국 한(漢)나라 말기에 우후(虞詡)라는 장군이 황제의 명을 받고 강(羌)족을 토벌하기 위해 출병했다가 진창의 효곡 안에서 수천 명 강인에 의해 길이 막히고 말았다. 이에 우후는 진군하지 않고 군영을 설치한 다음 조정에 지원군을 요청하면서 지원군이 도착하면 그때야 공격하겠다는 소문을 퍼뜨리도록 했다. 강(羌)인들은 이 소문을 듣고 방심하였고, 즉시 흩어져 부근의 주현(州縣)을 약탈하였다.

강(羌)인들이 분산하여 활동하고 있는 것을 확인한 우후는 전군에 명하여 주야를 가리지 않고 백여 리를 행군하게 하는 동시에, 병사 한 사람 당 두 개의 솥 단지 흔적을 남기게 하면서 지속해서 그 수를 불리게 하였다. 한군의 이런 흔적을 본 강인들은 한군의 지원병이 도착한 것으로 생각하여 감히 우후의 군을 공격하지 못하고 대패하였다.

우후가 지원병이 오면 공격하겠다고 소문을 낸 것은 적의 방비를 느슨하게 하고 병력을 분산시키기 위한 속임수였다. 주야로 행군하게 한 것은 신속한 기세를 보이기 위함이었고, 솥단지 흔적을 배가시킨 것은 강인을 오판케 하여 함부로 공격하지 못하도록 하기 위한 것이었다.

우후는 '조호이산'의 계로 기병 위주로 편성되어 있는 강인들의 강점인 기동력과 충격력을 발휘하지 못하도록 분산시켜 격파했던 것이다.

## 중국군이 유엔군의 강점을 약화해 북진을 좌절시키다

6·25전쟁 시 한반도에 개입한 중국군은 유엔군의 강점과 약점을 면밀하게 분석하여 유엔군의 강점을 약화시키면서 유엔군의 약점을 최대한 활용하는 '조호이산'의 계를 적시 적절하게 운용하였다.

중국군은 유엔군 작전에 대한 분석에서 유엔군 특히, 미군의 강점은 기동력과 화력이 우수하며 이를 바탕으로 주로 평지에서 주간에 도로를 따라 작전을 수행하는 것이며, 약점은 야간과 산악작전에 미숙하고 특히 후방이 차단되면 바로 후퇴한다는 것과 국군이 미군보다 상대적으로 전투력이 열세하며, 현재 유엔군은 상호지원이 곤란한 산악지역의 도로를 따라 분산되어 북진하고 있는 것으로 평가하였다.

중국군 사령관 펑더화이는 유엔군의 강점을 약화시키고 약점을 최대한 이용하기 위해, 유엔군을 산악지역으로 깊숙이 유인하여 야간을 이용하여 공격하고, 특히 전투력이 미약한 국군을 집중적으로 돌파한 후 신속히 기동하여 유엔군의 퇴로를 차단하고 포위섬멸하고자 하였다.

펑더화이는 이러한 '조호이산'의 계로써 제1차 공세작전을 통해 유엔군의 북진을 일단 저지하는 데 성공하였다. 그는 11월 4일에 제1차 공세를 마무리하면서 유엔군과 국군이 재반격할 것을 예측하고, "유엔군과 국군이 반격하면 또 한번 깊숙이 유인한 후 섬멸한다."는 기본방침을 세우고, 주력을 적유령 산맥과 개마고원에 배치한 다음, 군단별로 1개 사단씩을 백천-영변 선에 추진 배치하여 유엔군과 국군을 유인하도록 하였다.

한편, 맥아더 장군은 중국군의 제1차 공세를 당한 후 중국군의 개입 규모와 의도를 오판하고 중국군의 조직적인 공격 이전에 전쟁을 종결짓는다는 계획에 따라 11월 24일을 기해 크리스마스 공세를 감행하였다.

이에 중국군은 공격해 오는 유엔군과 국군에 대해 패퇴하여 철수하는 것처럼 기만하여 깊숙이 유인한 후, 서부지역의 미 제8군과 동부지역의 미 제10군단의 간격을 이용하여 측 후방을 공격하였다. 중국군은 우선 유엔군 서부전선의 우익인 국군 제2군단을 붕괴시켰고, 미 제8군의 측 후방으로 계속 공격하여 군우리를 장악함으로써, 유엔군과 국군의 퇴로를 위협하였다. 또한, 동부지역의 미 제10군단에 대해서는 장진호 일대의 미 제1해병사단을 포위 격멸하기 위해 제9군의 4개 군단 예하의 12개 사단을 집중하여 공격하였다.

이에 따라 유엔군과 국군은 공격을 중단하고 전면철수를 시작하였다. 유엔군은 계속된 중공군의 추격과 퇴로차단 위협에서 벗어나기 위해 축차적으로 철수하던 중, "38도선에 강력한 방어선을 구축"하라는 12월 8일 맥아더 유엔군 사령관의 명령으로 38도선까지 후퇴하여 방어선을 형성하게 되었다.

이처럼 펑더화이는 유엔군과 한국군의 강점과 약점을 면밀하게 분석하고, 강점을 약화하면서 약점을 극대화할 수 있는 '조호이산'의 계를 운영함으로써 유엔군의 작전의도를 좌절시켰다.

## 이집트군이 이스라엘군의 강점을 무력화하다

1973년 10월 6일에 일어난 제4차 중동전쟁 시 이집트는 '조호이산'의 계로 이스라엘군의 강점을 약화하는 동시에, 그들의 강점을 극대화함으로써 초전에 승리할 수 있었다.

당시 이집트가 이스라엘을 공격하면서 당면한 문제는 4가지였다. 첫째는 이스라엘군의 우수한 정보능력이었다. 즉, 이집트군의 공격징후를 이스라엘이 탐지하게 되면 이집트가 전쟁에서 승리할 수 없었기 때문에, 어떻게 이스라엘이 눈치채지 못하게 전쟁을 준비하고 기습적으로 공격하느냐 하는 것이었다. 둘째는 수에즈운하를 건너는 것이었고, 셋째는 이스라엘군의 바레브 선을 돌파하는 일이었다. 이스라엘군이 평균 6m 내지 10m, 곳에 따라 20m 내지 25m 높이로 쌓아 놓은 운하의 동쪽 둑(바레브 선)을 어떻게 돌파하느냐 하는 것이었다. 넷째는 가장 결정적인 문제로서 수에즈운하를 건넌 후 교두보를 어떻게 확보하느냐 하는 것이었다. 즉, 수에즈운하를 건넌 후에 교두보를 확보하는 가장 취약하고 결정적인 시기에 이스라엘군의 강력한 기갑부대와 항공기의 공격으로부터 도하 부대를 어떻게 방호할 것인가 하는 것이었다.

이집트군은 당면한 문제의 해결을 위해 이스라엘군의 강점에 대해 정면으로 대응하는 것이 아닌 비대칭적인 방법으로 이스라엘군을 무력화시키기로 하였다.

우선 이스라엘군의 정보판단 능력을 무력화시키기 위해 수에즈운하 방향으로 수없이 많은 공격훈련을 반복 시행하여 이스라엘군으로 하여금 방심하게 함으로써 이집트군의 공격 기도를 은폐하고 이스라엘군을 기만하였다. 그리고 수에즈운하의 신속한 도하를 위해 소련으로부터 신형 도하 장비를 도입하여 숙달시키는 등 대책을 마련하였고, 바레브 방벽은 모래로 구축된 것에 착안하여 고압의 물대포로 신속하게 모래를 씻어냄으로써 단시간 내에 통로를 개척하였다. 이를 통해 이집트군은 작전개시 불과 9시간 만에 바레브선 둑에 60여 개의 돌파구를 만들었고, 10개의 부교와 50개의 문교를 가설할 수 있었다.

또한, 이스라엘군의 기갑부대를 격멸하기 위해 전차 대신에 보병용 대전차 화기인 새거 유도탄과 RPG-7을 대량으로 구매하였고, 이스라엘군의 항공기 위협으로부터 도하 부대를 보호하기 위해 대규모의 대공미사일(SAM)과 보병 휴대용 SA-7 대공 유도탄을 사들여, 수에즈운하 일대에서의 국지적인 대공 우위를 확보할 수 있도록 하였다.

이러한 준비를 통해 이집트군은 공격 당일 해가 지기 전에 수에즈운하 동안에 5~8km 깊이의 교두보를 형성할 수 있었고, 역습해온 이스라엘군 기갑부대를 효과적으로 격멸하는 동시에, SAM 대공방어 시스템을 통해 수에즈운하 상공에서 국지적인 공중 우위를 확보함으로써, 도하작전 기간에 출격한 이스라엘 공군력을 무력화시킬 수 있었다.

이렇듯 이집트군은 이스라엘의 강점을 비대칭적 방법으로 무력화시킴으로써 초전에 승리할 수 있었다. 이집트군의 '조호이산'의 계를 활용한 전쟁준비는 결과적으로 아주 성공적이었다.

이집트군은 이후 이스라엘군의 반격을 받아 이스라엘군이 수에즈운하를 역으로 건넘으로써 수세에 직면하게 되었지만, 이집트는 초전의 도하교두보 확보 단계에서 거둔 작전결과(아랍국들 중에서 유일하게 이스라엘군과의 전투에서 승리)를 매우 소중하게 여겨, 매년 10월 6일을 '전승기념일'로 지정하여 자축하고 있다.

# 제16계 : 욕금고종(欲擒故縱)

(欲: 바랄 욕, 擒: 사로잡을 금, 故: 옛 고, 縱: 놓아줄 종)

## 큰 것을 잡고 싶거든 작은 것을 놓아주고 때를 기다려라

'욕금고종'의 계는 "누르고자 하면서 그를 펴고, 잡고자 하면 그를 먼저 풀어놓아라."라는 것이다. 적을 제압하고 싶은데 주어진 상황이 여의치 않으면 우선 적이 하는 대로 내버려 둔다. 그럼으로써 적을 교만하게 만들고 내부 모순을 일으키게 하여, 궁극적으로는 적의 멸망을 가속화할 수 있는 것이다.

이 계의 원문(原文)과 해석(解釋)은 아래와 같다.

> 逼則反兵(핍즉반병), 走則減勢(주즉감세),
> 緊隨勿迫(긴수물박), 累其氣力(누기기력),
> 消其鬪志(소기투지), 散而後擒(산이후금),
> 兵不血刃(병불혈인), 需(수), 有孚(유부), 光(광)
>
> 적에게 더는 도망갈 곳이 없도록 압박을 가하면, 적은 병력을 돌려 반격할 것이고, 도망가게 놔두면 기세가 감소할 것이다. 너무 바짝 추격하여 핍박하지 말아야 하며, 적이 스스로 피로하여 기력이 빠지고 투지가 소멸되어 흩어진 후에 사로잡아야 한다. 이렇게 해야 피해 없이 이길 수 있다.

## 흉노의 묵돌이 동호국을 자만에 빠지게 한 후 정벌하다

중국 중원에서 진이 망하고 초 패왕 항우와 유방이 중국의 패권을 놓고 한판의 자웅을 겨루는 동안, 중국 북방민족인 흉노에서는 묵돌이라는 걸출한 인물이 등장하였다. 묵돌은 자신의 아버지이자 흉노제국을 건설한 튜멘이 후궁이 낳은 아들에게 왕위를 계승시키려고 하자, 이에 반발하여 쿠데타를 일으켜 아버지 튜멘을 죽이고 스스로 왕위에 올랐다.

그러자 주변의 강국이었던 동호국(東胡國)이 묵돌의 행위에 대해 문제를 제기하면서 이를 빌미로 흉노로부터 외교적 이익을 꾀하고자 하였다.

동호국의 왕은 우선 사신을 보내 묵돌에게 천리마(千里馬)를 달라고 요구했다. 당시 천리마는 매우 귀한 말일 뿐만 아니라 흉노에는 오직 왕이 타고 다니는 한 필뿐이어서 모든 신하가 이에 반대하였다. 그러나 묵돌은 신하들의 반대에도 불구하고 동호국과 외교적 마찰이 생길 경우 이를 빌미로 동호국이 침략해 온다면 큰 피해를 볼 수밖에 없다고 판단하고, 신하들의 반대를 물리치고 천리마를 동호국에 주었다.

그러자 동호국의 왕은 묵돌이 자기를 두려워하는 줄 알고, 한 술 더 떠서 묵돌의 왕비를 선물로 바치라고 요구해 왔다. 이에 신하들이 절대 안 된다고 반대했으나 묵돌은 이번에도 자신의 부인을 동호국에 선물로 보냈다. 그러자 동호국의 왕은 묵돌이 자신을 대단히 두려워하는 줄로 알고 묵돌에 대한 경계를 풀었다.

이러는 사이에 묵돌은 군사력을 정비하여 동호국을 공략할 준비를 은밀히 해나갔다.

동호국의 왕은 묵돌이 자신을 두려워하는 줄만 믿고 또다시 동호국 접경지역의 영토를 바치라고 강요했다. 이때 묵돌은 동호국에서 요구하는 영토를 바치겠다고 약속하고는 은밀하게 군사를 동원하여 기습적으로 동호국을 공격하여 점령해 버렸다.

묵돌은 동호국을 점령하겠다는 목적에 따라 동호국이 원했던 천리마와 자신의 왕비까지를 선물로 줌으로써 동호국을 방심케 했다. 자신의 군사력을 강화해 동호국이 자신에 대한 경계를 푸는 순간 신속하게 동호국을 공격하여 점령함으로써 자신이 원하는 것을 얻을 수 있었다. 묵돌이 '욕금고종'의 계를 잘 활용한 것이다.

이후에도 흉노의 묵돌은 영토 확장 정책을 계속 추진하여 기원전 201년에는 초한 대전에서 초패왕 항우를 물리치고 유방이 세운 한(漢)나라를 공격하였다. 묵돌은 3년여 간의 전쟁에서 승리함으로써 한과 화친조약을 맺고 한으로부터 약 50년간 조공을 받았다.

묵돌이 통치하는 동안 흉노의 영역은 서로는 아랄 해에서 동으로는 만주에까지 이르는 전성기를 구가하였다.

## 제갈량이 맹획을 7번 잡았다가 7번 놓아 주다

후한 삼국시대에 유비가 세상을 떠나고 그 아들 유선이 황제에 등극하게 된다. 이때 재상에 오른 제갈량은 위(魏)나라를 정벌하라는 선왕 유비의 유언을 받들어야 했다. 그러기 위해서 그는 우선 국내에 빈발하는 반란을 진압해야만 했다.

제갈량은 우선 유선이 아직 나이가 어려 군사를 동원하는 것은 무리라고 유언비어를 퍼트리는 동시에 반란군들에게 이간책을 썼다. 그 결과 반란군들은 자중지란을 일으켜 반란군 간에 주도권 싸움이 일어났고, 마지막으로 세력을 장악한 인물은 촉한 서남방에서 세력을 확장해온 맹획(孟獲)이었다.

반란군 세력을 규합한 맹획이 10만 대군을 끌고 촉한을 공격해 왔다. 이때 제갈량의 부하장수 마속은 "최상의 용병은 민심을 공략하는 것으로 민심을 정복해야 한다."는 조언을 한다. 제갈량은 그 조언에 따르기로 했다. 즉, 반란군의 마음을 사로잡고 나면 북벌 시 후방의 안정은 물론 그들의 인적·물적 자원을 활용할 수 있으므로 북벌에도 한층 쉬울 것으로 생각했다.

제갈량은 촉한군의 주력을 노강 부근의 산골짜기에 매복시킨 후 맹획군을 유인하여 격파하고 맹획을 사로잡았다.

반란군의 두목을 사로잡았고 반란군 주력을 격파하였으므로 이 호기를 이용하여 잔적을 추격하면 완전히 승리할 수 있었다. 그러나 제갈량은 맹획이 서남지역에서 영향력이 매우 큰 인물임을 고려했을 때, 그가 진정으로 승복하고 투항해야만이 서남방이 실질적으로 안정될 것으로 보았다. 그렇지 않으면 서남방의 여러 촌락들이 끊임없이 침범해 올 것이기 때문이었다. 따라서 제갈량은 맹획이 마음으로 승복하도록 심리전을 전개하기로 하고 맹획을 풀어주었다.

그러자 맹획은 다음번에는 반드시 촉한군을 격멸할 수 있다고 호언장담하고는 자기 고향으로 돌아가 노강 남쪽 강기슭을 점령하고 촉한군의 도하를 저지하였다. 그러나 제갈량은 맹획군이 방어하지 않는 노강 하류에서 강을 건너 맹획의 보급품 저장소를 습격했다. 맹획은 보급품 저장소가 습격당한 것에 크게 화를 내며 부하들을 엄중하게 처벌하였다. 그러자 맹획의 부하들은 이에 반발하여 제갈량에게 투항하기로 모의하고 맹획을 포박했다. 그러나 제갈량은 맹획이 아직도 마음으로 승복하지 않고 있다고 생각하여 그를 다시 풀어 주었다.

이후, 맹획은 여러 번 촉한군에 대항하였으나 모두 일곱 번을 사로잡혔고 일곱 번 모두 풀려났다. 마침내 제갈량이 맹획을 여덟 번째 사로잡게 되었다. 그러자 맹획은 제갈량이 일곱 번이나 그를 사로잡고도 죽이지 않은 것에 진심으로 감복하여 다시는 촉한에 반기를 들지 않겠다고 맹세하였다.

이것은 나관중의 삼국지연의에 나오는 다소 허구적 요소가 가미된 그 유명한 제갈량의 칠종칠금(七縱七擒)에 대한 이야기이다.

제갈량은 맹획을 7번 놓아줌으로써 진정한 항복을 받을 수 있었으며, 이 때문에 촉한의 서남방이 안정되었다. 그때야 제갈량은 군사를 일으켜 위(魏)나라를 향한 북벌에 나설 수 있었다.

## 미군이 바그다드 포위 공격 시 한 곳을 열어놓다

이라크전쟁은 9·11테러 사건으로 말미암아 시작된 미국의 대테러 전쟁이었다. 미국은 9·11테러를 배후 조종한 오사마 빈 라덴의 알 카에다 조직과 연계된 아프가니스탄을 공격한 이후, 이라크 대통령인 후세인이 테러와 연계되어 있고, 유엔안전보장이사회가 금지한 대량살상무기(WMD : Weapons of Mass Destruction)를 생산하고 있다는 명분으로 2003년 3월 20일 이라크를 침공하였다.

미군은 이라크에 대한 공중폭격을 개시한 후 14시간 30만에 지상군을 투입하여 전광석화와 같은 기동으로 17일 만에 결정적인 목표인 바그다드를 포위하는 데 성공하였다. 바그다드는 이라크의 수도이자 정치·경제·문화의 중심지로서 전쟁을 종결하는 데 있어 전략적으로 중요한 지역이었다.

그러나 바그다드는 이라크의 수도일 뿐만 아니라 인구가 100만 명이 넘는 대도시이기 때문에 이라크군의 저항이 만만치 않을 것이며, 인구 밀집 지역이라서 공격작전이 매우 어려울 것으로 예상하였다.

이때까지 많은 사람은 시가지 전투하면 스탈린그라드(현 볼고그라드)에서의 참혹하고 격렬했던 전투장면을 떠올리게 마련이었다. 미군은 스탈린그라드와 같은 상황에 빠지지 않기 위해 많은 연구와 훈련을 했다. 그 아이디어 중의 하나가 바그다드를 포위할 때 한 곳을 열어 놓는 것이었다.

이렇게 한 곳을 열어 두면 전의를 상실한 이라크 군인들과 민간인들이 이곳을 통하여 탈출할 것으로 기대하였다. 예상대로 된다면 이라크군의 저항을 현격하게 줄일 수 있고, 민간인의 피해도 대폭 줄일 수 있는 일거양득의 방책이라고 판단했다.

비록 바그다드에서 이라크군의 저항은 예상 외로 미미했고, 첨단무기의 효과로 인하여 민간인 피해가 예상보다 훨씬 적었지만, 한 곳을 열어 놓은 효과는 충분히 있었던 것으로 평가된다. 물론 다수의 전쟁 주도세력이 탈출하여 전쟁 후 상당 기간 저항세력으로 활동하여 전쟁 종결에는 부정적인 측면이 있었다는 분석도 있는 것이 사실이다.

여하튼 바그다드 공격 시 한 곳을 열어놓은 미군의 포위 전략은 '욕금고종' 계를 활용한 좋은 예라 할 수 있다.

# 제17계 : 포전인옥(抛磚引玉)

(抛: 버릴 포, 磚: 벽돌 전, 引: 끌인, 玉: 구슬 옥)

## 벽돌을 던져 옥을 얻듯 작은 미끼로 큰 이익을 도모하라

'포전인옥'은 작은 것을 던져 큰 이득을 취하는 계이다. 그 수단은 낚시하는 것처럼 작은 미끼로 큰 물고기를 낚아 올리는 것이다.

이 계의 원문(原文)과 해석((解釋)은 아래와 같다.

> **類以誘之(유의유지), 擊蒙也(격몽야)**
>
> 유사한 것으로 유혹하여, 적으로 하여금 착각을 일으켜 말려들도록 한다.

포전이란 사람들이 작은 이익을 탐하는 약점을 이용하여 우선 그들에게 구미가 당기는 미끼를 던져놓고 유혹하여 천천히 '옥'을 빼앗는 수법이다. 이런 계략은 매우 광범위하게 사용되고 있다. 시간과 공간의 제약을 받지 않고 작은 것을 미끼로 쓰면 작게, 큰 것을 쓰면 크게 효과를 볼 수 있다.

### 장의가 약소국 파(巴)를 끌어들여 6국의 합종을 파(破)하다

BC 4세기 말, 중국 전국시대에 진 · 한 · 위 · 조 · 연 · 초 · 제(秦 · 韓 · 衛 · 趙 · 燕 · 楚 · 齊)라는 7대 강국이 있었는데 이를 전국7웅이라 한다. 이 중에서 가장 힘이 센 나라는 진이었다. 당시 국가들 간의 세력관계 속에서 등장한 외교정책이 합종연횡설(合縱連衡設)이다. 여기서 합종은 강대국인 진에 대항하여 약소국인 나머지 6개국이 연합하여 군사동맹을 맺어야 국가안보를 유지할 수 있다는 주장이고, 연횡은 6개국이 진에 복종

하는 것이 국가를 유지하는 길이라고 주장하였다. 합종연횡설을 주장한 인물은 모두 귀곡자(鬼谷子)라는 한 스승 밑에서 수학한 소진(蘇秦)과 장의(張儀)였다.

먼저 소진이 초나라를 중심으로 한 합종설을 주장하여 이를 성사시켰다. 이에 따라 초나라 회왕은 종약장(縱約長)이 되어 6개국의 왕들이 모인 자리에서 의장 노릇을 했다. 종약장이 된 초나라 회왕이 친히 연합군 60만 대군을 지휘하여 동, 남, 북 삼면에서 진을 포위하자 진은 심각한 위기에 빠지게 되었다.

이때 진나라의 책사였던 장의는 '포전인옥'의 계로 초나라를 중심으로 한 합종을 무력화시켜 진나라를 구했다. 장의는 자신의 식객인 풍희를 파(巴)나라에 급파하여 서쪽에서 초나라의 중앙부로 진격하도록 설득하게 했다. 그의 계산대로 파나라가 초나라로 출병하자 초나라의 영윤 소양은 위기를 느끼고 전선으로 군량을 호송하던 태자의 10만 대군을 국내로 불러들여 위기를 모면하려고 했다. 이렇게 되자 종약장이던 초나라 회왕의 10만 대군은 군량 보급이 끊겨 가장 먼저 회군하여 귀국해버렸다.

이 회군으로 인하여 전쟁의 상황이 급변하여 초나라를 중심으로 하는 전선의 연합군은 와해되었고, 조ㆍ한 양군은 진군의 공격을 견디지 못했다. 또한, 연군은 조용히 철수하였고 위군은 고립무원이 되고 말았다. 결국, 6국의 연합은 파기되어 버렸고, 6국의 왕들은 앞을 다투어 자기 아들을 진나라에 인질로 보내, 굴욕적으로 진과의 국교를 회복하려고 하였다.

풍희가 약소국 파나라를 설득하여 초나라의 후방을 치게 한 일은 '포전인옥' 계를 절묘하게 적용한 것이었다. 파나라의 출병이 핵폭발처럼 연쇄반응을 일으켜 6국의 합종연맹(연합)을 와해시킬 수 있었기 때문이다.

파나라는 초나라의 서쪽, 촉나라의 동쪽에 있었다. 파나라는 소국으로 줄곧 초나라의 핍박을 받았으며, 초ㆍ촉 두 나라의 협공이 두려워 불안에 떨고 있었다. 그러나 파나라 사람들은 그동안 쌓인 원한으로 이러한 강압에서 벗어나고자 하는 바람이 더 컸다. 장의와 그의 식객 풍희는 파 나라의 이러한 현실과 욕망을 갈파하여, 파나라는 진나라와 같은 의지할 큰 나라가 필요하다는 것을 명확히 인식하고 있었다.

풍희가 가져간 금은보화와 파나라가 초나라를 공격하면 앞으로 진나라가 뒤에서 돌보아 줄 것이란 약속은 외교 전략 상 별것 아닌 '벽돌'에 불과하였지만, 이 때문에 강대한 6국의 합종연맹을 와해시킬 수 있었다.

이후, 진은 연횡책으로 6국들이 힘을 합쳐 진에 대항하지 못하도록 하면서 '원교근공'의 계로 중국을 통일할 수 있었다.

## 이순신 장군이 전선 5척으로 왜선 73척을 유인 격파하다

1592년 5월 23일(음력 4월 13일), 일본의 도요토미 히데요시는 정명가도(征明假道) 즉, 명나라를 정벌하는데 길을 빌려달라는 명분으로 약 20만의 군대를 동원해 조선을 침략함으로써 7년간의 임진왜란이 시작되었다.

일본군은 최초부터 수륙병진 전략을 추구하였다. 즉 육군이 육로로 진격하고 이에 대한 물자보급은 수군을 이용하여 남해와 서해를 통해 보급하기로 한 것이다.

일본군은 육로에서는 파죽지세로 20일 만에 한양을 점령하는 데 성공하였으나, 바다에서는 이순신 장군이 지휘하는 조선 수군에 연전연패하여 수로를 통한 보급지원이 불가능하게 되었다.

도요토미는 이를 타계하기 위해 육전에 참가 중이던 수군장 와키자카 야스하루, 쿠키 요시타카, 가토 요시아키 등을 급히 남하시켜 이순신의 조선 수군을 격파하고 수로를 개척하도록 명령하였다. 이에 따라 한양에서 급히 부산으로 내려온 와키자카 등 일본의 수군 장들은 부산에서 출전준비를 하게 되었다. 이때 가장 먼저 출전 준비를 완료한 와키자카는 쿠키와 가토가 출동준비를 하는 동안 이들보다 먼저 단독으로 7월 6일 출전을 감행하였다. 그가 거느린 함대는 대선 36척, 중선 24척, 소선 13척 등 총 73척으로 그때까지 해전에 참가한 일본함대 가운데 가장 큰 세력이었다.

한편, 이순신 장군은 제2차 출전을 마치고 6월 10일 본영에 귀환하여 전선을 정비하는 중에 일본 수군이 가덕도와 거제도 일대에 10에서 30여 척이 출몰한다는 첩보를 접하고, 일본 수군을 공격하기로 했다. 이를 위해 이억기의 함대와 원균의 함대와 연합함대를 구성하여 7월 6일 제3차 출전을 시작하였다.

이순신 함대는 기상관계로 7월 7일, 통영 미륵도 남쪽 해안에 위치한 당포에 정박 중이었다. 이때 미륵도에 피신해 있던 목동 김천손이 일본 전선 70여 척이 견내량에 머물고 있다는 정보를 알려주었고, 이순신 장군은 이를 격파하기로 했다. 그러나 견내량은 폭이 좁고 수심이 얕은 약 4km의 협소한 해협으로 조선의 함대가 작전하기에는 어려움이 많은 곳이었다.

그래서 이순신 장군은 작전하기에 유리한 한산도 앞 넓은 바다로 유인하여 격파할 계략을 구상하였다. 이에 따라 이순신은 우선 연합함대 약 80여 척을 한산도 앞 넓은 바다에 전개한 후 전선 5~6척을 견내량에 투입하여 일본 함대의 선봉과 전투를 하게 하다가 거짓으로 패해 물러나 적함대를 유인하도록 했다. 이에 일본의 와키자카 야스하루의 전 함대는 후퇴하는 조선 수군을 맹렬히 추격하기 시작하였다. 견내량에서부터 시작된 쫓고 쫓기는 추격전은 한산도 앞의 넓은 바다까지 이어졌다. 일본 함대가 넓은 바다에 나오자 즉시 조선 연합함대는 일본함대를 U자형으로 포위하는 학익진을 펼쳤다.

조선함대의 전선은 판옥선으로 바닥이 평평한 평저선으로 회전이 자유로웠다. 그러나 일본의 전선인 아다케부네는 바닥이 뾰족하고 흘수가 깊어서 속도는 빠르나 회전이 어려운 단점이 있었다. 따라서 포위망의 뒤쪽은 열려 있었으나 일본함대 대부분은 도망가지 못하고 조선 수군의 장거리 화포에 격파되고 말았다. 기록에 의하면 이날 조선함대는 와키자카 함대 73척 중에서 59척을 격침하고 9천여 명의 왜군을 수장시켰다.

이순신 장군은 포전인옥의 계를 적용하여 전선 5~6척을 미끼로 이용하여 와키자카의 대함대를 유인하였고, 미끼를 물고 추격하는 일본 수군을 한산도 앞바다에서 학익진으로 포위 섬멸하여 대승을 거두었던 것이다.

## 미군이 차량호송부대를 미끼로 베트콩 1개 연대를 격멸하다

베트남전쟁 시 미군은 '포전인옥'의 계를 이용한 엘파소 작전을 전개하여 차량호송부대를 미끼로 베트콩 1개 연대를 유인하여 격멸하였다. 이 작전은 1966년 7월에 미 제1보병사단이 베트남의 빈롱 성 지역에서 베트콩 제272연대에 대하여 실시한 작전이었다.

7월 초 미군의 정보분석에 의하면 베트콩 제272연대는 극심한 피해에도 불구하고 작전을 계속하고 있는 것으로 판단되었다. 미군은 예정된 재보급 계획에 관한 첩보를 고의적으로 누설시켜 이 베트콩 연대를 유인 격멸하고자 하였다. 이에 따라 미군은 "9월 7일 민탄과 안록 간에서 공병장비와 보급품을 실은 차량을 최소한의 경계부대로 호송한다"라는 작전계획을 베트콩에게 고의로 누설시켰다.

베트콩이 첩보를 획득하여 이에 반응할 수 있는 시간을 주면서 미 제1보병사단은 예상되는 적의 매복지점 5개소를 판단하였다. 이중 가장 가능성이 높은 지점으로 판단된 곳은 과거에 적이 종종 매복공격을 했던 장소였다.

미 제1보병사단은 차량호송부대를 2개 기갑수색중대와 1개 보병중대로 편성해 위력수색 임무를 부여하였다. 한편, 보병 대대들은 안록, 민탄, 그리고 촌탄 지역에 기동타격대로서 대기하고 있었고, 모든 지원포병도 예상 매복지점에 화력지원을 할 수 있는 준비를 완료하였으며, 근접항공지원용 항공기도 비상대기 상태로 있었다.

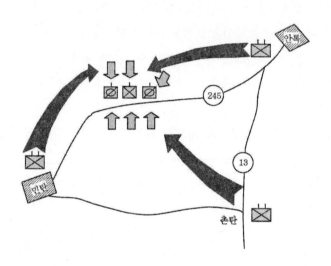

1966년 7월 9일 오전 7시, 미끼 부대인 차량호송부대는 안록을 출발하여 245번 도로를 따라 민탄을 향하여 이동하기 시작하였다. 오전 11시경 가장 가능성이 높다고 판단한 매복지점에 도착했을 때 차량호송부대는 베트콩 제272연대로부터 맹렬한 사격을 받았다. 베트콩 제272연대가 미끼를 물은 것이다.

이에 미군은 사전에 준비한 대로 차량호송부대의 전차와 장갑차는 베트콩에 대해 즉각적으로 대응사격을 가하면서, 계획된 포병 화력과 공군 화력을 유도하여 베트콩 연대에 대해 집중 화력을 퍼부었다. 이 때문에 베트콩 제272연대는 곧 제압되었다.

오후 1시경에는 베트콩 제272연대가 와해되어 퇴각하였으나, 미리 대기하고 있던 보병 대대들이 적의 후방에 공수되어 퇴로를 차단하였다. 베트콩 제272연대와 미 보병 대대들과의 교전은 7월 10일 저녁 때까지 계속되었다.

　이 전투에서 베트콩 제272연대는 극심한 손실을 입어 병력이 50% 이하로 감소하였다. 적의 피해 상황은 사살 239명, 추정사살 304명, 포로 8명, 공용화기 13정, 소화기 41정 등이었다.

　미군은 포전인옥의 계를 이용하여 소규모의 차량호송부대를 미끼로 던져(抛磚) 베트콩 1개 연대를 격멸하는 성과(引玉)를 얻을 수 있었다.

# 제18계 : 금적금왕(擒賊擒王)

(擒: 사로잡을 금, 賊: 도둑 적, 擒: 사로잡을 금, 王: 임금 왕)

## 적의 우두머리부터 잡아 스스로 동요하여 와해되도록 하라

'금적금왕'의 계는 두보(杜甫)의 시(詩) '전출새(前出塞)'에서 유래한다. "활을 당길 때는 응당 강한 것을 당기고, 화살을 쏠 때는 긴 것을 써야 한다. 사람을 쏘려면 먼저 그 말을 쏘고, 적을 잡을 때는 먼저 왕을 잡노라[만궁당만강(挽弓當挽强), 용전당용장(用箭當用長), 사인선사마(射人先射馬), 금적선금왕(擒賊先擒王)] 이 말의 의미는 근본적인 문제를 해결하는 데 중점을 두어야 한다는 것이다. 전쟁에서 적의 지휘관을 살상하면 적은 지휘체계를 잃고 말 것이다.

이 계의 원문(原文)과 해석(解釋)은 아래와 같다.

> 摧其堅(최기견), 奪其魁(탈기괴), 以解其體(이해기체),
> 龍戰于野(용전우야), 其道窮也(기도궁야)
>
> 적의 강한 곳을 꺾고 우두머리를 잡아야 적을 와해시킬 수 있다.
> 마치 바다를 떠난 용이 들판에서 싸우면 기력을 잃는 도리와 같다.

우두머리란 한 조직의 단결에서 핵심이며 중추적인 임무를 수행한다. 이런 핵심적인 인물을 제거할 수 있다면 그 조직을 파괴할 수 있고, 지휘체계를 무너뜨릴 수 있어 적의 내부 변화를 유도할 수 있게 될 것이다.

삼십육계 중 '금적금왕'의 계는 대계(大計)에 속하며, 대계를 운영할 때는 전체 국면의 처음과 끝을 관통하여 보아야 한다. 그럴 뿐만 아니라 최종 목적을 달성하기 위해 여타의 계를 혼용하여야 한다.

## 당 태종 이세민이 돌궐의 칸을 잡아 북방을 안정시키다

당(唐) 태종 이세민(李世民)은 동돌궐 정복 전쟁에서 '금적금왕'의 대계를 운용했다.

중국의 역대 제왕들은 북방 민족들의 빈번한 침략으로 골치를 썩여야 했다. 북방 민족들의 침입을 막기 위해 세운 만리장성으로도 그들을 막을 수 없었다. 수(隨)나라 말기에 북방의 돌궐은 수시로 변경을 침범하였다. 그들은 중원이 불안할 때마다 진화타겁(趁火打劫)의 기회로 생각하여 변방 지역을 짓밟곤 하였다.

아버지 이연을 도와 당을 건국한 태종 이세민은 즉위 후, 정권이 어느 정도 안정되자 변경의 우환을 종결시킬 결심을 하였다. 그러나 당시 당은 군사력 면에서 돌궐보다 약세였다. 당의 1만여 명의 기병은 돌궐의 기병 수십만 대군에 비하면 상대가 되지 않았다. 그러나 당의 국내 사정은 돌궐과 비교하면 매우 안정되어 있어서 출병하더라도 후방을 걱정해야 할 일은 없었다. 이에 반하여 돌궐은 해마다 풍설(風雪)로 인한 재해가 발생하여 민심이 들끓고 있었으므로 일단 전쟁이 시작되면 승패를 가름할 수 없었다.

이세민과 그의 무장인 이정(李靖)은 당과 돌궐의 국내외 상황과 전력을 분석한 후에 '금적금왕'의 계로 돌궐의 칸(Khan) 지애리(頡利)를 생포하고 돌궐을 굴복시켜야만 국경 지역의 환란을 근본적으로 없앨 수 있다고 생각하였다.

두 사람의 '금적금왕'은 두 가지를 목표로 했다. 하나는 칸 지애리를 생포함으로써 돌궐의 우두머리를 잃게 하여 국가를 해체하는 것이었고, 또 하나는 회유정책으로 돌궐의 군신들을 수도 장안(長安)에 억류시킨 뒤 관직을 주어 당의 신하로 만들어 영원히 포로로 잡아두는 동시에 영토 확장을 도모하는 것이었다.

이세민은 돌궐에 대한 공략 시 칸 지애리를 생포하는 데 중점을 두었다. 칸 지애리를 생포한 다음에도 그는 자만하지 않고 어떻게 변경을 안정시키느냐 하는 고민을 했다. 투항한 10만 돌궐인들을 잘 배려하지 않으면 문제를 일으킬 것이고 변방은 다시 소란스러워질 것이며, 변방의 다른 부족들도 동요하여 안정적인 통치를 이룰 수 없었기 때문이다.

'금왕(擒王)'의 과정 중 이세민은 여러 수단을 써 이정(李靖)이 충성으로 그 직분을 다하도록 하였다. 이정은 금왕지계(擒王之計)를 계획하고 집행한 뛰어난 군사가였으며 세속적인 욕심이 없었던 무장이었다.

이세민은 또한 이러한 이정을 통하여 중신들을 장악할 수 있었다. 이것은 또 다른 의미에서의 '금적금왕'이라 할 수 있다. 신하 중 출중하고 사리사욕이 없어 충신으로 여겨졌던 이정을 자신의 수하에 둠으로써, 다른 중신들을 장악할 수 있었다.

## 영국이 나폴레옹을 세인트 헬레나 섬에 영원히 유배시키다

1792년 9월 20일, 프랑스 동북부의 발미(Valmy)에서 벌어진 발미 전투는 프랑스 대혁명의 성공과 실패의 분기점이 되었다. 1789년 프랑스에서 대혁명이 일어났고, 황제인 루이 16세 일가의 프랑스 탈출이 실패하자 오스트리아, 프로이센 등 주변의 왕정국가들은 프랑스혁명 사상의 대외 확산을 우려하여 군사적인 개입을 시사하였다.

이에 프랑스 혁명정부는 반발하여 이들 국가에 대해 선전포고를 하였고, 오스트리아 · 프로이센 동맹국들이 1792년 7월에 총 8만여 명의 병력을 동원하여 프랑스를 침공하였던 것이다.

프랑스군은 최초 전투에서 패함으로써 혁명정부는 위기를 맞게 되었고, 이러한 상황에서 의용군이 소집되었다. 프랑스군은 의용군을 포함하여 4만 7천여 병력을 유지할 수 있었고, 이 의용군 중심의 애국적인 프랑스군이 발미에서 3만 5천여 병력의 프로이센군을 격파할 수 있었다.

발미 전투는 병력손실이 크지 않아 대전투라 할 수는 없지만 계속 밀리던 프랑스의 혁명정부를 구할 수 있었다. 만약에 프로이센군이 파리를 점령했다면 프랑스 대혁명은 좌초하거나 진로를 바꾸어야 했을 것이다.

발미에서의 승리 이후 프랑스는 공화정을 선포하였고, 당시 유럽의 왕정국가들을 전복하려는 모든 인민에게 원조를 제공하겠다는 선언을 하였으며 루이 16세를 처형하였다. 이때부터 프랑스는 대외팽창의 길을 걷게 되었으며, 이러한 대외팽창을 위한 전쟁의 중심에 나폴레옹(Napoleon)이 있었다.

나폴레옹은 1793년에 반혁명세력의 근거지였던 툴롱항 점령에 결정적인 공헌을 한 후 승승장구했다. 그는 1796년, 약관 27세에 이탈리아 방면 원정군 사령관으로 발탁되어 혁혁한 공을 세웠고, 35세에 프랑스의 황제로 즉위하였다. 나폴레옹은 군사혁신과 천재적인 군사안(軍事眼)을 바탕으로 화려한 승리를 이어가면서 영국을 제외한 전 유럽을 제패하였다.

그러나 나폴레옹은 야심만만하게 출정했던 러시아 원정에서의 참혹한 패배에 이어 1814년에 프랑스 전역에서 결국 동맹군에게 패하고 포로가 되었다. 당시 동맹국을 이끌었던 영국은 나폴레옹을 이탈리아 반도 옆에 위치한 엘바 섬으로 유배시켰다. 그러나 나폴레옹은 엘바 섬을 탈출하여 다시 프랑스 황제에 올랐고, 유럽 대륙은 다시 전쟁의 소용돌이에 빠지게 되었다.

나폴레옹은 당시 취약한 프랑스의 군사력을 고려하여 동맹국에 화의를 요청하였으나, 영국을 중심으로 한 동맹국들은 나폴레옹이 프랑스 황제로 있는 한 자신들의 안보에 위협이 된다고 여겼다. 따라서 동맹국들은 나폴레옹의 힘이 더 커지기 전에 제거하기 위해 다시 나폴레옹과의 전쟁에 돌입하게 되었다. 1815년 6월, 나폴레옹은 워털루(Waterloo) 전투에서 영국과 프로이센 동맹군의 가장 취약점인 중앙을 분리하여 각개 격파하고자 하였으나 부하 장수의 무능으로 패배하고 말았다.

영국은 당시 유럽의 화(禍)의 근원을 나폴레옹으로 보고 다시는 그가 유럽에서 영향을 미치지 못하도록 남대서양의 고도(孤島)인 세인트 헬레나(Saint Helena)로 유배를 보냈다. 나폴레옹은 그곳에서 결국 1821년 52세의 나이로 사망했다.

이것은 영국이 나폴레옹을 제거하여 프랑스가 다시 일어서지 못하도록 하면서 유럽대륙의 세력균형을 유지하고자 했던 '금적금왕'의 계라고 할 수 있다.

## 미국이 후세인을 끝까지 추적 체포하여 사형에 처하다

1991년 2월, 걸프전쟁 당시 미군은 쿠웨이트를 점령했던 이라크군을 쿠웨이트 영토로부터 격퇴하고 쿠웨이트를 해방시킴으로써 전쟁의 목표를 달성하였다. 당시 유엔 안전보장이사회의 결의안은 걸프전쟁을 제한전쟁화 하여 다국적군의 이라크 본토 내로의 진격은 쿠웨이트를 점령하고 있던 이라크군 격멸에 필요한 한도로만 제한하였다. 즉, 다국적군의 이라크 수도 바그다드로의 진격과 이라크 대통령 사담 후세인(Saddam Hussein)에 대한 체포는 허용되지 않았다. 미군은 이라크군 전력에 심대한 손실을 입혔으나, 전쟁의 원흉인 사담 후세인의 제거에는 실패하였다.

걸프전 종전 후 미국은 이라크 내의 반정부 세력이 일어나 사담 후세인 정권을 무너뜨려 줄 것을 기대하였으나, 후세인은 걸프전 시 잔존한 공화국수비대를 포함한 군대를 이용하여 철권통치를 강화하였고, 후세인에 반대하는 모든 세력을 가혹하게 탄압하면서 정권을 이어갔다. 후세인과 바트당 등 이라크의 지배세력은 소수인 수니파였으며, 남부의 다수인 시아파와 북부의 쿠르드족(수니파)은 이들로부터 핍박을 받았다.

2003년 3월 20일, 미국은 테러와의 전쟁의 하나로 후세인 정권을 제거하기 위해 이라크를 침공하였다. 당시 미국이 이라크를 침공했던 명분은 이라크가 걸프전 당시 약속했던 대량살상무기의 폐기를 이행하지 않고 대량살상무기를 개발하고 있으며, 이러한 대량살상무기가 알 카에다와 같은 테러단체로 넘겨질 가능성과 9·11테러를 감행한 알 카에다 세력을 후세인이 도왔다는 것이었다.

미군은 전개 개시 이전에 후세인을 제거하기 위한 참수작전(Op. Decapitation)을 감행하였으나, 후세인은 전쟁기간 내내 철저한 보안과 신출귀몰한 이동으로 건재를 과시하며 전쟁을 지도했고, 미군이 바그다드를 점령한 후에도 3년 동안 미군의 추적을 피하여 은신하면서 추종 세력에게 반미 성전을 촉구하였다.

그러나 미군은 이러한 후세인을 끝까지 추적하였고 결국, 2006년에 굴속에 은신하고 있는 후세인을 체포하는 데 성공하였다. 후세인은 이라크 법정에서 시행된 전범재판에서 시아파 이슬람교도 학살에 대한 유죄가 인정되어 사형을 선고받았고, 2006년 12월 30일 바그다드에서 교수형에 처해졌다. 미군은 '금적금왕'의 계로 사담 후세인의 이라크 철권통치를 영원히 종식할 수 있었다.

2011년 12월 15일, 미군은 종전을 선언하고 전투 병력을 이라크에서 철수시켰다. 그러나 이라크에서는 테러가 종식되지 않았고, 현 시아파 집권세력들은 소수의 수니파와 쿠르드족을 효과적으로 통합하는 정치적 안정을 이루지 못하여 혼란한 상황이 지속되고 있다.

# 제4부 혼전계(混戰計)

혼전계는 적이 혼란한 상황을 틈타 승기를 잡는 계책이다. 전쟁의 성공은 정보 우위에서 결정된다. 즉 적의 의도와 강점 및 약점을 얼마나 많이 알아내느냐는 능력에 좌우된다.

적 지휘관도 아군의 의도와 능력, 강점과 약점을 파악하기 위하여 부단히 노력한다. 전쟁에 승리하기 위해서는 아군은 적을 알고 아군이 원하는 대로 적을 조종할 수 있어야 하며, 적은 아군을 모르도록 해야 한다.

1. 제19계 : 부저추신(釜底抽薪)

2. 제20계 : 혼수모어(混水摸魚)

3. 제21계 : 금선탈각(金蟬脫殼)

4. 제22계 : 관문착적(關門捉賊)

5. 제23계 : 원교근공(遠交近攻)

6. 제24계 : 가도벌괵(假道伐虢)

# 제19계 : 부저추신(釜底抽薪)

(釜: 가마 부, 低: 밑 저, 抽: 뺄 추, 薪: 땔나무 신)

## 강한 적은 약점을 찾아 기세를 꺾은 후 공략하라

'부저추신'이란 북제(北齊) 때 위서(魏書)를 썼던 위수(魏收)의 양조문(梁朝文)에 "가마솥 밑의 장작을 꺼내어 끓는 것을 멈추게 하고, 풀을 없애려면 뿌리까지 뽑아야 한다(추신지비(抽薪止沸), 전초제근(剪草除根))"이라는 글과 『회남자(淮南子)』의 본경훈(本經訓)에 "찬물로 끓는 물을 식히는 것보다 가마솥 밑의 장작을 빼는 것이 낫다."라고 한 데서 유래하였다. 위의 말들은 모두 문제의 핵심을 파악하고 근본적으로 해결해야 함을 강조하고 있다.

이 계의 원문(原文)과 해석(解釋)은 아래와 같다.

> 不敵其力(불적기력), 而消其勢(이소기세), 兌下乾上之象(태하건상지상)
>
> 강한 적과 싸우려 하지 말고 적의 기세를 소진하게 해야 한다.
> 우회적으로 접근하여 상대방의 굳건한 기세를 꺾어야 한다.

강한 적을 상대로 정면으로 승부를 겨루어 승리하기는 어렵다. 따라서 적의 치명적인 약점을 찾아서 그 약점에 나의 전투력을 집중하여 적의 기세를 꺾고 승기를 잡아야 한다. 이것이 '부저추신'의 계이다.

적의 약점이 없을 때는 적을 분산시키는 여건조성작전과 기만작전 등으로 적의 약점을 인위적으로 조성하고 그 약점으로 전투력을 집중해야 한다.

또한, 부저추신은 정면공격보다는 적의 측면과 후방을 공격함으로써 적의 기세를 꺾을 수 있으며, 적군의 사기를 저하시켜 공격 기세를 꺾는 심리전도 '부저추신'의 전법으로 볼 수 있다.

## 스키피오가 카르타고로 건너가 한니발군을 철수시키다

제2차 포에니전쟁(Punic War : B.C. 218~201)에서 카르타고의 한니발(Hannibal) 장군은 군사적 천재성을 발휘하여 B.C. 216년 칸나에(Cannae) 전투에서 로마군을 섬멸시켰다. 그는 5만 명의 병력으로 8만 명의 로마군을 양익포위하여 5만여 명을 사살하고 2만여 명을 포로로 획득하였다.

한니발

포에니는 고대 북아프리카 연안에 카르타고라는 도시국가를 세웠던 페니키아인을 가리키는 말로서, 포에니전쟁은 지중해의 패권을 놓고 로마와 카르타고가 기원전 3세기 중엽에서 기원전 2세기 중엽까지 3차에 걸쳐 싸웠던 전쟁을 일컫는다.

칸나에 전투는 제1차 세계대전 기간 중 유럽의 서부전선에서 1916년에 벌어진 솜 전투(Battle of Somme) 이전까지 서양에서 하루에 가장 많은 병력이 전사한 전투로 기록된다. 솜 전투는 연합군의 독일군에 대한 공세로 인하여 벌어진 전투로 연합군은 5개월간 불과 11km만을 전진할 수 있었고, 사상자는 연합군 측이 51만 5천 명, 독일군은 65만 명에 달하였다. 이 솜 전투에서 영국군은 역사상 최초로 전차를 투입한 바 있다.

칸나에 전투에서 한니발 측의 전사자는 불과 8,000여 명에 불과했다. 칸나에 섬멸전은 훗날 제1차 세계대전 당시의 독일군 작전계획을 수립한 육군참모총장 슐리펜이 슐리펜계획을 수립할 때 표준이 되었다. 그리고

1991년 걸프전 당시에 미 중부사령관 슈워츠코프 장군도 육군사관생도 시절에 배웠던 칸나에 섬멸전을 생각하여 다국적군 지상전 기동계획을 수립했다고 말한 바 있다.

칸나에 전투에서 패배한 이후 로마는 한니발군과의 결전을 회피하는 파비안 전략(Fabian Strategy : 로마의 장군 파비우스(Fabius)가 주장한 전략)으로 한니발군을 지치게 하는 동시에, 지중해의 제해권을 장악하여 한니발군을 본국 카르타고로부터의 보급지원을 차단하여 고립시켰다.

스키피오

로마의 원로원은 계속해서 이탈리아 남부에 발이 묶여있는 한니발 군대를 현 위치에서 압박하기를 원하였다. 그러나 로마의 젊은 장군 스키피오(Scipio)는 발상을 전환하여 한니발군을 이탈리아로부터 철수시키기 위해서는 강한 한니발군을 이탈리아 남부에 그대로 두고 북아프리카의 카르타고 본토를 공격해야 한다고 주장하였다. 원로원은 젊은 스키피오의 생각이 성공할 수 있을 것이라고 확신하지는 못하였지만, 그의 제안을 받아들였다.

스키피오의 로마 원정군이 지중해를 건너 카르타고의 본토 군을 격파하자, 카르타고는 로마에 평화를 간청하며 이탈리아 반도에 주둔하고 있던 한니발군을 북아프리카로 불러들였다. 이로써 17년 동안 이탈리아 반도의 로마 영토를 짓밟고 남부에 근거지를 마련하여 로마를 위협했던 한니발군이 마침내 이탈리아 반도를 영원히 떠났다.

그 후 스키피오는 B.C. 202년에 본토로 돌아온 한니발군을 자마 전투에서 격파하였다. 제2차 포에니전쟁을 마무리한 스키피오는 이 때문에 '아프리카누스'라는 이름을 얻었다. 그는 한니발군이 로마로부터 철수하게 하도록 '부저추신'의 계로 지중해를 건너 한니발의 본국인 카르타고를 공격했다.

카르타고는 B.C. 146년 또 한 차례 로마와의 전쟁에서 패했고, 역사 속에서 그 자취를 감추었다.

## 청군이 강화도를 점령하여 조선을 항복시키다

만주에서 발흥한 청(淸)이 정묘호란(丁卯胡亂, 1627년) 이후 조선에 군신 관계를 요구하였다. 조선이 청의 신하국이 되라는 것이었다. 이러한 요구를 조선이 거절하자 청태종은 1636년(인조 14년) 12월, 12만 8천 명의 병력을 이끌고 조선을 침공함으로써 병자호란(丙子胡亂)이 일어났다.

국가 방위체계가 미비했던 조선은 청군이 서울까지 내려오자 종묘의 신주와 비빈, 왕자와 종실 백관들의 가족들을 강화도로 피신시켰다. 그런 후 인조도 세자와 백관을 거느리고 강화도로 떠나려 했으나, 청군이 이미 강화도로 가는 통로를 차단하는 바람에 남한산성으로 피신할 수밖에 없었다. 강화도는 전쟁 전에 수도 한성의 방위가 어려워질 경우 국왕이 파천하여 항전하는 피난 수도로 확정된 곳이었다. 강화도는 9년 전에 일어난 정묘호란 때에도 국왕이 피신했던 곳이었다.

정묘호란 당시 수전에 취약했던 청군은 강화도를 공격하지 못하고 조선이 청을 형의 나라로 섬긴다는 내용의 정묘화약을 맺는 것에 만족하고 철수할 수밖에 없었다. 병자호란 때에도 조선은 청군이 수전에 약하고 장거리포가 없어서 강화도를 공격하지 못할 것으로 예상하였다.

인조가 피신한 남한산성에는 군사 1만여 명이 약 1개월간 버틸 수 있는 군량밖에 없었다. 청군이 남한산성을 포위하여 외부지원을 차단하는 바람에 성내의 사정은 극도로 악화되어 병들고 굶어 죽는 자가 속출하였으나, 청군의 강화요구를 받아들이지 않고 끝까지 저항하였다.

남한산성을 포위하여 공격하던 청군은 남한산성의 함락이 어렵게 되자 강화도를 공격하였다. 정묘호란 때에 강화도를 공격하지 못했던 청군은 이번에는 수전(水戰)에 익숙한 명나라 출신 한병(漢兵)들을 대동하였고, 또한 한병이 보유한 홍이포(紅夷砲)를 갖고 있었다. 강화도의 조선군은 기습적으로 상륙하여 홍이포로 집중포격을 가하면서 공격해 오는 청군을 막아낼 수 없었다. 강화도로 피신하였던 왕실 가족 200여 명은 신변보장을 조건으로 청군에게 항복하였다.

왕실과 대신들의 가족을 포로로 잡은 청군은 이들을 삼전도로 데리고 와서 남한산성의 인조에게 항복을 강요하였다. 강화도가 함락되고 왕실가족이 포로가 되었다는 소식이 남한산성에 전해지자, 성내의 사기는 급격히 저하되었고, 고립되어 있던 인조는 항복하지 않을 수 없었다.

삼전도비

남한산성에 포위되어 45일간 항전하던 조선은 결국 삼전도에서 조선의 국왕 인조가 청태종이 앉아 있는 단상을 향해 삼배구고두(三拜九叩頭 : 세 번 절하고 아홉 번 고개를 조아림)의 치욕적인 예를 갖추어 항복하였다.

청군은 손자병법의 구지편(九地篇)에서 언급한 "선탈기소애(先奪其所愛), 즉청의(則聽矣) : 먼저 적이 가장 아끼는 것을 빼앗으면 내 말을 따를 것이다."라는 원리를 잘 적용했다고 할 수 있다.

이 전법은 적의 입장에서 이것을 뺏기면 패배하게 되는 요점(要點)을 발견하여, 이 요점을 공격하는 '부저추신' 계의 요점 강타(要點强打) 전법이라 할 수 있다.

## 중국군이 오마치 고개를 점령하여 국군을 포위하다

중국군은 제5차 5월공세(1951. 5. 16~22) 시 총 18개 사단을 운용하여, 3중의 양익 포위작전으로 동부전선의 국군 4개 사단(제5·7·3·9사단)을 격멸하려고 하였다. 중국군이 3중의 포위망 중에서 가장 안쪽의 첫 번째 포위망을 형성하기 위해서 선정한 목표가 오마치 고개였다. 서측에서 중국군 제20군단(3개 사단)이 국군 제3군단의 서측에 배치된 미 제10군단의 국군 제7사단 지역을 집중 돌파하여 그 후방의 오마치 고개를 점

오마치(현 오미재) 고개 전경

령하고, 동측에서는 북한군 제5군단(4개 사단)이 국군 제3사단을 돌파하여 오마치 고개 방향으로 진출함으로써, 현리 일대에서 국군 제7·3·9사단을 포위 섬멸하는 것이었다.

당시 현리 지역에서 방어 중이던 국군 제3군단의 주 보급로는 하진부리-상남리-오마치-용포-현리로 이어지는 단차선 도로밖에 없었다. 따라서 현리 지역의 국군 제3사단과 제9사단이 하진부리에 위치한 군단사령부나 보급소에 가려면 인접 미 제10군단의 책임지역에 위치한 오마치 고개를 통과해야만 했다.

국군 제3군단에서는 보급로 확보를 위해 보병 1개 대대를 오마치 고개에 배치하였으나, 미 제10군단의 항의와 미 제8군사령부의 지시로 병력을 철수시킴으로써, 중국군의 5월공세 시에 오마치 고개에는 배치된 아군부대가 없었다.

중국군의 제5차 5월공세는 5월 16일 저녁 6시에 개시되었다. 중국군 제20군단은 국군 제7사단 지역을 집중적으로 돌파하여 익일 새벽 4시에 첨

병 중대가, 오전 7시에는 1개 대대가 전선으로부터 25km 후방에 있는 오마치 고개를 점령하였다. 중국군은 공격 당야에 아군 후방 지역의 중요지형을 점령하는 기동성을 보여 주었다.

후방의 병참선과 퇴로를 차단당한 국군 제3군단의 2개 사단(제3·9사단)과 군단 직할 부대들은 현리 일대로 집결하여 후방 퇴로를 개척하고자 하였다. 그러나 많은 병력이 혼재된 상황에서 오마치 고개를 적이 점령했다는 상황이 전파되자 장병들은 불안과 공포감에 휩싸였고 동요하기 시작하였다.

설상가상으로 국군 제3군단은 지휘체계가 와해되어 상하 및 인접부대 간의 협조가 단절되었고, 제3사단과 제9사단은 조직적인 철수를 할 수 없었다.

이 전투로 국군 제3군단은 많은 인원과 장비 손실뿐만 아니라 군단이 해체되는 수모를 당하였다.

오마치 고개는 국군 제3군단의 병참선과 퇴로를 차단할 수 있는 요점(要點)으로 국군 제3군단의 치명적인 약점이었다. 중국군은 '부저추신'의 계로 국군 제3군단의 생명선이라 할 수 있는 오마치 고개에 병력을 집중하여 선점함으로써, 국군 1개 군단을 손쉽게 와해시킬 수 있었다.

현리전투에서 포로가 된 국군

# 제20계 : 혼수모어(混水摸魚)

(混: 흐릴 혼, 水: 물 수, 摸: 더듬을 모, 魚: 물고기 어)

## 적의 내부를 혼란에 빠뜨린 후 공격하여 이익을 취하라

'혼수모어' 계의 핵심은 물고기 잡는 방법을 병법에 응용한 것이다. 냇물 속에 손을 넣어 흙을 이리저리 휘저으면 숨어있던 물고기는 순간적으로 방향감각을 잃게 된다. 이때 손의 감각을 이용하면 물고기를 바로 잡아올릴 수 있다.

이 계의 원문(原文)과 해석(解釋)은 아래와 같다.

乘其陰亂(승기음난), 利其弱而無主(이기약이무주) ;
隨(수), 以向晦入宴息(이향회입연식)

적이 내분으로 인하여 어지러워지는 것을 이용하고, 적의 약점과 우두머리가 없는 기회를 이용해야 한다.

'혼수모어'의 계는 상대방을 혼란에 빠뜨려 방향감각과 판단력을 잃게하고, 그때를 놓치지 않고 적에게 손을 뻗쳐 원하는 목표를 쟁취하는 전략이다. 즉, 혼수모어는 손자병법의 난이취지(亂而取之 : 적이 어지러우면 어지러움을 틈타서 이를 취한다)와 같이 적의 내부를 혼란스럽게 만들어놓고, 분열이 일어나 우왕좌왕할 때 적을 공격하여 승리하는 계책이다.

## 한(漢)이 고조선 내부를 분열시켜 점령하다

기원전 109년에 한(漢) 무제는 만주와 한반도 일대의 고조선을 침략해왔다. 한의 침공군은 좌장군 순체(荀彘)가 지휘하는 육로군 5만 명과 누선장군 양복(楊僕)이 지휘하는 수로군 7천 명으로 편성되었다. 육로군 5만 명은 패수(浿水 : 요하)전투에서 고조선군에게 패하여 고전하였다. 또한, 양복이 이끄는 수로군도 산둥반도에서 출항하여 왕검성(王儉城 : 평양성) 부근 해안에 상륙하여 왕검성을 기습 공격하고자 하였으나, 고조선군의 반격을 받아 상륙 해안까지 패주하고 말았다.

이렇듯 최초 전투에서 육로군과 수로군이 고조선군에 패하자 한은 외교사절을 파견하여 화평을 제의하고 시간을 끌면서 증원부대를 추가로 파견하였다. 증강된 한의 육로군은 고조선군이 배치되지 않은 패수 상류 지역으로 우회하여 강을 건너 고조선의 수도인 왕검성에 진출하였다. 그리고한의 수로군도 병력을 수습하여 재편성한 후 왕검성 남쪽 외곽으로 진출하여 육로군과 함께 왕검성을 포위하였다.

고조선의 우거왕은 한군의 포위공격에 대해 효과적인 수성전술로 수개월 동안 한군의 공격을 물리쳤다. 고조선군은 쇠뇌와 궁시 사격으로 원거리에서 접근하는 한군에 큰 피해를 입혔다.

기원전 108년 봄, 한군은 육로군과 수로군을 육로군 사령관이 통합 지휘하도록 하고 부대를 재편성하면서 공격력을 회복하였다. 그리고 고조선의 재상들을 황금으로 유혹하면서 내부분열을 유도하는 '혼수모어'의 이간전술을 병행하였다. 치열한 공방전과 함께 한군의 이간 전술로 고조선 내부는 위기의식이 고조되면서 강화론자와 주전론자들로 나뉘어 분열되기시작하였다.

우거왕은 한에 대한 전쟁을 지속해야 한다는 주전론에 찬성했으나, 전쟁에 반대하는 강화론자들을 포용하지 못하였고, 이에 일부 강화론자들은 야음을 이용하여 왕검성을 빠져나와 남쪽으로 도주해 버렸다.

한군의 대규모 공세에 점차 불안을 느낀 고조선의 왕자를 포함한 주요 인사들은 더는 항전할 수 없다고 생각하여 왕검성을 탈출해서 한군 진영에 투항했다. 이로써 고조선의 항전 의지는 급격히 약화되고 말았다. 이러한 상황에서 주전론을 주도하던 우거왕이 그해 여름 자객에 의해 피살됨으로써, 무려 반년 간 한군의 공격을 막아낸 고조선 최후의 보루 왕검성은 붕괴 위기에 직면하게 되었다.

그러나 성기(成己)를 중심으로 한 주전론자들이 민·군의 항전역량을 재결집하여 한군의 공격에 대항하였다. 고조선이 지도층의 내분에도 불구하고 성기의 활약으로 방어력을 회복하여 저항을 계속하자, 한군은 다시 '혼수모어'의 계를 활용하여 왕검성의 고조선 내부를 교란한 후 공격하는 전술을 사용하였다.

한군은 이전에 한군 진영에 투항해 온 고조선 지도층 인사들을 이용하였다. 고조선의 지도층 인사들이 왕검성 내부에 잔류하고 있었던 심복 부하들을 은밀히 접촉하여 주전론의 중심인 성기 장군을 제거하도록 했다. 왕검성 방어를 지휘했던 성기 장군이 피살되자 왕검성은 혼란에 휩싸였고, 한군은 이를 기회로 왕검성에 무혈 입성할 수 있었다.

이렇듯 고조선은 군사적으로 한군과 대등한 전투를 하였음에도 불구하고, 한군의 '혼수모어'의 계로 내부에서 분열이 발생함으로써 멸망하고 말았다.

## 나폴레옹이 울름에서 마크군을 혼란에 빠트려 격멸하다

나폴레옹은 1800년에 마렝고 전투(Battle of Marengo)에서 오스트리아군을 격파하고 이탈리아 북부를 장악하였다. 마렝고 전투의 승리는 나폴레옹이 프랑스의 황제가 되는 계기가 되었다. 1804년에 나폴레옹이 황제로 등극하자 영국, 오스트리아, 러시아는 동맹조약을 체결하여 프랑스에 빼앗긴 영토를 회복하고자 하였다.

1805년, 당시 오스트리아의 병참감이자 군대의 원로 실세였던 카를 마크(Karl Mack)가 프랑스에 대한 선제공격을 이끌었다. 3국의 동맹군은 먼저 오스트리아군 주력(12만 8천 명)으로 이탈리아 북부의 프랑스 마세나(Massena)군(5만 명)을 섬멸하고, 오스트리아의 마크(Mark)군(5만 명)은 다뉴브(Danube) 강을 따라 서쪽으로 이동하여 바이에른 왕국에서 프랑스군의 이탈리아 북부로의 증원을 저지하고, 러시아군(9만 5천 명)이 도착하면 프랑스로 총공격하며, 영국군(5만 명)은 북부의 하노버와 지중해의 나폴리에 해상으로 상륙한다는 계획을 수립하였다.

한편, 나폴레옹은 오스트리아와 러시아가 영국과 대불 동맹을 맺었고, 오스트리아군과 러시아군이 서쪽으로 이동 중이라는 보고를 받고는 영국에 대한 상륙작전을 보류하였다. 그는 러시아군이 도착하기 전에 오스트리아군을 먼저 공격하기로 하고 대영작전을 위해 볼로뉴에 집결시킨 20만의 병력을 라인 강 서안에 집결시켰다.

뮤라(Murat)의 기병대가 슈바르츠발트(Schwarzwald : Black Forest, 검은 숲이라는 뜻의 산림지대)에서 양동작전으로 마크군을 울름 지역에 고착시키는 동안에, 나폴레옹군 주력은 만하임(Mannheim)에서 켈(Kehl)까지의 110km에 걸친 광 정면에서 라인 강을 건너 다뉴브 강으로 진격하였다. 나폴레옹군은 하루 평균 20km의 행군속도로 800km의 유럽대륙을 횡단하였다.

빈을 출발하여 울름 지역에서 진지를 편성하고 러시아군의 도착을 기다리고 있던 마크는 혼란에 빠지기 시작하였다. 나폴레옹군이 독일 북쪽의 양호한 기동로를 마다하고 울름 서부의 슈바르츠발트로 진격해 온다는 정찰병의 보고였다. 러시아군이 도착하기 전에 프랑스군의 진군을 차단해야 했기 때문에 마크는 일부 병력을 슈바르츠발트로 보냈다.

그로부터 며칠 후 마크는 더욱 혼란에 빠지게 되었다. 마크에게 들어오는 보고들이 도대체 앞뒤가 맞지 않았다. 어떤 보고는 나폴레옹군이 울름에서 북서쪽으로 96km 떨어진 슈투트가르트에 있다고 하고, 어떤 보고는 그보다 더 동쪽에 있다고 하고, 어떤 보고는 훨씬 더 북쪽에 있다고 했다. 마크는 슈바르츠발트를 통과한 프랑스 기병대 때문에 북쪽 지역을 정찰할 수 없었기 때문에 명확한 판단을 할 수 없었다.

마침내 마크는 전 병력을 울름으로 집결시키고 울름에서 나폴레옹군과 대결하기로 했다. 적어도 비슷한 병력을 가지고 나폴레옹군과 싸운다면 승산이 있다고 판단했다.

마크는 나폴레옹군이 다뉴브 강을 건너 동쪽으로 이동하여 러시아군의 증원과 오스트리아군의 병참선을 차단한 다음에야 정확한 사태를 파악할 수 있었다. 더욱이 일부 나폴레옹군은 남부에 위치한 이탈리아로 가는 길도 차단하고 있었다. 어떻게 나폴레옹군이 동시에 그렇게 많은 곳에서 나타날 수 있단 말인가? 또 어떻게 그렇게 빠른 속도로 이동할 수 있었을까? 완전히 겁에 질린 마크는 이리저리 탈출구를 모색했다. 북동쪽에 자리 잡고 있는 나폴레옹군의 규모가 작아 보였다. 그곳을 돌파하여 포위망을 벗어나기로 하고 이틀 후 후퇴를 명령하려던 바로 그날 밤에, 대규모의 나폴레옹군이 나타나 북동쪽의 진로마저 차단해 버렸다.

울름에서 포위된 마크는 러시아군이 서진을 멈추었다는 소식을 듣고 나서 나폴레옹군에 항복하였다. 5만 명이 넘는 마크군이 총 한번 제대로 쏴보지 못하고 포로 신세가 되었다.

마크는 본국으로 돌아와 굴욕적인 패배에 대한 책임으로 2년형을 선고받고 감옥에서 힘겨운 나날을 보내야 했다. 마크는 감옥에서 '도대체 계획의 어디가 잘못된 것인가?' '나폴레옹군은 어떻게 오스트리아군의 동쪽 지역에 난데없이 나타나서는 그렇게 손쉽게 승리를 가져가 버릴 수 있었을까?'를 고민하다가 미쳐버렸다고 한다.

나폴레옹은 양동작전으로 적을 기만하면서 적이 예상치 못한 빠른 속도로 대 우회기동작전을 수행하여 적을 혼란에 빠트렸으며, 결정적인 시간과 장소에 전투력을 집중하여 승리하였다.

이 전역에서 승리를 거둔 후 나폴레옹은 "나는 행군만으로 적을 격파했다"고 했고, 병사들은 "황제는 새로운 전법을 만들어 내셨다. 우리는 무기로 싸우지 않고 다리로 싸워 이겼다."고 말했다 한다.

## 적 지휘체계와 방공망을 무력화하라

1991년 걸프전쟁(Gulf War)에서 미군이 주도한 다국적군은 43일간의 작전 기간에 무려 39일간의 항공작전으로 이라크군을 완전히 혼란에 빠트렸다. 이라크군이 혼란에 빠져 무력화된 가운데 다국적군의 지상군은 4일간의 대 우회기동작전으로 쿠웨이트 내의 이라크군을 포위 격멸함으로써 전쟁을 종결지었다.

걸프전쟁은 1990년 8월 2일, 이라크가 인접국인 쿠웨이트를 침공함으로써 발발하였다. 이라크의 쿠웨이트 침공에 대응하여 미국 등 국제사회는 다국적군을 구성하여 쿠웨이트로부터 이라크군을 축출하고 쿠웨이트의 주권을 회복시킬 것을 결의하였다. 유엔 안전보장이사회의 결의에 의거 다국적군은 사우디아라비아를 방어하기 위한 '사막의 방패 작전(Operation Desert Shield)'을 수행하는 동시에 다국적군을 전개했다. 이어서 다국적군은 쿠웨이트를 점령하고 있던 이라크군을 축출하기 위한 '사막의 폭풍 작전(Operation Desert Storm)'으로 43일 만에 일방적인 승리를 거두었다.

사막의 폭풍작전 시 다국적군은 먼저 전략폭격으로 이라크의 전쟁지휘체계와 정보체계를 마비시키고, 제2단계로 적의 방공망을 제거하였으며, 제3단계로 이라크군의 병참선을 차단하여 쿠웨이트에 투입된 이라크 공화국수비대와 정규군을 고립시켰다.

H-Hour인 1991년 1월 17일 새벽 3시 이전에 아파치 헬기 8대가 이라크 서부 깊숙이 침투하여 헬파이어 미사일로 이라크군의 조기 경보 레이더기지를 파괴하였고, 미 공군의 F-117 스텔스 전투기들은 이라크 남부의 지하 방공통제센터를 파괴하였다. H-Hour가 되자 미 공군의 F-117A 스텔스 전투기들은 바그다드 시내에 위치한 이라크 정부 및 군부의 통신시설, 지휘통제시설, 정보기관 등에 정밀유도폭탄을 투하하였다.

바그다드에 대한 미 공군의 공습은 CNN 기자들에 의하여 전 세계에 생중계되었다. 홍해와 걸프 해역에 배치된 함대에서는 미 해군의 토마호크 미사일이 이라크군 야전사령부를 목표로 발사되었다. 미 공군 F-15E 전투기들은 이라크 서부에 있는 스커드미사일 생산기지와 발사시설에 대한 공격을 하였고, 다국적군 공군기들은 이라크의 통신과 전략시설을 포함한 모든 방공체계와 지휘통제시설을 집중적으로 공격하였다.

최초의 24시간 동안 다국적군 공군은 1,300회 출격하였고, 해군은 106발의 토마호크 미사일을 적진에 발사하였다. 이라크는 전쟁이 개시된 당일에 모든 전략시설이 파괴되었고, 제공권을 상실했으며, 전략 및 작전 지휘통제체계는 마비되었다. 이후의 전쟁은 손발이 묶인 시각장애인과 거대한 골리앗과의 싸움이 되었다.

걸프전에서 다국적군은 정찰용 인공위성을 통해 자동차번호판을 식별할 정도의 정찰감시능력과 제2차 세계대전 당시보다 100배가 넘는 정밀타격 능력을 보였다. 제2차 세계대전 시 영국 공군은 2년간 124개의 표적을 공격하였는데 반해, 걸프전에서 다국적군은 작전 개시 하루 만에 148개의 전략표적을 공격하였다.

이와 같은 다국적군의 공중공격은 '혼수모어'의 계였으며, 이라크의 지상군은 혼란에 빠져 힘 한번 써보지 못하고 격멸되었다. 결국, 이라크 군대를 혼란에 빠뜨려 물고기를 잡듯이 격멸했다.

한편, 1999년의 코소보전쟁(Kosovo War)은 지상군 투입 없이 항공작전만으로 전쟁이 종결되었다. 코소보전쟁은 냉전 이후 유고연방의 해체과정에서 발발하였다. 신유고연방(세르비아 주축)이 코소보의 자치권을 박탈하자, 코소보는 독립을 추구했으며, 1998년과 1999년에 들어서는 세르비아 정부군과 코소보 민병대 간의 교전으로 비화하였다. 이때 세르비아 정부군은 코소보의 알바니아계 주민들을 대량 살상하는 인종청소를 자행하였다.

코소보에 거주하는 주민들의 88%는 알바니아인들이며, 나머지는 세르비아인들이다. 알바니아인은 종교가 이슬람교이며, 세르비아계는 슬라브족으로 그리스 정교를 믿는다. 이 지역에 알바니아인들이 거주하게 된 배경은 과거 오스만 튀르크의 유럽 진출에 있다. 유럽 진출 과정에서 오스만 투르크는 발칸 반도를 점령하였고, 오스만 튀르크는 이슬람교들에게는 세금을 내지 않도록 하는 정책을 폈다. 이때 많은 알바니아의 가난한 농민들이 이슬람교로 개종하여 코소보로 이주하였다.

제2차 세계대전 후 코소보는 유고연방의 한 부분이 되었다. 당시에 티토 대통령은 유고연방 내의 다양한 인종과 종교를 초월하여 연방국가 간의 권력을 조화롭게 분배하여 민족주의 경향을 중화시킬 수 있었다. 유고연방 당시 코소보는 자치권을 인정받고 있었다.

세르비아 정부군의 코소보 알바니아계 주민들에 대한 비인도적인 행위에 대해 나토는 독자적으로 공군력을 동원하여 '인도주의적 보호의무(Responsibility to Protect)'를 명분으로 1999년 3월 24일부터 79일 동안 세르비아를 공습하였다. 유엔 안전보장이사회는 코소보에 대한 인도적인 개입을 결의하지 못하였다. 그 이유는 안보리 상임이사국인 러시아와 중국이 반대했기 때문이었다. 러시아와 중국은 자국 내에서 분리 독립이나 자치를 희망하는 세력을 억압하고 있었다. 러시아는 체첸의 분리 독립 문제를, 중국은 티베트 및 신장웨이우얼의 분리 독립 문제를 안고 있었고, 코소보의 분리 독립과 이를 탄압하고 있는 세르비아군을 응징하기 위한 유엔의 인도적인 개입에 찬성할 수 없었다.

나토군은 세르비아에 대한 공습 시 가장 먼저 세르비아의 비행기지와 방공망 등 통합방공체계를 무력화시켰다. 1단계 작전 7일간에는 214~218대의 항공기가 통합방공체계와 세르비아 전역의 지휘통제시설, 지상군 및 병참시설을 야간 위주로 공습하였고, 지중해의 항공모함에서도 순항미사일 123발이 이들을 목표로 발사되었다.

2단계 작전 19일 간에는 항공기 218~350대가 도로망, 철도, 교량, 항만 등의 수송체계와 정유공장, 유류 저장고, 탄약고, 군수공장, 그리고 군 지휘통제시설 등을 주야로 공습하였다.

3단계 작전 52일 간에는 항공기 350~535대가 투입되어 전차, 포병, 차량화 부대 등 지상군과 대통령 관저, 사회당 당사, 방송국 등 지상군 부대와 국가기반시설을 공격하였다. 특히, 나토군은 흑연폭탄으로 세르비아의 전력시설을 공격함으로써 세르비아의 70% 지역을 단전시키기도 하였다.

78일 간의 항공작전으로 세르비아는 초토화되었고 혼란에 빠졌다. 이어서 나토 지상군과 코소보 해방군의 지상전 투입이 본격적으로 시사되자, 세르비아는 항복하지 않을 수 없었다.

코소보전쟁은 쌍방의 전쟁이라기보다는 나토군 일방의 군사훈련이요, 최첨단 및 신무기의 실험장 같았다. 코소보전쟁에서 유고는 20~30년 이상의 경제후퇴를 가져올 정도로 막대한 피해를 당하였는데, 나토군의 피해는 조종사 2명과 항공기 2대에 불과하였다.

이처럼 나토는 혼수모어의 계로 항공전역을 통해 세르비아를 혼란에 몰아넣었고, 지상군을 투입하지 않고도 세르비아의 항복을 얻어낼 수 있었다.

# 제21계 : 금선탈각(金蟬脫殻)

(金: 쇠 금, 蟬: 매미 선, 脫: 벗어날 탈, 殻: 껍질 각)

## 매미가 허물을 벗듯 감쪽같이 몸을 빼 위기를 피하라

'금선탈각'은 일종의 비유적인 표현법으로서 나방이 애벌레로부터 나올 때 몸만 껍질에서 빠져나와 날아간다는 의미에서 나온 계이다. 이는 자신의 형세가 불리할 때는 앉아서 죽기를 기다리지 말고 방법을 찾아낼 때까지 도망을 치거나 숨어서 재기를 노리라는 뜻이다.

이 계의 원문(原文)과 해석(解釋)은 아래와 같다.

> 存其形(존기형) 完其勢(완기세), 友不疑(우불의),
> 敵不動(적부동). 巽而止(손이지) 蠱(고).
>
> 진영을 잘 유지하고 아군 전력을 완벽하게 갖추어 아군이 의심을 품지 않도록 해야 하며, 적군이 함부로 움직이지 못하게 한다.

이 계를 사용할 경우는, 형세가 매우 위급한 상황에 부닥쳐있고 극단적으로 불리한 위치에 놓여 있기 때문에, 나아갈 수도 후퇴할 수도 없는 진퇴양난의 처지에 놓였을 때이다. 이때는 모험을 감행해서 두꺼운 포위망을 뚫어 훗날 재기를 기약할 수밖에 없다.

군사적으로는 현실적으로 극복하기 어려운 상황에 직면했을 때 조직적으로 이탈하여 차후 작전을 도모하는 철수작전이 이 계의 적용이 될 수 있다. 철수작전에 성공하기 위해서는 기도비닉과 기만으로 적을 속여야 성공할 수 있다. 상황이 위급하고 불리하다고 그저 단순하게 껍질만 벗어놓고 무작정 도망치는 듯이 후퇴하는 것이 아니라, 그대로 있는 것처럼 적을 속인 다음 은밀히 후퇴해야 한다.

## 죽은 공명이 산 중달을 물리치다

중국 삼국시대 촉한(蜀漢)이 위(魏)에 대한 북벌을 단행했다. 그러나 북벌 와중에 제갈량(자 : 공명)은 병이 났고 군중에서 죽어가고 있었다. 이때 위의 사마의(司馬懿)가 촉군을 추격해왔다. 이때 제갈량은 죽기 전에 강유(姜維)에게 촉군이 철수하는 길에 피해를 당하지 않도록 후퇴하는 계략을 비밀리에 가르쳐 주었다.

강유는 제갈량의 분부에 따라서 제갈량이 죽은 뒤에 그의 죽음을 알리지 않고 비밀리에 그의 관(棺)을 짜서 후퇴하였다. 강유는 목공에게 깃털로 만든 부채를 들고 수레 안에 가만히 앉아 있는 제갈량의 형상을 만들도록 했다. 아울러 군사들에게 명령하여 기치를 높게 들고 위나라 군사를 향해서 공격하게 했다.

그러자 위나라 군사들은 멀리서 촉한군의 당당하고 질서정연한 모습과 제갈량이 수레에 조용히 앉아 지휘하고 있는 형상을 보고는 촉한군이 어떠한 계략으로 공격하는 줄을 알지 못하여 겁을 내어 함부로 행동하지 못하였다. 위의 장군 사마의는 제갈량의 지혜가 뛰어난 줄만 알기에 촉한군의 후퇴는 위군을 유인하기 위한 계략이라고 생각하였다.

그리하여 사마의는 즉각 군사를 철수시키고 촉한군의 동태를 살폈다. 강유는 사마의가 군사를 후퇴시킨 기회를 이용하여 즉시 주력부대에 신속하게 후퇴할 것을 명령하였다. 사마의가 제갈량이 이미 죽은 사실을 알고 촉한군을 공격하고자 했을 때는 이미 때가 늦은 뒤였다

이 사례는 '죽은 제갈공명이 산 사마중달을 물리쳤다.'는 유명한 고사로 '금선탈각'의 가장 대표적인 사례라 할 수 있다.

## 독일군이 대담한 기동으로 러시아군을 섬멸하다

제1차 세계대전 시 러시아는 독일에 대해 동시에 공세를 취하자는 프랑스의 요구에 호응하여, 서부 집단군의 2개 군(약 50만 명)을 동원하여 동프러시아 지역에 서둘러 투입했다.

독일군의 슐리펜계획에 의거 동부지역에서 러시아군의 진격을 저지 및 지연시킬 임무를 부여받은 부대는 독일 제8군(약 15만 명)이었다. 독일 제8군은 동북 방향에서 진격해왔던 러시아 제1군(레넨감프군)과 남방으로 우회하여 북상 중이던 러시아 제2군(삼소노프군)에 의해 포위될 위험에 직면하고 있었다.

그러나 독일군 제8군은 '금선탈각'의 계로 러시아군의 약점을 이용한 대담한 기동으로 위기에서 벗어날 수 있었으며, 더욱이 타넨베르크 전투에서 러시아 제2군을 섬멸하는 성과를 거두었다.

독일 제8군은 대담하게도 1개 기병사단으로 동북방의 러시아 제1군을 견제하고, 러시아 제1군 정면에 있었던 독일군 제1군단과 제17군단, 그리고 제1예비군군단 등 주력 3개 군단을 매미가 껍질을 남기고 빠져나가듯 은밀히 남부로 기동시켜 러시아 제2군을 포위함으로써, 러시아 제2군의 약 4개 군단을 섬멸했다.

당시 북동부의 러시아 제1군은 고작 1만여 명의 독일군 기병사단에 의해 견제당하고 있었으며, 독일군의 주력 3개 군단이 군 정면에서 감쪽같이 이탈하여 남부로 진격한 사실을 전혀 모르고 있었다.

이렇듯 남과 동북방향으로부터 러시아 2개 군에 의해 포위당하여 전멸할 위기에 처한 독일 제8군은 '금선탈각'의 계로 위기를 극복하고 러시아 제2군을 섬멸함으로써 동부전선에서 주도권을 확보할 수 있었다.

타넨베르크 전투의 승리에 결정적으로 공헌한 3인방이 있다. 힌덴부르크(Paul von Hindenburg) 원수와 루덴도르프(Erich von Ludendorf) 소장, 그리고 호프만(Hoffmann) 중령이 그들이다. 러시아군과의 초기전투 (스탈루퓌넨 전투와 굼비넨 전투) 후 독일군 최고사령부는 제8군 사령관과 참모장을 해임했다. 그 후 러시아군에 대한 작전이 진행되는 과정에서 힌덴부르크 원수가 신임 제8군 사령관으로, 루덴도르프 소장이 신임 참모장으로 부임해왔다.

작전참모 호프만 중령이 구상한 제8군의 기동을 위한 부대 이동 명령(3개 군단의 남부로의 전환을 위한 명령)은 신임 사령관과 참모장이 도착하기 전에 이미 하달되어 예하 군단들은 부대 이동 중에 있었다. 이러한 와중에 제8군사령부에 막 도착한 신임사령관과 참모장은 제8군의 대담한 기동계획을 망설임 없이 승인함으로써 승리로 귀결될 수 있었다. 신임 참모장과 사령관은 도착 전 이미 제8군의 작전상황을 베를린의 독일군 총사령부에서 파악하였고, 제8군에서 수행하려는 기동계획과 유사한 작전구상을 하고 있었으며, 이러한 작전구상과 제8군의 기동계획이 우연히도 일치했다. 타넨베르크 전투에서의 승리는 전술개념의 일치라는 독일군 일반참모 출신 장교들의 우수성을 보여준 한 예라 할 수 있다.

한편, 전투에 패한 러시아 군사령관들의 최후는 비참하였다. 남부에서 기동하던 러시아 제2군 사령관 삼소노프는 독일군에 포위된 가운데 권총으로 자살했고, 러시아 제2군과 협조된 작전을 시행하지 못한 제1군사령관 레넨캄프는 러시아로 후퇴하여 장군직을 박탈당하는 수모를 당하였다.

러시아군의 패인 중에서도 가장 큰 것은 역시 집단군사령관으로서 제1군과 제2군의 작전을 조정하고 통제하는 책임을 지고 있던 서부집단군사령관 지린스키의 무능일 것이다. 그는 외선 상에서 효과적으로 적을 포위하여 격멸하는 전리를 알지 못하였다. 독일군을 포위 격멸하기 위해 제1군과 제2군의 작전을 협조시키고, 강한 압박으로 포위하도록 통제했어야 함에도 이에 실패하였다.

## 국군 제3사단이 독석동에서 구룡포로 해상 철수하다

6 · 25전쟁 때인 1950년 8월, 동해안 영덕 남쪽에서 북한군 제5사단의 남진을 저지하고 있던 국군 제3사단은, 북한군 제12사단의 1개 연대가 포항을 점령함으로써 퇴로가 차단되는 위기에 처하게 되었다. 국군 제3사단이 독자적으로 북한군 제5사단의 북쪽으로부터 위협을 저지하면서 남쪽의 포위망을 돌파하기란 어려운 상황이었다.

북한군이 포위망을 압축해 오자 육군본부는 미 제8군사령부와 협조하여 제3사단에 해상철수 명령을 하달하였다. 해상철수 명령을 받은 국군 제3사단은 철저한 보안 유지와 기만대책하에 해상철수작전을 시도하였다. 먼저 각 연대는 대대별로 1개 중대규모의 잔류접촉분견대를 편성하여, 8월 16일 밤 9시에 일제히 대치 중인 적에 대해 공격을 가하면서 주력을 해안으로 철수시켰다.

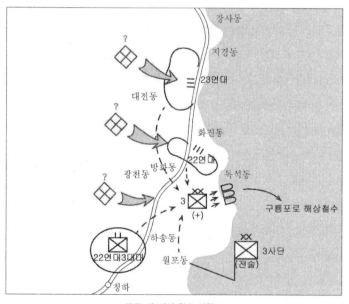

국군 제3사단 철수 상황도

또한, 기만대책으로 트럭 6대를 동원하여 16일 자정부터 1시간 30분 동안 독석동에서 방화동 간의 해안에서 내륙지역 2km를 왕복 운행하면서 국군 증원 병력이 상륙한 것처럼 가장하였다. 그리고 사단사령부의 병력과 장비는 연대가 승선하기 전에 승선과 탑재를 완료하였고, 잔류접촉분견대는 8월 17일 새벽 4시에 약정된 신호에 의거 바로 철수하여 승선토록 하고, 포병 1개 포대는 잔류접촉분견대가 철수할 때까지 독석동 해안에서 요란사격을 계속하였다.

또한, 제3사단은 피난민 중에 있을 간첩을 경계하여 주민들에게도 철저하게 보안을 유지하였다. 헌병대장을 통하여 경찰관과 공무원, 그리고 유지들에게 양곡 배급과 사단장 전달사항이 있으니 밤 8시에 수첩과 연필을 가지고 해안으로 집결하도록 했다. 그리고 이때 철수 사실을 알려주고 주민들을 지정된 시간과 장소에 모이도록 하였다.

이처럼 국군 제3사단은 철수작전을 철저히 기만함으로써 다음날인 8월 18일 새벽에 사단병력 9,000여 명과 경찰 1,200명, 그리고 지방공무원 및 반공 투사, 노무자, 피난민 등 1,000여 명이 대기하고 있던 LST(수송선) 3척에 승선하여 무사히 구룡포로 해상철수를 단행할 수 있었다.

장사동 일대에서 적에게 포위된 국군 제3사단은 은밀하게 구룡포로 철수함으로써, 위기를 극복하고 새로운 방어선을 점령하는 '금선탈각'의 계를 연출하였다. 이로써 국군 제3사단은 유엔군이 북한군의 집요했던 8월 공세를 격퇴하고 낙동강방어선을 굳건히 지키는데 기여할 수 있었다.

# 제22계 : 관문착적(關門捉賊)

(關: 빗장 관, 門: 문 문, 捉: 잡을 착, 賊: 도둑 적)

## 문을 닫아 도적을 잡듯 퇴로를 차단하여 적을 섬멸하라

'관문착적'은 '도둑이 물건을 훔치러 들어오면 문을 잠가 도망갈 곳을 없애고 도둑을 잡는다.'는 말이다. 이 계의 군사적 의미는 적이 아군보다 약할 때 적을 포위해서 완전히 섬멸함으로써, 차후 적이 더 강성해지는 것을 원천적으로 차단하는 것이다.

이는 '욕금고종(慾擒故縱)'의 계와는 정반대의 계책이다. '욕금고종'의 계는 적이 강하거나 차후에 더 큰 목적을 얻기 위해 적을 공격하지 않고 풀어주어 적이 지치거나 약점이 발견되었을 때 공격하는 것이지만, '관문착적'의 계는 일거에 적의 싹을 자르는 것이다.

이 계의 원문(原文)과 해석(解釋)은 아래와 같다.

小敵困之(소적곤지) 剝(박), 不利有攸往(불리유유왕)

소규모의 적은 포위해서 섬멸한다. 위기에 몰린 적을 너무 몰아붙이면 오히려 불리할 수 있으니 여유를 갖고 공격해야 한다.

적을 잡을 때, 문을 닫는 것은 적이 도주하는 것을 두려워해서가 아니라, 도주하여 다른 편으로 합류할 것을 두려워해서이다. 또한, 약한 적을 완전히 포위해서 섬멸시키지 못하고 놓쳐서 적이 도주할 경우 이를 너무 깊숙이 추격하다가는 오히려 최후의 발악을 하는 적에게 역습을 당할 수 있다.

전국시대 오기(吳起)가 쓴 『오자(吳子)』에는 "최후의 발악을 하는 적 한

명이 넓은 들판에 숨어 있으면, 비록 천 명이 쫓아간다 해도 조마조마한 쪽은 쫓는 쪽이다. 왜냐하면, 숨어있는 적이 언제 어디서 나타나 덮쳐올지 모르기 때문이다. 따라서 만약에 죽음을 각오한 자가 한 명이라도 있으면 그는 천 명의 군사까지도 두려움에 떨게 할 수 있다."는 구절이 있다. 이 와 같은 상황에 직면하지 않기 위해서는 초전에 적을 포위해서 섬멸하는 것이 상책이다.

'관문착적'의 계를 실행하기 위해서는 퇴로를 막아 적군을 항복시켜서 다시 아군에 대항하지 못하도록 해야 한다. 즉, 포위망에 걸려든 적은 빠 져나가지 못하도록 완전하게 차단하여 섬멸해야 하는 것이다.

## 소련군이 독일 제6군을 포위 섬멸하다

제2차 세계대전 시 볼가 강 하류에 위치한 스탈린그라드(Stalingrad)는 소련의 주요 산업의 중심지였으며, 코카서스의 유전지대와 소련의 주요 지역을 잇는 석유 공급로로써 전략적 요충지였다. 당시 스탈린 우상화를 위해 명명되었던 스탈린그라드는 오늘날의 볼고그라드(Volgograd)이다.

1942년 6월, 독일군은 제2차 하계 대공세 시 레닌그라드(현 페테르부르 크)와 모스크바 정면에서 소련군을 견제하는 가운데, 남부에 주력을 투입 하여 공세를 감행하였다. A집단군(제17군, 제1기갑군)은 남쪽의 코카서스 (Caucasus) 방면으로 공격하고, B집단군(제6군, 제4기갑군)은 스탈린그 라드를 목표로 진격하였다. 이때 A집단군은 B집단군과의 상호지원이 불 가능할 정도로 멀리 남쪽까지 진출하였다.

소련군은 독일군 B집단군의 공격에 맞서 어떠한 희생을 치르더라도 스 탈린그라드를 사수하고자 하였으며, 이에 따라 양군은 이곳에서 치열하고 참혹한 시가전을 전개하였다. 독일군과의 초기 전투에서 소련의 스탈린그 라드 수비대는 민간인의 피난을 통제하고 민간인을 방위부대에 동원했기 때문에 독일 공군 폭격으로 시민 4만여 명이 사망하였다.

소련군 제62군 사령관으로 새로 부임한 츄이코프(Vasily Ivanovich Chuikov)는 시가지 전투 시 독일군의 공지합동작전을 무력화시킬 수 있는 근접전투 전술을 적용하였다. 그는 독일군의 공지 합동전술을 분석하였는데, 독일군은 항공기가 나타나지 않으면 전차는 공격하지 않고, 전차가 목표로 진출하지 않으면 보병은 돌진하지 않으며, 근접전투를 피한다는 것에 착안하여 소련군이 독일군과 근접하여 전투를 벌이면, 독일군의 강점인 공지 합동작전의 연계를 깨뜨릴 수 있다고 생각했다.

츄이코프의 시가지 근접전투전술에 따라 소련군과 시민들은 자신이 잘 아는 모든 거리와 공장, 집, 지하실, 계단 등을 옮겨 다니며 시가지 방어를 위해 독일군과 치열한 전투를 벌였다. 독일군은 이러한 소련군을 찾아 건물 내 곳곳을 뒤져야 했고, 그 과정에서 많은 전투손실을 입었다. 독일군은 스탈린그라드에서 근접전투 전술로 대응하는 소련군과의 전투를 쥐를 잡기 위해 집안의 온갖 곳을 뒤져야 하는 것에 비유하여 '생쥐전쟁(Rattenkrieg)'이라고 불렀다.

독일군은 3개월 동안 수많은 전사자를 남기며 느리고 값비싼 대가를 치른 전진 끝에 11월이 되어서야 볼가 강에 겨우 도달하였고, 폐허로 변한 스탈린그라드시의 90% 정도를 장악할 수 있었다.

소련군 최고사령관 주코프(Zhukov) 장군은 끝까지 스탈린그라드를 고수하여 독일군을 스탈린그라드에 고착시킨 가운데, 전략예비대 3개 군으로 스탈린그라드의 남쪽과 북쪽에서 독일군을 포위하는 대반격작전을 구상하고 있었다.

1942년 11월 19일, 소련군 남서 전선군과 돈 전선군은 북방에서, 스탈린그라드 전선군은 남방에서 각각 독일군의 양 측방을 향해 노도와 같이 진격해 들어갔다. 마침내 소련군은 북방의 돈 전선군과 남방의 스탈린그라드 전선군이 1942년 11월 22일, 스탈린그라드의 서쪽 카라치(Kalach)

에서 연결함으로써 거대한 양익포위에 성공하였다. 이로써 독일 제6군과 제4기갑군의 일부 병력 28만여 명이 소련군의 포위망 속에 갇히게 되었다.

히틀러는 포위망에 갇힌 독일 제6군 사령관 파울루스(Friedrich Paulus) 장군에게 최후까지 항전할 것을 명령했다. 히틀러는 만슈타인(Erich von Manstein) 장군이 지휘하는 돈 집단군을 새로이 편성하여 포위된 제6군을 구원하도록 하였다. 그러나 히틀러는 제6군이 돈 집단군의 공격에 호응하여 서쪽으로 돌파작전을 시도하는 것에는 반대하였다. 따라서 돈 집단군은 단독 공격으로 소련군의 포위망을 돌파하여 제6군을 구출하려고 하였으나, 오히려 소련군의 강력한 공세에 직면하여 후퇴할 수밖에 없었다. 이로써 독일 제6군이 구출될 희망은 완전히 사라져버렸다.

제6군 구출을 시도했던 돈 집단군이 서쪽으로 후퇴함으로써 독일군은 새로운 위협에 직면하게 되었다. 돈 집단군의 철수로 인하여 코카서스에서 작전 중인 독일군 A집단군마저도 소련군에게 후방이 차단되어 고립될 위기에 직면했다.

스탈린그라드에서 고립된 독일 제6군은 약 7배에 가까운 압도적 전력을 보유한 소련군에게 필사적으로 저항했다. 그러나 보급이 제대로 이루어지지 않은 가운데 영하 30여 도의 혹한 속에서 기아상태에 빠지게 되었다. 제6군은 항복을 건의하였지만, 히틀러는 "항복은 있을 수 없다. 전원이 최후까지 싸워라!"고 지시했다. 히틀러는 제6군을 구출하려는 시도를 포기했고, 제6군의 항복을 승인하지 않는 대신 군사령관 파울루스 장군에게 원수 계급장을 보내 주었다.

1943년 1월 31일, 코카서스 방면으로 진격했던 독일군 A집단군이 돈 집단군의 엄호 하에 무사히 로스토프(Rostov)에 도착함으로써 소련군의 포위 위협으로부터 완전히 벗어났다. 이로써 제6군이 포위된 가운데 A집단군의 철수를 위해 소련군 포위부대를 물고 있어야 하는 마지막 임무도 완수되었다. 동상자가 늘어가고 식량은 고갈되어 가는 상황에서 희생자를 줄일 수 있는 유일한 방책은 항복뿐이었다. A 집단군의 철수가 완료된 이틀 후인 2월 2일, 독일 제6군 사령관 파울루스 원수는 모든 저항을 중지하고 소련군에 항복하였다. 이로써 소련군의 '관문착적'의 계가 완성되었다.

24명의 장군이 포함된 91,000명의 독일군 포로들은 영하 30도의 동토 위를 모포 하나만 걸친 채 걸어서 시베리아로 끌려갔다. 1955년에야 독일로 돌아온 독일군 포로 생존자는 겨우 6,000여 명에 불과하였다.

스탈린그라드 전투에서 양군이 얼마나 많은 병력이 사망했는지 정확한 집계조차 어렵다고 한다. 소련은 사상자 수가 지나치게 많아 정확한 집계를 금지했다. 역사가들은 독일군 30만, 루마니아군 20만, 이탈리아군 13만, 헝가리군 12만, 소련군 약 75만 명(총 150만 명)이 희생되었다고 추정하고 있다.

## 북한군이 봉암리 계곡에서 유엔군 포병을 포위하다

6·25전쟁 시 낙동강방어선으로 후퇴한 유엔군은 1950년 8월 7일, 미 제25사단을 킨(Kean) 특수임무부대로 편성하여 마산에서 진주방향으로 공격하게 하였다. 킨 특수임무부대는 미 제25사단장의 이름을 따서 명명한 것으로, 여기에는 편제 부대인 미 제24, 35연대에 추가하여 미 제5연대 전투단, 미 제1해병여단, 미 제89전차대대, 미 해병 제1전차대대, 그리고 국군, 민 부대 및 김성은 부대 등이 배속되었다. 킨 특수임무부대의 전력 규모는 병력 2만여 명, 전차 100여 대, 야포 100여 문에 달하였다.

킨 특수임무부대의 공격은 북한군의 8월 공세에 따라 조성된 마산 정면의 적 위협을 제거하는 동시에, 주공으로 5개 사단을 집중하고 있는 대구지역에 대한 북한군의 압력을 완화한다는 목적 하에 시행된 일종의 파쇄공격(Spoiling Attack)이었다. 파쇄공격이란 방어지역 전방에서 공격을 준비하고 있거나, 이동하고 있는 적에 대하여 실시하는 방어 시 공세 행동의 일종이다.

그러나 킨 특수임무부대의 파쇄공격은 북한군이 8월 공세를 한창 진행하고 있는 상태에서 이루어진 공격작전이었기 때문에, 누가 누구를 공격하는지 모를 정도로 혼미한 상태에 빠지게 되었다.

마산 서쪽의 진동리를 지나 진주 방향으로 공격하던 미 제5연대는 야간에 좌우측 산악지역으로 우회한 북한군에게 봉암리(마산합포구 진전면 소재) 계곡에서 포위되었다. 도로망을 따라 공격하던 미군은 보병 대대들이 전방으로 전진한 상태에서 산악으로 우회한 북한군에 의해 연대 직할대와 포병부대들이 포위되었고, 이 전투에서 미군은 2개 포병대대가 거의 전멸당하였다. 미군들은 봉암리 계곡을 '포병의 무덤(Artillery Grave-Yard)' 혹은 '피의 계곡(Bloody Gulch)'이라고 불렀다.

포병과 공중지원 하에 평지나 도로망을 따라 공격하던 미군에게 있어서 산악지대로 후방 침투하여 보급로를 차단하고, 후방의 주요시설을 공격하는 북한군의 포위공격은 이제까지 경험하지 못한 전혀 새로운 경험이었다.

포병사격 모습

북한군의 산악을 이용한 우회침투 공격으로 킨 특수임무부대의 공격기세는 약화되었고, 설상가상으로 북한군의 낙동강 돌출부(창녕·영산 지역) 지역에 대한 위협이 가중되자, 미 제8군 사령관 워커 장군은 킨 특수임무부대의 공격작전을 중지시키고 일부 병력을 위협이 가중되고 있는 낙동강 돌출부로 전환하였다.

북한군이 산악지대를 이용한 우회침투로 미군을 포위한 것은 '관문착적' 계의 효과적인 적용 사례라 할 수 있다.

## 유엔군이 지암리에서 중국군 1개 사단을 포위 격멸하다

6 · 25전쟁 시 중국군의 제5차 5월공세(1951. 5. 16~20)는 동부전선에서 3중의 양익포위를 통해 한국군 3개 사단 이상을 섬멸한다는 야심찬 계획 하에 수행되었다. 중국군은 공세 첫날 당야에 오마치 고개를 점령하여 국군 제3군단의 2개 사단을 포위하는 데 성공했다. 그러나 유엔군은 동부지역에서 중국군의 종심 깊은 돌파에 대응하여 돌파구 확대 방지에 이은 반격작전으로 중국군을 포위 섬멸하고자 하였다. 유엔군은 반격작전을 수행하는 과정에서 중국군 제180사단을 포위 섬멸하는 개가를 올렸다.

중국군 제180사단의 상급부대인 제60군단은 5월공세 후에 시행된 유엔군의 반격작전 시 동부전선의 제3, 9병단(군 규모)의 철수를 엄호하는 임무를 부여받고 있었다. 이때 제180사단은 제60군단의 서쪽 끝에서 군단의 측방에 대한 엄호를 담당하였다.

제180사단은 엄호임무를 수행한 뒤 북한강을 건너 북배산과 가덕산의 샛길로 철수할 때, 산길을 따라 미군의 전차부대가 북으로 진격하는 것을 보고 유엔군에게 포위된 것으로 판단하여 산 속으로 숨어들었다.

당시 유엔군은 가평에서 지암리(현 춘천시 사북면)에 이르는 391번도로를 따라 미 제24사단 제5연대가 포위망을 구축하였고, 춘천에서 지암리에 이르는 5번도로는 미 제7사단 제32연대가 포위하였으며, 국군 제6사단은 북배산을 점령하여 정면에서 압박하고 있었다.

유엔군에 의해 완전히 포위됐다고 판단한 중국군 제180사단장은 유엔군에게 위치 노출을 꺼려 무전기를 끄고 암호문을 불태워 버렸다. 따라서 이들은 상급부대인 제60군단과는 연락을 취할 수 없었다. 한편, 중국군 제60군단은 제181사단으로 역습하여 제180사단을 구출하려고 하였으나,

통신 두절과 우천으로 인해 공격이 지연되었고 유엔군이 주요지역을 선점했기 때문에 실패하고 말았다. 이런 상황에서 제180사단은 각개약진으로 유엔군의 포위망을 돌파하려고 하였으나, 사단장과 소수인원만이 탈출에 성공하였고 대부분은 포로가 되었다.

지암리에서 포로가 된 중국군 모습

유엔군의 포위망 탈출에 성공한 병력은 사단 총병력 7천여 명 중에서 1천 명도 되지 않았다. 지암리 포위작전에서 제6사단 19연대는 1,786명의 포로와 184필의 군마, 각종 포 15문, 기관총 21정, 소화기 751정, 차량 2대 등을 획득하였다. 이는 제7연대가 창설된 이래 최대의 전과였다.

유엔군이 '관문착적'의 계를 적용한 결과로 중국군은 지암리 전투를 '6 · 25전쟁 참전 후 최대의 패배'라고 기록하고 있다.

# 제23계 : 원교근공(遠交近攻)

(遠: 멀 원, 交: 사귈 교, 近: 가까울 근, 攻: 칠 공)

## 먼 나라와 친교를 맺고 가까운 나라를 공격하여 취하라

'원교근공(遠交近攻)'은 먼 나라와는 친교를 맺고 가까운 나라는 공격한다는 외교정책이다.

국가와 국가 간의 관계에서 지리적 위치와 이익의 가깝고 먼 정도에 따라 제각기 다른 정책을 써야 할 필요가 있다. 지리적으로 비교적 멀고 이해 충돌이 적은 국가에 대해서는 원교의 관계를 유지하는 것이 좋다. 그러나 지리적으로 가깝고 이해 충돌이 비교적 큰 국가는 먼저 공격하는 것이 좋다. 이렇게 하면 성공 가능성이 높은 것은 물론 멀리 있는 적을 멸망시키기 위한 유리한 조건을 조성할 수 있다.

이 계의 원문(原文)과 해석(解釋)은 아래와 같다.

> 形禁勢格(형금세격), 利從近取(이종근취),
> 害以遠隔(해이원격), 上火下澤(상화하택)
>
> 형세가 지리적으로 제약을 받을 때는, 가까이 있는 적을 공격하는 것이 유리하며 먼 곳에 있는 적을 공격하는 것은 불리하다. 불길은 위로 올라가고 물은 아래로 흐르는 법이다.

적으로부터 공격을 받을 때에는 인접국가와 동맹하여 적의 공격을 막아야 한다. 그러나 적을 공격할 때에는 멀리 있는 국가와 우호 관계를 맺고 가까이 있는 국가부터 공격해야 한다. 이것은 국제관계에서 흔히 써 온 외교전략이다.

역사적으로 프랑스는 독일의 침공을 억제하기 위해서 독일의 배후를 위협할 수 있는 러시아와의 동맹을 적극적으로 추진했다. 그리고 이스라엘은 적대 국가들로 둘러싸여 늘 국가의 안전이 불안했고, 건국 이래 주변의 아랍 국가들과 무수히 많은 전쟁을 치렀다. 이스라엘은 주변의 아랍 국가들을 견제하기 위해서 멀리 있는 미국과 동맹하는 원교정책으로 중동지역에서 미묘한 세력균형을 유지해오고 있다.

우리의 외교정책도 원교근공이라 할 수 있다. 가까이 있는 북한의 위협을 억제하기 위하여 멀리 있는 미국과 상호방위조약을 체결하여 한반도에서 세력균형을 유지하고 있다.

## 진(秦)이 원교근공으로 중국을 통일하다

중국 병법서에서 '원교근공'의 책략을 제일 먼저 제안한 사람은 위(魏)나라 출신으로 진(秦)나라의 소 왕(昭王)을 섬긴 범저(范雎)이다.

전국시대(B.C. 475~221) 후기에 진의 소 왕은 국경을 접하고 있는 한(韓)과 위 두 나라와 동맹을 체결하여 멀리 떨어진 제(齊)나라를 공격하여 영토 확장을 꾀하고 있었다.

당시는 전국칠웅[진(秦), 조(趙), 위(魏), 한(韓), 연(燕), 초(楚), 제(齊)]의 패권 다툼으로 각국이 서로 영토 확장에 주력하고 있을 때였다.

칠웅 중에서 진의 세력이 제일 강해서 나머지 국가들은 결맹관계를 맺어 진나라를 견제하였다. 결맹국가들도 진이 두려워 공격할 수 없었지만, 진도 멀리 있는 결맹국가들을 공격하기에는 무리였다.

범저는 이러한 상황에서 진의 소 왕에게 '원교근공'의 계를 다음과 같이 건의했다.

"원교근공의 계는 멀리 떨어진 나라와는 맹약을 맺어 적대국을 줄이고, 가까이 있는 나라는 다잡아서 공격한다는 것입니다. 이렇게 하면 한 뼘의

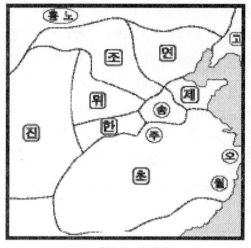

전국 7웅(戰國七雄) 쟁패도

땅을 얻어도 대왕의 땅이 되고 한 자의 땅을 얻어도 바로 대왕의 영토가 되는 것입니다. 한, 위를 쳐부순 후에 조, 연을 치고 다시 제, 초를 치십시오. 대왕께서 이러한 계책을 따라 실행하신다면 몇 년 지나지 않아 반드시 6국을 합병하시고 천하를 통일하게 될 것입니다."

범저의 이 같은 건의를 들은 진 소 왕은 기뻐하면서 범저를 승상에 임명하고 제나라를 치러갔던 병력을 철수시켜 이웃한 위나라를 공격하게 하였다.

이후, 진나라는 멀리 떨어져 있는 국가들과 동맹을 맺은 다음, 가까운 곳에 있는 국가들과 전쟁을 벌였다. 진의 침략을 받은 국가들은 이웃 나라에 도움을 청할 수가 없었다. 이웃 국가들이 벌써 진과 동맹을 맺고 있었기 때문이다. 진은 강대한 나라와 손잡고 있는 적과 싸울 경우에는 국가 간에 불화(不和)를 조성하였고, 소문을 퍼뜨리며 한쪽에 뇌물을 주는 등 먼저 그 동맹관계를 깨뜨리는 데 주력하였다. 진은 두 나라 가운데 한쪽을 먼저 침략한 다음, 다른 한쪽을 다음 목표로 삼았다. 이렇게 해서 진나라는 이웃 나라들의 넓은 땅을 차지하고 진시황 대에 이르러 중국을 통일할 수 있었다.

진시황의 중국통일 비밀은 바로 '원교근공'의 계였다.

## 신라(新羅)가 나당동맹으로 삼국을 통일하다

삼국시대에 신라는 자국의 군사력만으로는 백제와 고구려로부터의 안전을 보장받을 수 없었다. 그래서 신라는 동북아의 강대국인 당(唐)과 군사동맹을 체결하여 안보위협을 해결하고자 했으며, 당의 지원을 받기 위하여 끈질긴 대당 외교를 펼쳤다.

당 태종이 645년에 고구려를 침공했을 때, 신라는 3만 명의 병력을 동원하여 고구려를 남쪽에서 공격하였다. 그러나 신라는 백제로부터 공격을 받았고, 고구려를 공격하던 병력을 백제 전선으로 전환해야만 했다.

그 이후에도 백제가 지속해서 신라를 공격해 오자 김춘추는 648년에 당으로 건너가 백제 정벌을 위해 20만 명의 군사를 지원해 달라고 요청하였다. 그리고 신라는 당과의 군사동맹을 성사시키기 위하여 당 관복의 착용, 김춘추 아들의 숙위(군소국가의 왕자들이 당의 궁정에 머무르며 황제를 호위하던 의장대), 그리고 당 연호를 사용하는 등 적극적인 중화정책을 펼쳤다.

한편, 당도 수차례에 걸친 고구려 정벌에 실패하면서 군사전략의 전환이 절실히 요구되는 상황이었다. 이처럼 양국의 이해관계가 일치되면서 신라와 당은 백제와 고구려를 정벌하기 위한 군사동맹을 체결했다. 이때 당 태종은 '양국이 평정되면 평양 이남과 백제영토는 모두 신라에 주어 영원토록 편안하게 한다.'고 약속하였다.

649년, 군사동맹의 당사자였던 당 태종이 지병으로 사망하고 고종이 황제가 되었다. 신라에서도 654년에 진덕여왕이 사

태종무열왕 김춘추

망하여 김춘추가 왕으로 즉위하였다. 김춘추가 왕위에 오르자 655년에 백제와 고구려, 말갈군이 연합하여 신라를 공격했고 신라는 30여 개의 성을 상실하였다. 이렇게 되자 신라는 위기의식을 크게 느끼고 당에 사신을 파견하여 나·당 연합군의 백제에 대한 공격을 적극적으로 추진하였다.

660년, 마침내 나·당 연합군이 백제를 침공하여 멸망시켰다. 백제가 멸망하자 당은 백제 고토에 웅진도독부를 설치하여 백제의 영토를 직접 지배하고자 하였으며, 663년에는 신라를 계림도독부로 하고 신라왕을 계림도독으로 임명하여 신라마저 복속하는 형식을 취하였다. 나·당 연합군의 전략목표가 서로 다름이 여실히 드러났으나, 신라는 삼국의 통일을 위한 고구려와의 전쟁에서 아직은 당군이 필요하였다.

666년 12월, 당이 대규모의 고구려 원정군을 동원하면서 신라에 군사 지원을 요청하자, 신라도 군사를 동원하여 당군과 함께 평양성을 공격하여 고구려의 항복을 받았다.

신라는 고구려까지 정벌하였으나 삼국통일의 길은 멀고 험난했다. 당은 신라에 약속한 평양 이남의 땅을 주지 않았고, 신라는 약속한 지역을 받기 위해서 당과의 전쟁이 불가피했다. 결국, 신라는 당과의 전쟁에서 승리함으로써 대동강 이남 지역을 확보할 수 있었다.

이처럼 신라는 고구려와 백제의 압박 속에서 자국의 생존을 위한 국가안보전략으로써, 더 크게는 삼국통일의 대업을 위해 '원교근공'의 계를 효과적으로 활용했다.

## 원교근공의 명수인 비스마르크와 히틀러

'철혈정책(鐵血政策)'으로 유명한 프로이센의 재상 비스마르크(Otto Edward Leopard von Bismarck)는 서양 근대사에서 모략외교의 제1인자였다. 비스마르크는 독일연방 내의 주도권을 둘러싸고 1866년에 오스

트리아와 전쟁을 벌였다.(보 · 오(普墺)전쟁)

비스마르크는 오스트리아와의 전쟁을 위해서 프랑스의 불간섭 즉, 중립
이 필요했다. 그는 프랑스에 전후 룩셈부르크와 벨기에를 양도할 것을 약
속함으로써 프랑스의 중립 선언을 유도하였다. 또한, 오스트리아를 협공
하기 위해서 오스트리아 남쪽의 이탈리아와 군사동맹을 체결하고 이탈리
아를 전쟁에 끌어들였다. 보 · 오전쟁에서 프로이센의 승리가 굳어지자 프
랑스가 나서서 중재함으로써 평화협정이 체결되었다.

비스마르크           히틀러

이제 독일의 통일을 달성하기 위해서 남은 순서는 남부 독일에 영향력
을 행사하고 있는 프랑스를 제압하는 것이었다. 비스마르크는 프랑스를
영국, 오스트리아, 러시아, 이탈리아에서 고립시켰다. 그리고 스페인 왕위
계승문제를 둘러싼 프로이센과 프랑스의 간의 대립을 이용하여 1870년에
보 · 불(普佛)전쟁을 일으켰다. 이 전쟁에서 프로이센이 승리함으로써 비
스마르크는 '독일제국'이라는 통일국가를 탄생시킬 수 있었다.

프로이센은 1871년 프랑스 왕이 사는 파리 베르사유 궁전에서 독일제국
의 성립을 선포하고, 빌헬름 1세를 독일의 황제로 추대하였다. 독일제국
의 선포와 황제의 즉위식을 베르사유 궁전에서 거행한 행위는 프랑스 국
민들에게 모욕감과 독일에 대한 적개심을 갖게 하였다. 이로써 프랑스는
제2차 세계대전까지 독일과 적대적인 관계가 되었다.

통일 독일제국 수립 후 비스마르크는 프랑스의 복수를 염려하여 1881년에는 오스트리아, 러시아와 삼제동맹을 체결하였고, 1882년에는 오스트리아, 이탈리아와 삼국동맹을 체결했다. 비스마르크의 사전에 영원함과 신뢰는 없었다. 오늘의 전우가 내일에는 그에게 사냥감이었다.

비스마르크의 유풍을 이어받은 히틀러도 '원교근공'에 명수였다. 그는 1934년 동유럽에서 프랑스의 세력을 축출하고, 군비증강을 위한 시간을 확보하기 위하여 폴란드와 10년간 기한부 불가침조약을 체결하였다. 이로써 히틀러는 체코슬로바키아와 오스트리아를 침공할 수 있는 전략상의 이점을 확보할 수 있었다. 그리고 1937년에는 이탈리아, 일본과 3국 반공협정을 체결한 후, 1938년에는 인접국 오스트리아를, 1939년에는 체코슬로바키아를 완전히 병합시켰다. 히틀러의 다음 사냥 목표는 폴란드였다.

히틀러는 폴란드를 침공하기 위하여 폴란드와 맺었던 10년 불가침조약을 파기하는 동시에, 같은 해 8월에 러시아와 상호불가침조약을 체결한 뒤 한 달도 되지 않아 폴란드를 침공하였다. 러시아와 원교(遠交)하고 폴란드에 대해 근공(近攻)한 것이다. 이어서 히틀러는 러시아와 원교한 상태에서 1940년에 역시 근공으로 덴마크, 벨기에, 네덜란드, 프랑스를 공격하였다. 히틀러는 이렇듯 러시아, 일본과 원교하고 근공하여 이웃 국가들을 침략했다.

일본도 원교근공의 계를 적용했다. 일본은 영국과 동맹을 맺고 러시아와 결전을 벌인 후 대한제국을 병합하였고, 이후에는 독일, 소련과 원교를 맺은 후 근공으로 동아시아의 인접한 이웃 국가들을 침략했다.

중국, 일본, 러시아 등 한반도 주변의 강대국들에 둘러싸인 상태에서 북한과는 적대적 관계를 유지하고 있는 우리의 생존전략은 무엇인가? 19세기 말 동북아의 상황과 유사한 현 상황에서 우리의 생존전략에 대한 깊이 있는 고민과 지혜로운 대응이 필요한 시점이 아닐 수 없다.

# 제24계 : 가도벌괵(假道伐虢)

(假: 거짓 가, 道: 길 도, 伐: 칠 벌, 虢: 나라 괵)

## 길을 빌려 괵나라를 치듯 세력 확장에 필요한 발판을 만들어라

'가도벌괵'의 계는 중국 춘추시대에 진(晉)나라가 우(虞)나라의 길을 빌려 괵(虢)나라를 정벌한 후에 다시 우(虞)나라까지 점령한 고사에서 유래했다.

이 계는 타국을 침략할 때 사용하는 전략 가운데 하나이다. 이 계는 원교근공(遠交近攻)과는 반대로 멀리 있는 나라를 침략하기 위해 중간지역에 있는 나라를 이용하는 방법이다.

이 계의 원문(原文)과 해석(解釋)은 아래와 같다.

> 兩大之間(양대지간), 敵脅以從(적협이종), 我假以勢(아가이세).
> 困(곤), 有言不信(유언불신)
>
> 두 대국의 중간에 있는 소국을 적국이 위협하여 굴복시키려 하면, 아국은 적극적으로 도와야 한다. 곤경에 처한 소국에 대해 돕겠다는 말만 하고 행동이 따르지 않으면 결국 불신이 생긴다.

지정학적으로 A와 B의 적대적인 두 강대국 사이에 C라는 약소국이 위치하게 되면, C국은 A국 또는 B국 어느 한 국가로부터 반드시 안보상의 위협을 받게 된다.

이때 강대국인 A국이 B국을 침략하기 위해서는 약소국인 C국이 B국과 동맹하지 못하도록 하는 동시에, C국을 자기편으로 끌어들인 후 B국을 공격해야 한다. 이런 경우 B국의 입장에서 C국은 자국의 안보에 있어 순망치한(脣亡齒寒)의 관계이며, C국이 A국에 넘어가지 않도록 해야한다. 만약 A국이 C국을 침공한다면 B국은 C국을 원조한다는 핑계로 신속히 군사력을 투입하여 A국을 정벌하면서 순수견양의 기회를 보아 C국의 주권을 빼앗고 점령해야 한다.

약소국인 C국 입장에서는 대단히 어렵다. C국은 두 강대국 사이에서 중립적인 태도를 보이거나 확실히 신뢰할 수 있는 어느 한 강대국과 동맹관계를 맺는 생존전략을 추구해야만 한다.

이러한 유사한 사례는 16세기 말 동북아에서 일어났다. 여기서 C국을 조선, A국을 일본, B국을 명(明)이라 가정해 볼 수 있다. 1592년 4월, 일본은 조선에 대해 정명가도(征明假道) 즉, 명나라를 치기 위한 길을 빌려달라는 요구를 하였다. 조선이 이 요구를 받아들이지 않자 일본은 조선을 침략하였고, 명나라는 순망치한(脣亡齒寒)의 안보전략 하에 원정군을 한반도에 파견하여 조선군과 함께 일본군을 격퇴했다.

6·25전쟁 시 유엔군이 인천상륙작전으로 서울을 수복하고 북진할 때 중국군이 개입함으로써 전쟁의 추이를 변모시켰다. 당시 중국은 북한지역을 중국과의 관계에서 순망치한의 관계로 인식하였고, 한만 국경 지역에서 미군과 한국군과 같은 적대세력과 마주하는 상황을 중국의 안전보장에 있어 수용할 수 없는 위협으로 인식했다.

## 춘추시대 진(晉)이 괵을 정벌하기 위해 우의 길을 빌리다

중국 춘추시대 진(晉)나라의 헌공(獻公)은 주변의 소국을 흡수하며 서서히 국력을 신장시켜 갔다. 이때 진나라 남쪽에는 우(虞)와 괵(虢)이라는 두 소국이 있었다. 이들 두 국가는 매우 친밀한 관계를 유지하고 있었으며, 진은 두 나라 가운데 우(虞)국의 배후에 있는 괵(虢)국과 평화협정을 맺고 있었다. 진나라는 우국을 점령하기를 원했으나 실현하기에는 어려움이 많았다. 왜냐하면, 진이 우국을 공격하면 괵국이 우국을 지원할 것이기 때문이었다. 또한, 우와 괵을 동시에 공격하는 것은 더욱 힘든 일이었다.

기원전 658년, 헌공(獻公)은 재상인 순식(筍息)에게 우와 괵나라를 모두 침공하여 점령하기 위한 계책을 물었다. 이때 순식은 '가도벌괵'의 계를 건의하였다. 순식의 계획은 먼저 진이 평화협정을 맺고 있는 괵나라와 고의로 국경충돌 문제를 일으켜 진이 괵을 공격할 수 있는 명분을 만든 후에, 우나라에 진이 괵을 공격할 수 있도록 길을 빌려달라고 요청하고, 괵을 침공하여 항복시킨 후 기회를 보아(순수견양하여) 우를 집어삼키는 것이었다. 순식의 계획에 헌공은 기뻐하며 그의 계획을 받아들였다.

얼마 후 순식의 계획대로 진은 괵의 남쪽 국경지대에서 작은 분쟁을 일으켰다. 그리고 순식은 탐욕스러운 우국의 왕에게 줄 천리마와 귀한 옥을 가지고 우국으로 갔다. 우국 왕에게 진귀한 보물을 전달하며 순식은 괵이 진의 국경을 침범하여 분쟁을 일으킴으로 진이 괵을 벌하려 하는데 우나라가 길을 좀 빌려달라고 요청하였다.

이때 우국의 대신 궁자기(宮子奇)는 우와 괵이 순망치한(脣亡齒寒) 즉, 이빨과 입술의 관계와 같아서 입술이 없으면 이빨이 시리듯 괵이 망하면 우가 위험하게 될 것이니, 진에 길을 빌려 주면 안 된다고 우공에 충언을 하였다. 그러나 천리마와 보옥에 눈이 먼 우공은 "약한 친구를 사귀려고 강한 친구에게 죄를 얻는 것은 바보와 같다."고 하면서 진나라 순식의 제의를 받아들였다.

그해 여름 진의 군사들이 우나라 영토를 가로질러 괵을 공격하였다. 우공도 친히 군사를 이끌고 원정에 참가했다. 그들은 괵군을 패퇴시키고 괵의 주요 도시 중 하나를 점령하고는 철군하였다. 원정작전 후 진은 우국 왕에게 전리품을 후하게 보내주었고, 우국 왕은 자신이 현명한 선택을 했다고 믿어 의심치 않았다.

기원전 655년, 진 헌공이 다시 우공에게 괵을 공격하기 위한 길을 빌려달라고 사신을 보냈다. 이번에도 우공은 안심하고 진군에게 길을 내주었다. 그해 8월 진 헌공은 600대의 전차를 이끌고 우나라를 통해 괵나라를 침공하였으며, 괵의 수도인 함양을 점령하였다. 이로써 우의 동맹국이었던 괵은 멸망하고 말았다.

진의 군사들은 진나라로 돌아가는 길에 우나라에서 잠시 멈춰 섰다. 우국 왕은 기꺼이 진의 헌공과 진의 군사들이 수도로 들어올 수 있도록 허락하였다. 진의 군사들은 우의 수도를 공격할 기회를 잡은 것이다. 진군의 갑작스러운 공격에 대하여 방심하고 있던 우군은 저항도 못 해보고 패하였으며 우국 왕은 포로로 붙잡혔다.

'우괵동맹'은 본래 강한 진(晉)나라의 침략을 막는 주춧돌이었으나, 우공의 미옥과 말에 대한 탐욕으로 깨지고 말았다. 우국의 왕은 자신이 죽음에 이르는 길을 걷고 있다는 사실을 전혀 깨닫지 못하고, 진군에게 잠시 길을 빌려주는 것으로만 생각하여 대수롭지 않게 생각하였다. 더욱이 이웃 나라의 일이 자기 나라의 일이 될 줄은 생각지도 못했다.

## 신라가 가도벌괵으로 한강 지역을 확보하다

한반도의 동쪽에 치우쳐 중국의 문물을 쉽게 접할 수 없었던 신라는 고구려, 백제보다 중앙집권적 고대국가로의 발전이 느렸다. 신라가 발전하기 위해서는 중국 선진 문화의 수용이 불가피하였고, 중국과 교류하기 위해서는 교통로인 한강유역의 확보가 필수적이었다.

한편, 고구려의 장수왕은 427년 수도를 평양으로 옮기고 남진정책을 적극적으로 추진하였다. 고구려의 남진정책에 위협을 느낀 백제와 신라는 433년 나·제 동맹을 결성하여 고구려의 위협에 대항하였다. 그러나 백제는 475년 고구려의 침공으로 개로왕이 전사하고 한강 일대를 빼앗겨 웅진성(충남 공주)으로 수도를 이전할 수밖에 없었다. 신라가 병력 1만 명을 파견하여 한성에 도착하였을 때는 이미 고구려군이 8천 명의 백제 포로를 이끌고 철수한 이후였다.

신라는 백제와 고구려가 각축전을 벌이는 사이 나·제 동맹을 이용하여 고구려를 견제하면서 군사력의 확충과 함께 왕권을 강화하고 영토확장 정책을 추진하였다.

한강유역 재탈환을 위해 절치부심하던 백제는 551년 고구려가 북쪽의 돌궐족과 전쟁을 벌이는 사이에 신라군과 함께 고구려를 공격하여 한강유역을 재탈환하였다. 이때 신라는 백제와 연합작전으로 고구려가 장악하고 있던 한강 상류 지역의 10개 군을 점령했다. 이로써 백제는 한강의 하류 지역을, 신라는 한강 상류 지역을 각각 점령할 수 있었다.

그러나 신라는 중국과 독자적인 교통로를 확보하는 것이 신라의 중요한 국가전략목표였는데 한강 하류 지역을 백제가 장악함으로써 대중국 교통로를 확보할 수 없었다. 그래서 신라는 553년에 백제와의 동맹관계를 파기하고 백제가 수복한 한강 하류 지역을 기습적으로 탈취하였다.

신라에게 있어서 백제는 우(虞)나라였고 고구려는 괵(虢)나라였다. 신라는 백제와 동맹을 맺어 고구려의 침공을 막아내면서 국력을 키웠다. 그리고 백제의 군사력을 이용하여 고구려를 한강유역에서 몰아내고 이후 백제마저 한강유역에서 몰아냄으로써 국가전략목표인 대중국(對中國) 교통로를 확보할 수 있었다. 신라는 이를 바탕으로 삼국통일 전쟁에서 최후의 승자가 될 수 있었다.

## 조선이 일본과 청(淸), 러시아의 싸움터가 되다

19세기 조선은 서구의 근대화 물결에 효과적으로 대처하지 못하여 국정이 혼란스러워지고 청과 일본의 내정간섭에 시달렸다.

일본은 1868년의 메이지유신 이후 국가체제를 정비하고 서구 지향의 근대화를 추진하였다. 그리고 10년 후에는 서구세력이 조선을 점령하기 전에 일본이 먼저 점령하자는 정한론(征韓論)에 따라, 강압적으로 조선을 개항시키고 침략해 오면서 조선은 열강(列强)의 각축장이 되었다.

청과 일본이 조선을 두고 대결하는
가운데 러시아가 개입할 시기를 노리는
구한말 시대의 안보상황도

1894년에 조선에서는 정부 관리들의 탐학과 일본 상인들의 침탈로 동학농민혁명이 일어났다. 조선은 자국에서 일어난 농민들의 봉기를 진압할 능력이 없었다. 그래서 조선은 청나라에 원병을 요청하였고 청나라 군대가 조선에 파병되자 일본군도 1885년의 톈진조약(天津條約 : 양국이 조선에 군대를 파견 시는 사전 통보한다)을 핑계로 7천여 명을 인천으로 상륙시켜 한성(서울)을 점령했다.

조선에 파견된 청군과 일본군은 조선 내정개혁의 주도권을 두고 다투다가 일본군의 선제공격으로 청일전쟁이 발발했다. 조선은 청군과 일본군의 전쟁터가 되었다. 청일전쟁에서 일본이 승리하면서 조선에서 청군은 물러났고 일본이 조선의 내정에 간섭하였다. 이후 일본은 한반도 지배권을 놓고 러시아와 전쟁(러일전쟁)을 벌였다. 조선은 일본이 러시아를 공격하기 위한 발판이 되었다. 이 전쟁에서 일본이 승리함으로써 한반도는 일본의 식민지로 전락하고 말았다.

이처럼 조선은 치안유지도 못할 정도의 허약한 군사력으로 주변국의 지배를 자초하였다. 동북아의 약소국 조선은 주변국의 각축장이 되었으며, 일본은 가도벌청, 가도벌러의 계로 한반도를 전장화하여 청과 러시아를 몰아내고 순수견양하여 한반도를 식민지화하였다.

16세기 말 일본의 토요토미 히데요시가 내걸었던 정명가도(征明假道)의 기치는 조선과 청의 힘이 극도로 약화된 19세기 말 제국주의 상황에서 실현되는 듯 보였다. 청일전쟁, 러일전쟁을 통해 동북아에서 새로운 패권국가로 등장한 일본은 한반도 점령 이후 그들의 팽창야욕을 만주, 중국, 인도차이나, 남방자원지대 등으로 확대해 갔다.

그러나 일본의 꿈은 그리 오래가지는 못하였다. 일본은 청일전쟁 승리 후 반세기 만인 1945년 8월 15일 연합국에 항복했다.

# 제5부  병전계(併戰計)

병전계는 '함께 싸울 때의 전략'을 말한다. 즉, 연합이나 동맹군 작전 중에 활용되는 계이다. 여기에는 힘을 모아 적을 공격하는 계략뿐만 아니라 연합작전 동안 주도권을 발휘하거나 연합국을 자기 뜻대로 움직이는 계략도 포함된다.

1. 제25계 : 투량환주(偸樑換柱)

2. 제26계 : 지상매괴(指桑罵槐)

3. 제27계 : 가치부전(假癡不癲)

4. 제28계 : 상옥추제(上屋抽梯)

5. 제29계 : 수상개화(樹上開花)

6. 제30계 : 반객위주(反客爲主)

# 제25계 : 투량환주(偸樑換柱)

(偸: 훔칠 투, 樑: 들보 량, 換: 바꿀 환, 柱: 기둥 주)

## 대들보를 훔치고 기둥을 바꾸어 무너지게 하라

'투량환주'는 상대의 결정적으로 중요한 중추인 대들보를 훔치거나 기둥이 되는 인물을 제거하여 자신의 뜻을 이룬다는 의미이다.

이 계의 원문(原文)과 해석(解釋)은 아래와 같다.

> 頻更其陣(빈경기진), 抽其勁旅(추기경려),
> 待其自敗(대기자패), 以後乘之(이후승지),
> 曳其輪也(예기윤야)
>
> 적의 진용을 자주 바꾸게 하고, 그 주력을 여기저기로 이동시켜 흩어지게 한다. 스스로 패하기를 기다려 이에 편승하여 승리를 쟁취한다.

투량환주는 적의 중추를 제거하거나 무력화시킴으로써 적의 전력 균형을 무너뜨려 승리를 쟁취하는 계이다. 힘과 균형의 근원을 중심(重心, Center of Gravity)이라고 한다. 중심은 한 부대의 행동의 자유나 유형전투력 또는 전투 의지를 창출하는 근원이나 능력이나 특성을 의미하며, 지휘관의 작전목표를 달성하기 위해 모든 관심과 노력을 지향하는 초점이고, 전투력을 운용하는 방식을 구상하는 근간이 된다.

중심은 제대나 상황변화에 따라 다르며 또한, 시간이 지남에 따라 변화됨으로 적의 중심을 식별한 뒤에도 계속 추적해야 한다. 전술단위 부대에서의 중심은 핵심표적과 같은 개념이 될 수 있다.

중심은 일반적으로 전략적, 작전적, 전술적 중심으로 구분하는데, 전쟁

시 각 제대는 적의 중심을 타격하는데 우선을 두어야 한다. 이렇게 함으로써 최초부터 적의 힘과 균형을 와해시킴으로써 승리할 수 있다.

## 조고가 호해를 황제에 앉혀 진을 멸망시키다

진 말기 환관 조고는 진시황 사후에 진시황의 첫째 아들 대신에 둘째 아들인 호해를 황제에 앉히고 전횡을 휘둘러 진이 몰락하도록 하였다. 즉 조고가 진의 기둥을 바꿔치기하여 멸망시킨 것이다.

전국시대를 마감하고 중국 최초의 통일 국가를 만든 진시황은 건강을 자신하여 후계자를 세우지 않았다. 이러한 상황에서 진의 조정은 후계자 문제로 이분되었다. 한편은 맏아들 부소 편을 드는 명장 몽염을 수장으로 하는 파이고, 또 다른 한편은 둘째 아들 호해를 후계자로 미는 환관 조고를 우두머리로 하는 일파였다. 진시황은 마음이 어질고 도량이 있는 맏아들 부소를 내심 후계자로 생각하여 몽염 장군이 있는 북쪽으로 감찰임무를 부여하여 파견하였다.

건강을 자신하던 진시황이 기원전 210년, 남방 순행 도중에 갑자기 병에 걸렸다. 진시황은 자신의 수명이 다했음을 깨닫고 맏아들 부소로 하여금 황위를 계승하고 몽염 장군에게 병권을 맡긴다는 유서를 환관 조고에게 주면서 첫째 아들 부소에게 전달할 것을 명령하였다.

진시황이 사망하자 승상 이사와 조고는 정국의 불안을 우려하여 진시황의 죽음을 숨기고 황제가 살아있는 것처럼 위장하여 도성인 함양까지 이동했다. 황제의 유서를 갖고 있던 조고는 호해를 황제로 세워 진을 멸망하게 하고 싶었다. 그는 승상 이사에게 진시황의 유서를 보여주며 흥정하였다. 조고는 부소가 황제에 오르고 몽염 장군이 병권을 장악하게 되면 승상 이사의 정치적 생명은 끝이 날 수도 있다고 위협하면서, 유서를 조작하여 호해를 황제에 오르게 하자고 설득하였다. 이에 이사는 마음이 동하여 조고의 제안에 동의하였고, 조고는 호해를 설득하여 황제에 오르겠다는 다짐을 받은 뒤에 유서를 고쳐 썼다. 그리고 맏아들 부소를 서인으로 폐하고 자결하라는 조서를 내려 부소를 죽게 하였다.

승상 이사와 환관 조고의 도움으로 황위에 오른 호해는 조고의 계략에 빠져 정사를 멀리하고 향락과 사치에 빠졌다. 호해는 조고의 간언에 따라 공자(公子) 12명과 공주 10명을 모두 죽였으며, 이와 연루되어 수없이 많은 사람이 희생되었다. 그는 또 아방궁(阿房宮)을 지을 때 전국에서 장정들을 징집하면서 먹을 양식까지 휴대하도록 명령하면서도 수도인 함양 3백 리 안의 곡식은 한 알도 함부로 사용하지 못하도록 했다.

그리하여 민중들은 진에 대한 반감을 갖게 되었고 진승, 오광, 항우, 유방 등을 우두머리로 하는 의병들이 곳곳에서 일어나 봉기하자, 조고는 호해를 핍박하여 스스로 죽게 하였다. 이렇게 그는 진 왕조를 완전히 전복시켰으며, 이 때문에 조고는 중국 역사상 간신 중에서도 최고 악질로 여겨졌다.

진을 뿌리째 흔들어 멸망토록 한 조고는 본래 조나라 사람으로 진이 조나라를 멸망시키면서 자행한 대학살에 대해 뿌리 깊은 원한을 갖고 있었다. 그 원한은 진나라 장수 백기(白起)가 조나라와의 전쟁 시 포로가 된 조나라 병사 40만 명을 땅에 묻어 죽여버린 사건으로부터 비롯되었다.

조고는 진에 대한 복수를 결심하였고, 환관이 되어 진시황의 신망을 받았다. 그리고 진시황이 죽자 본색을 드러내어 '투량환주(偸樑換柱)'의 계로 진의 공신들을 전부 죽였으며, 진시황의 자녀들 역시 전부 죽임을 당하도록 만들었다. 또한, 아방궁과 진시황릉을 축조하도록 하여 민중들이 반감을 갖고 봉기케 함으로써 진이 무너지도록 하였다. 조고의 정변은 중국 역사상 중대한 사건이었으며 역사의 전환점이 되었다.

## 장량과 진평이 항우의 기둥인 범증을 쫓아내다

중국 진(秦)나라 말기인 B.C. 204년 11월, 한신이 위(魏), 조(趙), 연(燕) 등의 나라를 평정함으로써 한 왕 유방(劉邦)의 위세는 날로 강대해졌다. 이에 초 패왕 항우(項羽)는 이러한 유방의 기세를 꺾기 위하여 10만의 군사를 이끌고 영양성으로 쳐들어갔다.

이에 유방의 모사(謀士) 진평(陳平)은 반간계(反間計)로 항우의 기둥이자 대들보인 군사(軍師) 범증(范增)을 제거함으로써 항우의 전력을 약화하고자 하였다.

진평은 간첩들을 매수하여 "범증이 공로가 많음에도 불구하고 상을 주지 않아 불만을 품고 한 왕 유방과 내통하고 있다."는 유언비어를 퍼뜨렸다. 불같은 성격의 항우는 이를 듣고 격노했지만, 부장들의 만류로 화를 겨우 누그러뜨렸다.

영양성의 위태한 상황 속에서 유방은 화해를 위한 사신을 항우의 진영으로 보내 그의 의중을 떠보았다. 이에 항우도 답례의 형식으로 조만간 사신을 보내겠다고 했다. 항우도 영양성에 있는 유방군의 상황이 어떤지 정탐해 보고 싶었다. 항우는 지략이 출중한 우자기(虞子期)를 사신으로 유방의 진영에 보냈다.

유방의 모사 장량과 진평은 항우의 사신인 우자기가 영양성에 도착하자 융숭하게 대접하며 범증의 안부를 물었다. 우자기는 이들이 범증의 안부를 묻는 까닭을 의심하였다. 더욱이 우자기가 유방의 접견실에 들어가자 유방은 보이지 않고 책상 위에 놓인 범증이 유방에게 보낸 것으로 보이는 서신을 발견하였다. 서신에는 유방을 끝까지 도와줄 것임과 통일 완수 후에는 고향에 제후로 봉해 주십사 하는 내용이 담겨 있었다. 우자기는 범증의 반역 증거를 잡았다고 기뻐하여 서한을 가슴 속에 훔쳐 넣고 항우의 진영으로 도망쳐왔다.

그는 항우에게 장량과 진평이 범증의 안부를 물었다는 이야기를 하면서 훔쳐온 서신을 내놓았다. 서신을 읽은 항우는 몸까지 부들부들 떨며 범증을 죽이려 하였다. 범증은 눈물을 흘리며 이것이 다 교활한 장량과 진평의 계략임을 호소하였으나, 본래 의심이 많은 항우는 범증의 말을 듣지 않았다. 항우는 눈물로 호소하는 범증을 차마 죽이지는 못하고, 모든 관직을 박탈한 후 여생을 고향에서 보내도록 허락하였다.

유방은 위기에 처하여 장량과 진평의 지혜로 항우군의 중심이라 할 수 있는 군사 범증을 '투량환주(偸樑換柱)' 계로 제거함으로써 항우군을 결정적으로 약화시킬 수 있었다.

이후 항우는 역발산기개세(力拔山氣蓋世)의 용맹에도 불구하고 범증과 같은 책사의 도움을 받지 못해 결국 유방에게 통일의 주도권을 빼앗기고 말았다.

## 히틀러가 크비슬링을 내세워 노르웨이를 장악하다

1933년에 '독일 국민의 영광'이란 기치를 내걸고 독일의 제1당이 된 나치당의 당수 히틀러는 점차 그의 야욕을 실현하기 위해 팽창정책을 추구하였다. 1938년에 오스트리아를 합병한 히틀러는 1939년 3월, 체코슬로바키아를 완전히 병합함으로써 제1차 세계대전 전의 독일 영토보다 배나 많은 땅을 차지하게 되었다.

그는 이에 만족하지 않고 1939년 소련과 비밀리에 불가침조약을 체결하여 폴란드를 양분하고, 이제 그의 시선을 북유럽 쪽으로 돌렸다.

1939년 9월 1일, 제2차 세계대전이 발발하자 북유럽 지역의 노르웨이, 스웨덴, 핀란드, 덴마크는 중립을 선언하였다. 그러나 히틀러는 북유럽의 지하자원을 확보하고 해안으로의 자유로운 진출을 위해 북유럽은 반드시 장악되어야 한다고 생각했다. 그 이유는 제1차 세계대전 시 독일은 강

력한 해군을 갖지 못하였고, 영국의 대륙봉쇄 전략에 의해 해외 식민지로
부터 자원을 원활히 공급받지 못하여 전쟁수행에 어려움을 겪었기 때문이
었다.

　이러한 역사적인 경험을 바탕으로 히틀러
는 북유럽 장악을 위해 비밀리에 노르웨이
에 공작을 벌였다. 그런데 당시 노르웨이 국
민연합당(National Union Party)의 지도자
였던 크비슬링(Quisling, Vidkun)은 독일의
노르웨이 점령이 노르웨이 국익에 도움이
된다고 생각하는 나치당의 하수인이었다.
히틀러는 1940년 4월 연합국의 침략에 대비
해 스칸디나비아 반도를 보호한다는 명분으

크비슬링

로 오슬로, 베르겐 등을 폭격하며 노르웨이를 침략하였다. 노르웨이 정부
는 6월 9일 독일에 항복해버리고 말았다.

　히틀러에게 노르웨이의 점령은 매우 만족스러운 것이었다. 그 이유는
그의 하수인인 크비슬링이 전권을 잡아 수상이 된 후에 독일 측에 가담함
으로써, 독일은 노르웨이군을 이용할 수 있었기 때문이었다. 히틀러는 그
를 반대하는 노르웨이 정부의 기둥을 뽑아 나치당의 하수인인 크비슬링
이라는 말 잘 듣는 수상을 내세워 북유럽을 그의 의도대로 장악할 수 있
었다. 이는 히틀러의 '투량환주(偸樑換柱)'의 계였다. 즉, 크비슬링을 이용
하여 노르웨이의 기둥뿌리를 힘들이지 않고 바꾸어 버린 것이다.

　크비슬링은 1887년, 노르웨이의 루터파 성직자의 아들로 태어나 노르
웨이 육군사관학교를 수석으로 졸업한 후 20대에 참모본부의 장교로서
활약하였다. 그는 러시아에서 육군 무관으로 근무하던 시절 코민테른의
영향을 받아 사회주의자가 되었다. 그러나 1920년에 소련의 기아구제에
나섰다가 사회주의에 대한 환멸을 느껴 민족주의자로 돌아섰다. 1931년에

국방상을 지낸 후, 1933년 5월에는 국민연합이라는 파시스트 정당을 만들어 독일 나치당의 사상과 전술을 받아들였다.

1939년 6월 전운이 전 유럽을 덮자, 크비슬링은 전쟁이 발발하면 영국이 노르웨이를 장악하는 위험성을 경고하면서, 노르웨이는 독일에 점령당하는 것이 이득이라고 주장하였다. 1940년 4월 9일, 독일군이 노르웨이를 침공하자 크비슬링은 전권을 장악하고 히틀러의 침략정책에 동조하는 매국행위를 하였다.

이후 그는 1942년 히틀러에 의해 수상의 권한을 부여받고 괴뢰정부의 수반으로서 노르웨이를 통치했으나, 1945년 5월 9일, 나치 독일이 항복한 후 연합군에 체포되어 10월 24일에 국가반역죄로 총살형을 당했다.

크비슬링과 같은 민족의 반역자는 역사에 영원히 수치스러운 이름을 남긴다. 노르웨이에서는 '비더군 크비슬링(Vidkun Quisling)'이란 이름을 '반역자'와 동의어로 쓴다. 노르웨이에서는 대화 중에 그 이름을 들먹이는 것조차 금기시되어 있다고 한다.

# 제26계 : 지상매괴(指桑罵槐)

(指: 손가락 지, 桑: 뽕나무 상, 罵: 욕할 매, 槐: 홰나무 괴)

## 뽕나무를 가리키며 홰나무를 꾸짖듯이 우회하여 상대를 무력화시켜라

'지상매괴'의 계는 정면충돌 하지 않고 간접적으로 상대를 지적하여 뉘우치도록 하는 방법이다. 지상매괴의 수준은 비평과 심한 욕설을 퍼붓는 수준의 중간에 해당한다고 볼 수 있다.

이 계의 원문(原文)과 해석(解釋)은 아래와 같다.

> 大凌小者(대능소자), 警以誘之(경이유지),
> 剛中而應(강중이응), 行險而順(행험이순)
>
> 크고 강한 자가 약한 자를 두려워하여 복종 시키려면 직접 실력에 호소하여 무력을 보여주기보다는 경고의 방식으로 복종하도록 유도해야 한다.

'지상매괴'의 계는 적대국과 제3국, 그리고 우리 내부를 대상으로 다양하게 운용될 수 있다.

첫째, 적대국에 간접적, 우회적으로 우리의 의지를 전달할 때 사용할 수 있다. 상대방이 무모한 공격을 시도하거나 대의명분 없이 엉뚱한 방향으로 나아갈 때, 이를 간접적으로 깨우쳐 주고자 할 경우 이 계를 사용할 수 있다.

둘째, 제3국을 활용하여 우리의 뜻을 명확하게 전달할 수 있다. 이렇게 함으로써 제3국도 우리의 명확한 의도를 인식하고 조심하게 되며, 적대국도 그 강한 의지에 두려움을 갖도록 만들 수 있다.

셋째, 우리 내부에 대해 명확한 경고를 보낼 필요가 있을 때 활용될 수 있다. 우리 내부에서 잘못된 결정을 내리거나 혹은 잘못된 방향으로 갈 경우, 이를 깨우쳐주는 방법으로 사용할 수 있는 것이다.

## 주체가 권신 제거 명분으로 반란을 일으켜 황제가 되다

중국 명(明)의 태조 주원장(朱元璋)은 천하를 통일한 후, 바로 정권의 안정화를 위한 작업을 시작하였다. 그는 생사를 함께한 개국공신들이 장차 황제의 권력기반을 흔드는 후환이 될 수 있을 것으로 생각하여 모두 죽여 버렸다.

그는 황위를 장손자인 건문제 주윤문(朱允炆)에게 넘겨 주었다. 그러나 주원장이 죽자 연왕 주체가 나서서 황권을 노렸다. 연왕 주체는 주원장의 26명의 아들 중 넷째 아들로 태어나 1370년 연왕(현재의 베이징)에 봉해졌으며, 북방 몽골족과의 많은 전투에서 승리를 거두었다.

건문제는 중앙정부의 황권을 강화하기 위해 번왕들을 차례로 투옥하고 평민으로 전락시켰다. 황제의 이러한 조치에 위기를 느낀 주체는 1399년

영락제

8월, '황제 주변에 있는 간신들로부터 미숙한 황제를 구한다.'는 명분으로 반란을 일으켰다. 표면적으로는 황제의 권신을 제거한다는 것이었으나 실제 목표는 황제 주윤문이었다. 황제의 신변에서 측근을 제거하면 황제는 혈혈단신이 될 것이고, 황제의 신변에 자신의 측근을 심어두면 황제는 허수아비가 될 것이기 때문이다.

1399년부터 1402년까지 계속된 황제 군과 연왕 군의 전투는 1402년 7월, 궁정 환관의

도움을 받은 연왕이 난징 성(南京城)을 함락시킴으로써 끝이 났다. 주체는 명의 3대 황제가 되었고 영락제(永樂帝)란 연호를 얻게 된다.

여기서 연왕 주체가 내건 '간신들을 척결한다'는 구호는 표면적으로 나라를 걱정하는 것이었지만, 사실은 황제의 자리를 노린 절묘한 '지상매괴(指桑罵槐)'의 계책이었다.

## 히틀러가 폴란드를 침략하여 연합국에 경종을 울리다

1939년 8월 11일, 히틀러는 폴란드 침공에 앞서 폴란드가 사소한 획책이라도 한다면 전격적으로 침공할 수 있다는 경고를 하였다. 이것은 폴란드에 대한 히틀러의 경고성 발언이었지만, 실제로는 적대국인 영국과 프랑스를 염두에 두고 한 말이었으며 또한, 독일의 동맹국들을 염두에 둔 '지상매괴'의 계였다.

이 당시에 헝가리는 전쟁을 향해 나아가고 있는 독일 측에 가담 여부를 고민하고 있었다. 헝가리는 7월 24일 히틀러와 이탈리아의 파시스트 독재자 무솔리니(Benito Mussolini)에게 서한을 보내 전면적인 충돌이 있으면 가담하겠다고 약속했으나, 이후 8월 8일에는 도의적 이유로 폴란드에 무력행사를 할 수 없다는 서한을 보내왔다.

독일군의 폴란드 시가행진

한편, 이탈리아도 추축국의 일원이었지만 폴란드를 침략하려는 히틀러의 야심에 대해 8월 11일 외상(外相)인 치아노를 독일에 보내 '폴란드와의 충돌은 피해야 한다.'는 의견을 히틀러에게 전달하였다. 이처럼 당시 독일의 동맹국이라 할 수 있는 이탈리아와 헝가리는 히틀러의 의지에 반하는 반응을 보였다.

이러한 상황에서 영국과 프랑스는 만일 독일이 폴란드를 침략한다면 전쟁에 즉각 개입할 것이고 군사적으로 지원할 것을 약속하였지만, 히틀러는 이 점 또한 교묘하게 이용했다. 그는 연합국들이 독일의 영토 확장과정에서 이렇다 할 조치를 내놓지 못하고, 서로 의견만 분분하며 우왕좌왕했었음을 잘 알고 있었다.

결국, 1939년 9월 1일, 히틀러는 폴란드를 침공하여 소련과 함께 폴란드를 양분하여 점령해 버렸다. 영국과 프랑스는 즉각 독일에 선전포고를 하였으나, 이는 단지 허울만 좋은 명분상의 선전포고였으며 이에 따르는 군사적 조치는 없었다.

역사학자들은 독일의 폴란드 침공 후 서방 연합국과 독일 사이에 선전포고는 있었지만 주요한 군사작전이 없었던 이 시기(1939년 9월부터 1940년 5월)를 '가짜전쟁(Phony War)'이라 부른다.

히틀러는 이러한 일련의 조치를 통해 연합국에 경종을 울리는 동시에, 동맹국인 이탈리아와 헝가리에는 독일의 확연한 의지를 보여준 '지상매괴'의 계를 적용했다고 할 수 있다.

## 미국이 아프간 침공으로 테러지원국들에 경종을 울리다

2001년 9월 11일, 세계 경제의 심장부라 할 수 있는 미국의 무역센터와 미 국방성이 항공기 공격을 당하여 수천 명의 인명이 살상당한 9·11테러 사건이 발생하였다. 9·11테러 사건은 1942년 12월 7일, 일본군의 진주만 기습 이래 최초로 미 본토가 공격을 당한 것으로써, 미국은 이 사건으로 큰 충격에 빠졌다.

미국은 테러사건의 배후에 오사마 빈 라덴이 이끄는 이슬람 원리주의

9.11테러 당시 미국의 세계무역센터(左)와 국방성(右)

국제 테러조직인 알 카에다가 있다는 사실을 확인하였다. 알 카에다는 이미 1996년 10월 미국과 미국의 동맹국들에 대하여 성전(Jihad)을 선포한 바 있으며, 수차례의 유사한 테러를 감행했던 전력이 있었다.

이에 따라 미국의 부시(George W. Bush) 대통령은 즉각 국가안보회의를 소집하고, 전시내각체제를 운영하며 대 테러전쟁을 수행할 것을 선언하였다. 부시 대통령은 알 카에다 조직의 기반인 아프가니스탄의 탈레반 정권에게 오사마 빈 라덴의 신병 인도를 요구하였다. 그러나 아프가니스탄의 탈레반 정권이 이를 거

국가 안보회의를 주재하는 부시 미국 대통령

부하자 미국은 아프가니스탄을 침공하여 탈레반 정권과 알 카에다 세력을 축출하였다.

또한, 미국의 부시 대통령은 이듬해인 2002년 1월 29일 연례 일반교서에서 테러를 지원하는 정권을 지목하여 '악의 축(Axis of Evil)'이라 명명

하면서 이들 국가를 간접적으로 압박하였다. 즉, 이라크, 이란, 북한을 악의 축의 대표적 국가로 지명함으로써 테러를 지원하는 국가들을 대상으로 행동으로 경고했다.

이처럼 2001년 10월 7일부터 시작된 아프간전쟁은 탈레반 정권을 무너뜨리고 테러조직인 알 카에다 세력을 제거한다는 명분으로 전쟁을 수행하였지만, 어떤 의미에서는 테러를 지원하는 국가에게 암묵적인 경고를 보낸 것이라 할 수 있었다.

미국의 아프간 침공은 이런 점에서 미국의 '지상매괴'의 계의 실행이라 할 수 있다.

# 제27계 : 가치부전(假癡不癲)

(假: 거짓 가, 癡: 어리석을 치, 不: 아닐 부, 癲: 미칠 전)

## 어리석은 척하여 상대가 방심하도록 유도한 뒤 승리하라

'가치부전'은 상대의 경계심을 늦추게 한 후 기회를 틈타 행동을 취하는 계책이다. 여기서 핵심은 '가(假 : ~하는 척)'에 있다. 거짓으로 적의 예봉을 피하려고 일부러 미친 척 또는 바보처럼 행동함으로써, 자신의 속내를 은폐하고 앞으로 승리를 거두기 위한 계이다.

이 계의 원문(原文)과 해석(解釋)은 아래와 같다.

> 영위작부지불위(寧僞作不知不爲),
> 불위작가지망위(不僞作假知妄爲),
> 정불로기(靜不露機)
>
> 일부러 어리석거나 딴전을 부리는 편이 아는 척하거나 경거망동하는 것보다 유리하다. 조용히 계략을 다듬고 실력을 기른다. 이는 우레가 가만히 때를 기다리는 것과 같은 이치다.

사람의 행동 양태는 다양하다. 어떤 이는 그 재능과 지위가 높지 않음에도 호랑이처럼 자신의 위풍을 드러내어 남을 위협한다. 반면에 어떤 이는 본래 호랑이처럼 영웅적인 기질을 갖추고 있지만 어떤 목적을 이루기 위해 바보 같은 모습과 행동으로 상대방을 방심하도록 유인한다. 얼굴에는 전혀 공격적이거나 적의를 드러내지 않고 모든 일에 순순히 따라 하는 태도를 보이다가, 결정적인 순간에는 상대방이 방심한 상황에서 그 본래의 모습을 드러내 목적한 바를 이룬다. 가치부전의 계는 바로 두 번째 유형의 행동 양태라 할 수 있다. 즉, 자신의 능력과 생각을 은폐하여 남을 방심하도록 하고, 결정적인 순간에 본래의 모습으로 돌아와 그 뜻한 바를 이루는 것이다.

## 다윗이 위기의 순간에 미친 척하여 사지를 벗어나다

성경에 등장하는 다윗(David)은 고대 이스라엘 왕국의 2대 왕이며, 위대한 왕으로서 칭송된다. 그의 아들인 솔로몬은 3대 왕으로 지혜의 왕으로 불렸다. 다윗은 초대 왕인 사울(Saul)에 이어 왕이 되기까지 수없이 많은 어려움을 겪어내야 했다.

초대 왕 사울은 제사장이 드려야 할 제사를 가로채었고, 아말렉(Amalek)과의 전투에서 적군을 모두 전멸시키라는 지시를 어김으로써 왕권을 유지하지 못하였다.

다윗은 본래 양치기의 비천한 신분이었으나 블레셋(오늘날의 팔레스타인)과의 전투에서 골리앗(Goliath)이란 거인을 단 한판의 승부로 목을 베어 사울 왕의 시종으로 발탁되었다. 그러나 다윗은 곧 사울 왕의 질시를 받아 도망치는 신세가 되었는데, 이는 용사로서의 명성이 사울 왕을 능가하였기 때문이었다. 또한, 사울 왕은 자신의 왕권이 다윗으로 말미암아 위태로워질 것으로 생각하여 그를 죽이려고 하였다.

도망자의 신분으로 전락한 다윗은 어느 날 적국인 가드의 왕 아기스에게 가서 자신과 자신을 따르는 이들과 함께 몸을 의탁하려고 하였다. 그러나 아기스 왕의 신하들이 "이는 그 사울 왕의 시종 다윗이 아닙니까? 사람들이 노래하기를 "사울이 죽인 자는 천천이요, 다윗은 만만이요" 라는 그 다윗이 우리에게 의탁한다는 것이 과연 합당합니까?" 라고 말하였다. 이때 다윗은 자신에게 닥친 위기를 감지하고는 갑자기 미친 행세를 하기 시작하였다.

그는 대문짝에 기대어 흐느적거리고 침을 수염에 질질 흘리면서 정말로 미친 사람처럼 행동하였다. 그러자 가드 왕 아기스는 "이 사람은 미치광이가 아니냐? 어찌하여 그를 내게로 데려왔느냐? 우리 땅에 미치광이가 부족해서 그를 나에게 데려왔느냐?" 하며 다윗을 쫓아내 버렸고. 다윗은 겨우 위기를 넘기고 생명을 부지할 수 있었다.

실로 위기의 순간 다윗은 미친 척한 행동으로 사지(死地)를 벗어날 수 있었다. 이후

다윗 상

다윗은 왕위에 올라 이스라엘에서 가장 존경을 받았으며, 가장 강한 왕국을 건설한 인물로 성서에 기록되었다. 이처럼 다윗이 미친 척한 행동으로 적국 아기스의 수중에서 벗어난 것은 '가치부전'의 계였다.

## 초 장왕이 성색(性色)에 빠진 척하여 왕권을 보전하다

'3년이나 날지 않았지만 한 번 날면 하늘을 뚫을 것이요, 3년이나 울지 않았지만 한 번 울면 세상 사람들을 놀라게 할 것(三年不飛 一飛衝天 三年不鳴 一鳴驚人)'이라고 자부했던 인물은 초나라 장왕으로, 그는 춘추시대의 유명한 춘추오패 중의 하나였다.

그러나 이렇게 호방하고 걸출했던 장왕도 그가 왕으로 즉위했던 B.C. 614년 당시에는 대부 투초(鬪椒)의 견제를 받아 왕권을 유지하는 것조차도 불안하였다. 그래서 그는 의도적으로 성색(性色)에 빠진 것처럼 굴며 궁녀들과 음탕한 짓을 벌이고, 궁문에 '나라가 평안하니 과인은 많은 일에 관여하고 싶지 않다. 그러니 명예를 탐내어 간하는 자는 죽을 것이다.'는 포고문을 걸도록 하였다.

이것은 장왕이 스스로 어리석음을 가장한 '가치(假癡)'였다. 이렇게 하면서 그는 내심으로는 '일명경인(一鳴驚人)'을 준비하였는데 이것은 '부전(不癲)'이었다.

3년 간을 어리석은 체하여 왕권을 겨우 유지했던 장왕은 어느 날 마치 맹호가 눈을 뜬 것처럼 탐관오리를 엄벌하고, 그동안 눈여겨 보아두었던 오거(伍擧) 등 충신들에게 국정(國政)을 담당하도록 하였다. 또한, 새롭게 능력 있는 대신들을 중용하는 한편, 수백 명의 간신을 신속하게 제거해버렸다.

장왕은 이러한 일련의 조치로 대신들의 지지 하에 자신을 견제했던 투씨(鬪氏) 일족들을 제거하고 왕권을 공고히 함으로써, 춘추오패의 반열에 오르는 기반을 마련할 수 있었다.

장왕의 계책은 일부러 미친 척하여 왕위를 유지하고, 자신의 확고한 기반을 닦은 후 기회가 오자 자신의 뜻한 바를 이룬 '가치부전'의 계였다.

## 몽골의 수보타이가 유인작전으로 유럽군을 격멸하다

1241년 4월, 칭기즈칸의 오른팔이었던 수보타이는 15만의 대군을 이끌고 유럽 원정의 첫 목표인 폴란드 슐레지엔 지방의 레그니차와 헝가리의 모히에 모습을 드러냈다.

이 같은 몽골군의 침략에 맞서 슐레지엔 공인 하인리히 2세는 교황 그레고리 4세에게 구원을 요청하는 한편, 폴란드와 유럽의 각지에서 군사를 모아 5만의 병력을 이끌고 레그니차 동남쪽 발슈타트에 포진하였다. 하인리히는 군사들을 출신 국가별로 5개 부대로 나누어 사다리꼴 대형으로 포진하였다. 하인리히 2세는 총사령관으로 튜튼 기사단과 폴란드군을 직속으로 편성하여 제5진에 본진을 두었다.

한편, 수보타이는 몽골군을 3만 명씩 모두 5개의 군단으로 나누었다. 수보타이의 작전개념은 유럽군이 우습게 여길 정도로 약해 보이는 전위부대로 유럽군을 종심 깊이 유인하여 매복하고 있는 주력군으로 격멸하는 것이었다.

유럽의 기사들 앞에 나타난 몽골군의 전위부대는 조랑말을 타고 변변한 갑옷도 입지 않은 채 단도와 활로 무장하였다. 이러한 몽골군을 바라보며 유럽군은 깔보고 비웃었다. 그도 그럴 것이 유럽의 기사들은 사슬 갑옷과 투구, 방패, 3m 길이의 장창, 칼 등을 휴대하고 있었고, 말 또한 사슬 갑옷을 입고 있었기 때문이었다.

유럽군의 제1진을 지휘하는 모라비아 변경의 아들 볼레슬라프가 공격 명령을 내리자 선두 보병이 석궁을 발사하기 시작하였고, 몽골 기병은 두려운 듯이 유럽의 기사들 앞에서 도망치기 시작하였다. 기세가 오른 유럽군 기병들이 몽골군을 쫓아 추격을 시작하자, 전공을 놓칠세라 유럽군의 제2진도 몽골군의 뒤를 쫓아 바짝 추격하기 시작하였다.

유럽군의 제1진과 제2진이 본대와 떨어져 벌판 한가운데로 나오자, 매복해 있던 몽골군이 함성과 함께 유럽군을 에워싸며, 독이 묻은 화살을 유럽군의 머리 위로 쏘아대기 시작하였다. 이와 때를 같이하여 거짓 도망하던 몽골군의 전위부대도 말머리를 돌려 공격하였고, 유럽군의 제1진과 제2진은 몽골군 기병에게 포위되어 전멸당하고 말았다.

눈앞에서 아군이 전멸당할 위기에 처하게 되자 유럽군의 제3진이 공격을 개시하였지만, 새로이 투입된 몽골군의 공격을 받고 혼란에 빠지고 말았다. 전황을 지켜보던 하인리히 2세가 파국을 막고자 마지막 승부수로 제4진과 제5진을 이끌고 출격하였다. 그러나 유럽 중기병의 기동속도는 몽골 경기병의 기동속도를 따라잡을 수 없었다. 또한, 유럽의 석궁 병이 활을 분당 2발 발사할 때 몽골의 기병은 말 위에서 10발을 발사하였고, 유럽군의 석궁 병에 이어 기병들도 차례로 쓰러지고 말았다. 결국, 하인리히 2세는 전투 중 활에 맞아 전사하였고, 유럽군은 참패를 당하였다. 이러한 레그니차 전투 결과는 전 유럽을 공포로 몰아넣었다.

레그니차 전투에서 몽골군의 전위부대가 사용했던 전법이 '너헤이 헤렐(개의 행동)' 전법이다. '너헤이 헤렐'은 자신의 약점을 적에게 고의로 드러내 적을 방심하게 하고 거짓 패하는 척하여 적을 유인하여 격멸하는 것으로, 이는 몽골군의 대표적인 전술이다.

이처럼 적 앞에서 두려운 듯하며 도망하는 몽골군의 전술은 콧대 높은 유럽인들로 하여금 몽골군을 얕잡아 보고 추격하게 함으로써, 종심깊이 유인하고 사전 준비된 매복 지점에서 적을 포위하여 승리를 쟁취하는 일종의 '가치부전'의 책략이었다.

몽골의 황제 칭기즈칸(Chingiz Khan)은 유인작전에 능하였다. 몽골 비사에는 '이후리 갈동'이란 용어로 표현하는데, 이는 오늘날의 유인격멸과 비슷한 용어이다. 유인은 칭기즈칸 전술의 기본으로서, 여기에는 '너헤이 헤렐(개의 행동)', '우드흐(유인작전)', '부게흐(매복작전)', '별처럼 흩어지기' 등이 있다.

칭기즈칸

그 중 '너헤이 헤렐'은 몽골 개의 행동을 응용한 것이었다. 몽골 개는 사람이 달릴 때 그 앞에서 달리면서 가까워졌다가 멀어졌다 하면서 짖는다. 이것을 응용해서 칭기즈칸은 몽골군의 전술을 창안하였다. 즉, 도망가는 척하면서 따라 잡힐 듯 말 듯하고, 싸우는 것도 아니고 싸우지 않는 것도 아닌 채 적을 내가 원하는 지점까지 유인하는 전술이다. 이렇게 패한 척, 힘이 부족하여 도망가는 척하면 적은 몽골군을 얕보아 추격하는 동안 길게 늘어서게 되고 지휘체계와 전투서열이 흐트러지며 말들도 지치게 마련이다.

몽골군은 이처럼 유약한 모습을 보여 적이 방심하도록 하고 적의 조직적인 추격을 분산시키면서 몽골군이 선정한 유리한 지점에 도달하게 되면, 사전에 매복해 있던 주력부대로써 적을 포위 섬멸했다.

# 제28계 : 상옥추제(上屋抽梯)

(上: 위 상, 屋: 집 옥, 抽: 뽑을 추, 梯: 사다리 제)

## 지붕 위에 올려놓고 사다리를 치우듯 배수의 진을 쳐서 승리하라

'상옥추제'의 계는 삼국지 제갈량전(諸葛亮傳)에서 유래한다. 유비의 아들 유표(劉表)는 두 아들을 두고 있었다. 그런데 유표는 맏아들인 유기(劉琦)보다 후실인 채 부인이 낳은 아들 유종(劉琮)을 편애하였다. 이에 유기는 상황이 자신에게 불리해져 감을 느끼자 제갈량에게 도움을 요청하고자 하였다.

어느 날, 제갈량이 유기를 방문하였다. 이때 유기는 제갈량에게 자신의 살 길을 알려달라고 간절히 부탁하였다. 그러나 제갈량은 유가의 집안싸움에 말려들지 않기 위해서 명확한 답을 주지 않았다. 이에 유기는 귀한 책이 있다며 제갈량을 누각으로 데리고 갔다. 제갈량이 누각에 오르자 유기는 사다리를 치워 버렸다. 그리곤 울면서 제갈량에게 자신이 헤쳐나갈 방도를 알려 달라고 매달렸다.

그러자 제갈량은 하는 수 없이 춘추시대 진(晉) 헌공의 맏아들인 신생(申生)이 헌공이 총애하는 여희의 모함을 받아 죽임을 당하자, 그의 동생 중이(重耳)는 도망쳐 19년간 망명생활을 한 끝에 왕위에 올랐다는 신생과 중이의 고사를 들려주었다. 그리고 유기에게 당분간 강하(江下)를 지킨다는 명분으로 외지에 나가서 생명을 부지하는 비책을 알려주었다. 이처럼 사다리를 치워 제갈량이 기묘한 계책을 내도록 한 유기의 계략을 '상옥추제'라 하였다.

이 계의 원문(原文)과 해석(解釋)은 아래와 같다.

假之以便(가지이편), 唆之使前(사지사전),
斷其援應(단기원응), 陷之死地(함지사지),
遇毒(우독), 位不當也(위부당야)

적군이 공격해 오도록 하여 아군 지역 깊숙이 들어오도록 유인한다. 이렇게 한 후 적군의 증원부대와 지원을 차단하여 사지에 빠지게 하라.

이 계를 적용하는 핵심은 적을 유인해서 '지붕 위로 올라가게 하는 것'(上屋)이다. 적이 어찌해볼 수 없는 상황에 빠지도록 유인하고 나서 사다리를 치워버리듯(抽梯) 적을 격파하는 것이다.

손자병법 군형편 제4에 "전투를 잘하는 자는 먼저 이길 수 있는 여건을 만든 후에 자연스럽게 이기는 자이다. 따라서 전투를 잘하는 자의 승리에는 지모나 용감하다는 공적 따위가 남의 눈에 띄지 않는 것이다. (古之所謂善戰者, 勝於易勝者也 故善戰者之勝也, 無智名, 無勇功.)"라는 말이 있다. 이는 싸움을 잘하는 자는 남들이 그 승리한 이유를 알아채지 못하도록 자연스럽게 여건을 조성하여 승리를 거둔다는 의미이다.

이 계로 적을 유인할 때는 너무도 자연스럽게 여건을 조성해서 아무도 승리의 이유를 알지 못하게 해야 한다.

### 이연이 상옥추제의 계략으로 당(唐)을 세우다

당(唐)의 고조 이연(李淵)은 대단한 모략가로서 '진양기병(晉陽起兵)'으로 수(隋)를 멸하고 당 왕조를 열었다. 진양기병이란 태원의 유수로 있던 이연이 617년에 진양에서 수를 멸하고자 반란을 일으킨 사건을 말한다.

당시 이연은 수나라 말기 군웅이 할거하여 각축을 벌이는 상황에서 수양제(煬帝)의 엄밀한 감시를 받고 있었다. 그러나 그는 '상옥추제'의 계로써 이를 극복하고 새로운 왕조를 열 수 있었다.

당 고조 이연

이연이 직면했던 수나라 말기의 상황은 매우 복잡하고 위험하여 장악하기 힘든 상황이었다.

수양제는 의심이 많았고 특히, 이연에 대해 감시의 눈을 떼지 않았다. 그는 심복을 이연의 부장(副將)으로 보내 견제했기 때문에, 이연은 손을 쓸 수가 없어 기회 있을 때마다 '가치부전'의 계로 그가 야심이 없음을 보여야만 했다.

또한, 군웅들이 일어나 저마다 왕을 칭하거나 황제를 칭하며 세력을 키우고 있는 상황에서, 만약 이연이 움직이지 않는다면 기회를 영원히 잃어버릴 수도 있었다. 그리고 이연이 거병할 것이라는 의지를 드러내 보이지 않으면, 그를 따르는 추종자들이 이탈할 위험성도 내재하여 있었다.

이연은 이러한 상황에서 표리부동한 양면작전을 구사하였다. 그는 여러 가지 수단을 마련해서 수양제가 방심하도록 하는 동시에, 그를 제왕에 추대하려는 추종자들로 하여금 그가 거병을 겁내고 주색에 빠져 현실에 안주하려 한다고 오해하도록 함으로써, 필사적으로 그를 반란의 길로 몰아붙이도록 하는 '상옥추제(上屋抽梯)'의 계책을 썼다.

그는 또한 추종자들이 원하는 대로 움직이면서도 추종자들의 모반 흔적을 고의로 드러냄으로써 이들이 살기 위해서는 끝까지 자신을 추종하지 않으면 안되도록 만들었다. 이 역시 '상옥추제'의 계였다.

이연의 고명함은 이와 같이 다른 사람들이 그가 승리한 비법을 알아채지 못하게 하는 데 있었다. 그리고 오히려 그들 자신이 이연에게 수완을 부려 이연이 어쩔 수 없이 거병하도록 했다고 생각하도록 만들었다.

## 을지문덕 장군이 수군을 기만 · 유인하여 격멸하다

612년 1월, 수(隨)나라의 113만여 명에 이르는 대군이 고구려를 침공했다. 이번 침공은 598년의 30만 대군의 침공에 이은 수나라의 두 번째 침공이었다.

수 양제(煬帝)는 그해 4월에 친히 24개 군으로 이루어진 대병력을 이끌고 요하를 건너 요동성을 포위하였다. 그러나 고구려군은 수성전술 위주로 장기농성을 계속하면서도 가끔 수군의 경계태세가 해이해진 야간을 이용하여 기습적인 공격을 가하는 전술로 수군을 괴롭혔다. 이는 당시 속전속결을 노렸던 수의 전략을 무력화시킬 수 있었던 효과적인 대응전술이었다.

당시에 수군은 우기(雨期)가 다가오기 전에 작전을 종료해야 한다는 부담감을 가지고 있었다. 우기가 되면 수군은 보급에 차질이 생겨 사기가 저하될 수 있으며, 전염병이 만연할 경우 엄청난 전투손실을 입게 되어 침공을 포기하고 전면 퇴각해야 하는 위기상황에 직면할 수 있었다. 수군은 제1차 침공 시 우기를 맞아 공격을 중지하고 철수했던 뼈아픈 경험을 가지고 있었다.

이에 수군은 5월 초순부터 6월 초순까지 한 달에 걸쳐 요동성을 집중적으로 공략하였으나, 고구려군이 방어하고 있는 요동성을 함락시키지 못하였다. 4월 초부터 시작된 요동성 공략이 허사로 돌아가자 수양제는 새로운 결단을 내리지 않을 수 없었다.

양제는 속전속결의 전략으로 기동력이 뛰어난 정예부대를 직접 고구려의 수도인 평양으로 진출시켜, 우기가 시작되기 전에 고구려 국왕의 항복을 받아내려고 하였다. 그는 요동성에 대한 공략을 계속하면서 우문술(宇文述)의 지휘 하에 30만여 명의 정예 별동부대를 100일 분의 군량과 장비를 휴대하여 평양성을 공격하게 했다. 그러나 수의 별동부대는 한꺼번에 지급된 백 일 분의 군량을 행군 간에 감당하지 못하였고, 수군들은 숙영할 때마다 지휘관 몰래 군량과 장비를 조금씩 땅에 파묻어 무게를 줄여나갔다.

한편, 고구려 영양왕은 수군의 별동부대가 압록강 서안에 도달하자 을지문덕(乙支文德) 장군을 파견하여 대응케 하였다. 을지문덕 장군은 '상옥추제'의 계로 수군을 기만하여 고구려 영토 깊숙이 유인하여 적의 보급을 차단하고 적이 어찌할 수 없는 상황을 조성한 후 격멸하고자 하였다.

을지문덕은 우선 수군에게 거짓 항복의사를 전달하고, 수군의 상황을 탐지하기 위해 압록강을 건너 수군 진영에 들어갔다. 그는 수군 진영을 살펴 수군의 식량 상황이 심각함을 눈으로 직접 볼 수 있었다. 을지문덕은 수군이 수군 진영으로 찾아간 그의 의도를 정확히 인식하지 못하는 혼란한 틈을 이용하여 무사히 탈출하였다.

을지문덕 장군 상

수군은 을지문덕 장군이 탈출하자 비로소 그들이 속았다는 사실과 내부의 기밀이 탐지된 것을 깨닫고, 을지문덕을 생포해야 한다는 강박관념으로 압록강을 넘어 고구려군을 추격하기 시작하였다. 수군은 을지문덕의 유인전술에 말려들고 말았다.

압록강을 건넌 수군의 진격속도는 더욱 빨라졌고, 7월 초순에는 선두부대가 평양성 북방의 산악지대에 도달했다. 그러나 고구려의 청야작전(淸野作戰)으로 인해 수군은 식량의 현지조달이 불가하여 식량난이 더욱 악화되어 갔다. 을지문덕 장군은 평양성 북방 산악지대에 정예병을 배치하고 대비하고 있었으며, 수군의 철군을 주장하는 그 유명한 오언시(五言詩)를 수군 진영에 적어 보냈다. 오언시의 내용은 다음과 같다. '신통한 계책은 천문을 헤아리고, 묘한 꾀는 지리를 꿰뚫는구나. 싸움마다 이겨 공이 이미 높았으니, 충분한 줄을 알고서 그만둠이 어떠하리[神策九天人, 妙算

窮地理, 戰勝功旣高, 知足願云止]'

수의 별동부대 지휘관 우문술은 현 상황에서는 더 이상의 공격이 어렵다고 판단하여 독단적으로 철군 결정을 내렸다. 수군은 고구려군의 공격에 대비하여 사주경계를 강화하며 철군하였다. 7월 하순에 수군은 평안남도 안주 일대에 도착했으며, 무사히 살수(薩水 : 지금의 청천강)에 도착하자 서둘러 강을 건너기 시작했다. 살수는 수량이 많지 않아 수군이 강을 건너기에 어려움이 없었다. 그 이유는 고구려군이 이미 살수 상류 지역에 임시 제방을 축조하여 다량의 강물을 저수하고 있었기 때문이었다.

고구려군은 수군의 주력이 강의 중앙부를 통과할 때 상류의 제방을 무너뜨렸다. 강물이 갑자기 불어나자 수군은 우왕좌왕했으며, 연이은 고구려군의 기습공격에 섬멸적인 타격을 입었고, 요동성을 포위하고 있는 본진에 합류한 병력은 2천 7백 명에 불과하였다.

을지문덕 장군은 '상옥추제'의 치밀한 계로 수군을 유인하여 수군이 어찌할 수 없는 상황을 조성한 다음, 살수에서 섬멸함으로써 완벽한 승리를 거두었다.

## 나폴레옹이 러 · 오 동맹군을 아우스터리츠에서 격파하다

1805년 12월 초, 나폴레옹은 오스트리아와 러시아 동맹군을 아우스터리츠(Austerlitz : 현 체코의 Salavkov u Brna)에서 격파함으로써, 제3차 대불 동맹을 와해시키고 서유럽의 패권을 차지하였다.

아우스터리츠 전역에서 나폴레옹은 프랑스군의 철수 징후를 고의로 노출해 오 · 러 동맹군이 적극적인 공세로 나서도록 유인하였다. 전장 중앙에 위치한 프라첸(Pratzen) 고지는 최초에 오 · 러 동맹군이 점령하도록 고의로 방치되었고, 고지를 점령한 오 · 러 동맹군은 고지를 중심으로 좌익과 우익으로 나누어 공격을 계속하였으며, 동맹군의 예비도 주공 지역인 좌익으로 투입되었다.

오·러 동맹군의 주력이었던 좌익의 공격은 이 방면에 나폴레옹이 추가로 1개 군단을 투입함으로써 저지되었고, 동맹군의 우익 공격도 프랑스군의 효과적인 방어로 돈좌되었다.

나폴레옹은 총공격을 명하여 기습적으로 프라첸 고지를 탈취하여 러시아와 오스트리아 동맹군의 좌익과 우익을 분리하는 동시에, 프라첸 고지를 중심으로 프랑스군의 예비대를 투입했다. 이러한 상황에서 이미 예비대까지 투입한 러·오 동맹군의 지휘부는 대처할 방안을 세울 수 없었다. 결국, 동맹군의 주공인 좌익은 포위되어 얼어붙은 사천 호수(Satschen Pond)에서 전멸당하였고 동맹군의 우익은 격퇴되었다.

아우스터리츠 전투는 나폴레옹을 포함하여 오스트리아 황제(프란츠 2세)와 러시아의 황제(알렉산드르 1세)가 참전하여 삼제회전(三帝會戰 : Battle of the Three Emperors)이라고도 불린다. 이 전투 결과 러·오 동맹군은 2만7천여 명의 손실을 본 반면에, 프랑스군의 손실은 6,500명에 불과했다.

나폴레옹은 '상옥추제'의 계로써 러·오 동맹군이 프라첸 고지를 점령하고 예비대까지 투입하도록 한 뒤에(上屋), 기습적으로 프라첸 고지를 탈취함으로써(抽梯), 동맹군이 더는 어찌해 볼 수 없는 상황을 조성하여 승패를 결정지었다.

아우스터리츠 전역은 전략적 수세를 취한 후 기만책으로 적의 공세를 유도하고, 전장 중앙에 위치한 주요지형지물을 효과적으로 활용하여 기습적으로 공세 전환함으로써, 적의 좌우익을 분리하고 주공인 좌익을 포위 격멸하여 승리를 거둔, 나폴레옹의 뛰어난 군사적인 혜안을 엿볼 수 있는 전례이다.

# 제29계 : 수상개화(樹上開花)

(樹: 나무 수, 上: 위 상, 開: 열 개, 花: 꽃 화)

## 나무에 꽃이 피게 하듯 적의 눈을 현혹하여 승리하라

'수상개화(樹上開花)'의 계는 허장성세(虛張聲勢)를 의미한다. '허장성세'는 삼국지에서 그 유래를 찾을 수 있다. 형주의 유표가 죽자 조조는 대군을 이끌고 침략해 왔다. 유비는 황급히 형주의 군민(軍民)들과 함께 강릉으로 피신하였다. 그러나 유비군은 곧 조조군의 추격을 받아 장판교(長板橋)에 이르렀다. 이때 유비의 아우 장비(張飛)는 장판교 앞에서 소수의 기병을 이끌고 흙먼지를 날리면서 대군이 있는 것처럼 가장하며 홀로 장팔사모를 든 채 호통을 치며 허세를 부렸다. 그러자 조조는 이것이 유비군의 계략인 줄 알고 추격을 포기했다.

이 계의 원문(原文)과 해석(解釋)은 아래와 같다.

> 借局布勢(차국포세), 力小勢大(역소세대),
> 鴻漸於陸(홍점어륙), 其羽可用爲儀也(기익가용위의야)
>
> 형세에 따라 위세를 떨치면 작은 세력으로도 큰 세력인 것처럼 꾸밀 수 있다. 기러기가 하늘을 날 때, 무리를 지어 날개를 활짝 펴고 대형을 이루어 나는 것처럼 하는 것이다.

이 계를 적용하는 방법은 있지도 않은 전력을 부풀려 적을 위협하는 것이다. 이렇게 함으로써 적의 행동을 억제하거나 혹은 싸우지 않고 제압할 수 있다. 적과 싸우지 않고 허장성세로 적을 제압할 수 있다면 최상의 계책이 될 수도 있을 것이다.

## 이순신 장군이 강강술래로 일본군을 속이다

정유재란 시 조선 수군이 칠천량 해전에서 참패한 이후, 조선 조정은 이순신 장군을 다시 삼도수군통제사로 임명했다. 조선 수군이 칠천량 해전에서 거의 전멸한 가운데, 이순신 장군은 겨우 남은 판옥선 13척의 전력으로 일본 수군의 함선 300여 척과 대적해야 했다.

칠천량 해전으로 조선의 수군은 거의 와해되었고, 그즈음 남해 일대의 남자는 모두 군사로 불려 나갔거나, 군수 물자를 실어 나르는 일에 동원되었기에 남아있는 사람은 아녀자들뿐이었다. 이에 이순신 장군은 일본군에게 조선 수군의 병졸이 많다는 것을 보이기 위한 의병술(疑兵術)을 썼다. 장군은 부녀자들로 하여금 해남의 옥매산(玉埋山)을 돌게 하였는데, 이것이 바로 강강술래의 모태가 되었다고 한다.

강강술래는 '강한 오랑캐가 물을 건너온다'라는 뜻에서 유래되었다는 설도 있고, 한자어 수라(巡邏)에서 유래되어 '주위를 경계하라.'는 의미라는 설도 있다. 임진왜란 때 시작된 우리 민족의 강강술래는 1965년에 중요무형문화재 제8호로 지정되었고, 2009년 9월에는 유네스코 인류 구전 및 무형유산 걸작으로 선정된 바 있다.

일본군을 속이기 위해 부녀자들을 이용하여 강강술래로 많은 병력이 있는 것처럼 위장한 이순신 장군의 지혜는 가히 꽃이 없는 나무에 꽃을 피우게 한다는 '수상개화(樹上開花)'의 계략이었다.

강강술래의 재현 모습

우리 해전사에 길이 남을 명량해전은 1597년 9월 16일 벌어졌으며, 조선 수군의 통쾌한 승리로 끝을 맺었다. 조선 수군의 승리는 이처럼 민·관·군의 통합된 노력을 바탕으로 이루어진 것이었다.

## 몽고메리 장군이 사막의 여우 로멜을 속이다

제2차 세계대전 시 북아프리카 전역에서 독일군의 로멜(Erwin Johannes Eugen Rommel) 장군은 연합군으로부터 '사막의 여우(Desert Fox)'라는 별명을 얻을 정도로 지략을 발휘한 인물이었다. 그는 연합군과 비교하면 상대적으로 열세한 전력을 가지고도 연합군을 궁지에 몰아넣었다. 로멜이 지휘하는 독일군은 이집트 국경 일대까지 도달하여 이집트의 수도 카이로를 위협하였고, 연합군은 중동의 석유자원 지대가 독일에 넘어갈지도 모른다는 공포에 사로잡히게 되었다.

영국 수상 처칠(Winston Churchill)은 이러한 난관을 타개하기 위해 1942년 8월 13일, 해럴드 알렉산더(Herald Alexander) 대장을 중동지구 총사령관에, 그리고 몽고메리(Bernard Montgomery) 중장을 제8군 사령관으로 각각 임명하였다. 또한, 연합군은 병력과 장비를 증강하여 독일군의 새로운 공세를 무력화하는 동시에,

몽고메리 장군

공세로 전환하여 독일군 방어진지를 돌파할 구상을 하고 있었다.

제8군 사령관 몽고메리 장군은 계획에는 신중하고 실천에는 과감한 전술가였다. 그가 사령관으로 부임한 이후 내린 첫 명령은 "우리는 적이 있는 곳에서 싸울 것이다. 이제 철수는 없다."는 것이었다. 그는 사막 지역 전투에 대한 경험은 없었으나 자신감과 용기, 통솔력과 쇼맨십으로 군의 떨어진 사기를 진작시키려 노력하였다.

그는 로멜의 독일군이 이집트의 카이로와 알렉산드리아를 점령하기 위해 곧 공격해 올 것으로 예상하고 로멜의 그간 공격전술을 치밀하게 연구하였다. 로멜의 용병술을 연구한 결과 몽고메리는 로멜이 장차 북쪽 해안 도로보다는 남쪽 사막 지역으로 우회하여 영국 제8군의 배후를 공격할 것으로 판단하였다. 그는 독일군의 공격에 대비하여 북쪽 제30군단 지역에는 최소의 병력만 배치하고, 주력을 남부의 루웨이 셋(Ruweisat)과 알람 할파(Alam Halfa) 능선에 배치하였다.

1942년 7월, 독일군은 몽고메리의 예측대로 남부지역에 주공을 두고 알람 할파 능선의 연합군 진지를 돌파하고자 시도하였다. 이러한 독일군의 기도는 연합군이 이 지역에 대한 사전 방어준비와 효과적인 작전으로 저지되었고 독일군은 패퇴하였다. 이로써 제1차 엘 알라메인(El Alamein) 전투에서 독일군의 연합군 진지 돌파 기도는 좌절되었다.

알람 할파 전투 후 연합군은 대규모 공세를 통하여 독일군을 아프리카 대륙에서 퇴출하기 위한 대공세를 계획하였다. 연합군의 작전개념은 연합군이 주공을 남쪽에 두는 것처럼 독일군을 기만하고, 북쪽에 주공을 두어

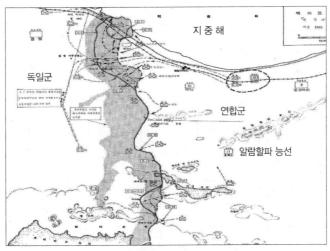

엘 알라메인 전투 요도

독일군 진지를 돌파하는 것이었다. 이 작전의 성공을 위해서는 기습과 기만이 요구되었다.

몽고메리 장군은 연합군의 주공이 남쪽에서 개시될 것이라는 인상을 독일군에게 심어주기 위해 가짜 전차와 포, 그리고 가짜 공격무기 등의 설비를 갖추고, 이 지역에서 대규모 공격이 있을 것처럼 허장성세(虛張聲勢)를 부렸다. 그러나 사실은 남쪽이 아닌 북쪽에서 제10기계화군단(1, 10기갑사단)을 주공으로 공격하는 것이 작전계획의 핵심이었다.

결국, 몽고메리 장군의 기만작전은 효과를 발휘하여 1942년 10월 23일 시작된 연합군의 대공세(제2차 엘 알라메인 전투) 시 초기에 남측에서 로멜군의 주력부대인 제21기갑사단을 묶어둘 수 있었다. 이후 11월 4일까지 연합군은 독일군의 방어선을 돌파하는 데 있어 비록 고전은 하였지만, 몽고메리 장군이 의도한 대로 북부에서 독일군 방어선을 돌파하는 데 성공하였다.

이처럼 남쪽에서 각종 가짜 설비를 설치하는 등 허장성세를 부린 몽고메리의 책략은 '수상개화'의 계였다.

엘 알라메인 전투 이후 몽고메리는 '사막의 생쥐(Derert Rat)'라는 애칭을 얻게 되었다. 독일의 로멜장군은 연합군의 10월공세가 개시되었을 때는 병가(病暇) 중이었으며, 즉시 아프리카로 복귀하였지만, 전세를 되돌리기는 어려운 상황이었다.

엘 알라메인 전투에서 패한 후, 독일의 아프리카군은 보급의 결핍과 연합군의 북아프리카 상륙으로 인하여 튀니지 일대에서 서쪽의 상륙군과 동쪽의 영국 제8군으로부터 포위되었고, 1943년 5월 13일에 연합군에 항복하였다.

## 장춘권 소령이 트럭으로 전차의 위력을 발휘하다

UN군은 낙동강방어선에서 북한군의 침공을 효과적으로 저지하고, 1950년 9월 중순 총반격작전을 개시하였다.

동부전선에서 국군 제3사단과 병진하며 반격을 시행했던 국군 수도사단(사단장 송요찬 준장)은 1950년 10월 8일에는 원산 및 안변 탈취를 목표로 공격하고 있었다. 사단은 제1연대를 좌에서 회양-신고산-원산 축선으로, 제1기갑 연대를 우에서 도납리-안변-원산 축선으로 병진 공격하도록 하고, 예비인 제18연대는 제1연대를 후속시켰다.

제1연대는 철령 고개를 목표로 공격했으나 천연적인 방어력으로 보강된 적의 완강한 방어로 인해 공격이 돈좌되었다. 사단장은 후속하던 제18연대에 제1연대를 초월하여 공격할 것을 명령하였다.

반격 중인 국군의 모습

철령 고개는 회양에서 신고산에 이르는 중간지점에 솟아 있는 험산준령의 요충지로서, 31번도로가 88개의 S자형 굴곡을 그리면서 통과하고 있었다.

제18연대 제1대대장(장춘권 소령)은 정면공격으로는 다음날 새벽까지 철령 고개 돌파가 어렵다고 판단하고, 어떻게 북한군 방어진지를 돌파할 것인가를 고민하였다. 그는 문득 연대 공격명령 수령 시 전해 들은 최근의 포로 심문내용을 떠올리며 적을 기만할 묘책을 생각해 냈다. 포로 심문에 의하면 적은 현재 아군의 전차부대 출현설로 극도의 공포에 빠져 사기가 저하되어 있다는 것이었다. 이런 점에 착안하여 그는 둔탁하게 생긴 소련제 트럭을 탱크로 변화시켜 적의 공포감을 극대화함으로써 적진을 돌파할 구상을 하였다.(당시 국군사단에는 전차부대가 편제되어 있지 않았다.)

전차의 소음을 가장하기 위해 모든 트럭의 소음기를 제거하고, 일부 소련제 트럭에는 구경 50밀리 기관총과 소수의 보병을 탑재시켰으며, 몇 군데의 S자 커브 길에는 전차포의 역할을 대행할 수 있는 57mm 대전차포를 사전에 배치해 두었다.

10월 9일 새벽 3시경, 제1대대는 소련제 트럭 40여 대를 앞세워 헤드라이트를 켠 채 요란한 소리를 내면서 철령 고개를 향하여 전진하였다. 소음기를 제거한 40여 대의 트럭 소음은 수십 대 전차의 굉음 소리를 방불케 하였고, 커브길 곳곳에 사전 배치된 57밀리 대전차포는 차량대열의 선두가 진전에 도달할 때마다 전차포를 가장하여 적진을 향해 맹렬한 사격을 가하였으며, 트럭 위의 기관총도 때를 맞추어 요란사격으로 멋진 연출을 해냈다.

제18연대 1대대의 이와 같은 공격에 북한군은 저항다운 저항을 하지 못하고 사기가 저하되어 퇴각하기에 급급하였다. 이로써 제1대대는 새벽 4시경에는 의도한 대로 철령 고개를 탈취하였으며, 신고산까지 적의 저항 없이 진격할 수 있었다.

날이 밝은 후 수색부대는 철령 고개의 적 방어 진지와 사단 지휘소로 판단된 신고산 일대에서 적들이 황급히 철수하면서 유기한 3,000여 정의 따발총과 화차에 적재된 각종 포 10여 문 등 많은 장비를 노획하였다.

제1대대장 장춘권 소령이 트럭을 탱크로 오인하게 하여 적진을 돌파할 수 있었던 것은 수상개화(樹上開花)의 계를 적시 적절하게 활용한 것이었다.

# 제30계 : 반객위주(反客爲主)

(反: 돌이킬 반, 客: 손 객, 爲: 할 위, 主: 주인 주)

## 객이 주인이 되듯이 때를 살펴 주도권을 장악하라

'반객위주'의 계는 참새가 봉황이 되고 손님이 주인 행세를 하듯, 상대의 틈을 찾아 비집고 들어가 입지를 세운 다음 세력을 키워 대세를 장악하는 것이다. '주객전도(主客顚倒)'도 같은 말이다.

이 계는 피동의 위치에서 주동의 위치를 확보하는 것으로써 전쟁에서 최고의 원칙이라 할 수 있다. 주도권을 확보하고 있어야 전쟁을 우리의 의지대로 이끌어 나갈 수 있다. 주도권을 적에게 상실하면 적이 하는 대로 끌려다닐 수밖에 없는 것이다.

이 계의 원문(原文)과 해석(解釋)은 아래와 같다.

> 乘隙揷足(승극삽족), 扼其主機(액기주기), 漸之進也(점지진야)
>
> 빈틈을 이용하여 비집고 들어가 주도권을 잡는다.
> 다만, 급하지 않게 점진적으로 해야 한다.

반객위주의 계는 적에게 빼앗겼던 전쟁의 주도권을 다시 장악하는 전략이다. 전쟁의 상황은 시시각각 변화하기 때문에 상황을 정확히 파악하여 유리한 위치를 선점하고 주도권을 장악하여 나아가야 한다.

주도권은 통상적으로 공격하는 측에서 가지게 된다. 공격자는 공격시간과 장소, 전투력 집중을 자신의 의지대로 결정할 수 있기 때문이다. 따라서 공격자는 작전 초기 주도권을 가지고 작전을 수행하면서 지속해서 주도권을 확보하려고 한다.

한편, 방어자는 최초 적의 공격 양상에 따라 대응해야 하므로 주도권을 가지지 못하게 된다. 그러나 방어자는 방어작전 전 과정을 통하여 적으로부터 주도권을 빼앗아 오기 위한 노력을 기울여야 한다. 이처럼 방어자가 방어작전을 수행하면서 적의 약점을 최대한 활용하여 전력을 공세적으로 운용하고, 적의 전력을 약화해 조기에 작전한계점에 도달하게 함으로써 주도권을 확보하는 것이 바로 '반객위주'의 계이다.

## 조구가 인질의 신분에서 남송의 개국황제가 되다

1125년에 만주일대에서 부흥한 금(金)나라가 북송(北宋)을 침공하여 수도 카이펑(開封)을 압박하였다. 당시 북송의 황제 휘종(徽宗)은 도주해버렸고, 황제의 자리를 이은 흠종(欽宗)은 도성을 버리고 천도하자고 하면서 금과 화친할 것인지 싸울 것인지 갈피를 잡지 못하고 있었다. 그는 결국 적국인 금이 멋대로 하도록 내버려 둔 중국 역사상 가장 무능한 황제가 되었다. 그리고 금의 요구에 따라 동생인 강왕(康王) 조구(趙構)에게 인질이 되어 금나라로 갈 것을 명령하였다.

조구는 형 흠종 황제의 명을 받고 금나라로 가는 중에 정세를 관망하며 이동을 지체하고 있었다. 그런데 상황이 급변하여 금이 북송의 수도인 카이펑을 함락시키고 휘종과 흠종 및 황실을 포로로 잡아 금나라로 호송해 가버렸다. 북송 황제와 그 아버지, 가족들이 포로가 되어 금으로 끌려감으로써 나라와 주인이 사라진 것이다. 이때 조구는 이런 상황을 이용하여 강남의 항저우(杭州)로 도주하여 1127년에 남송을 건국하였다. 그가 바로 남송의 개국 황제인 고종(高宗)이다.

조구가 남송의 황제가 되기 위해 지급한 대가는 부모 형제와 황족 등 3천여 명의 남녀노소가 금의 포로가 되어 송으로 끌려가 돌아오지 못하는 것과 장강 이북의 국토를 금에게 바치는 것이었다.

그가 가련한 인질의 신세에서 하루아침에 개국의 황제로 변신한 것은 참새가 봉황이 되고, 손님이 주인이 된 것과 같다. 그는 형인 흠종 황제의 통제를 받아 인질이 되어 금으로 끌려가는 곤경에 처한 상황에서 '반객위주' 하여, 자신을 피동의 위치에서 주동의 입장으로 변화시킴으로써 승자가 될 수 있었던 것이다.

## 일본이 태평양지역에서 주인 행세를 하다

일본은 1868년에 메이지유신(明治維新)을 통해 근대적인 국가체제로의 개혁을 단행하고, '부국강병'의 기치 아래 서구 열강과 어깨를 나란히 할 수 있는 강력한 민족국가를 만들고자 하였다.

일본은 청일전쟁(1894년)과 러일전쟁(1905년)의 승리를 통해 동북아에서 새로운 강자로서의 위치를 확보할 수 있었다. 기존의 중국 중심으로 돌아가던 동북아에서 피동의 위치에 있던 일본이 주동의 위치를 확보한 것이다. 일본이 두 차례의 전쟁을 통해 '반객위주' 한 것이다.

동북아에서 주도권을 확보한 일본은 자신감에 가득 차 제국주의 침략국으로서의 길을 걷기 시작하였다. 일본은 침략을 통한 세력 확장 시 양차 세계대전의 발발로 인하여 조성된 유리한 국제정세를 교묘하게 이용하였다.

제1차 세계대전이 발발하자 일본은 연합국 측에 가담하였고, 이에 연합국 측에서는 독일의 식민도서에서 독일 본토에 자원이 유입되는 것을 차단하기 위해 일본에 태평양지역에 있는 독일령(獨逸領)을 접수하도록 종용했다. 이에 따라 일본은 자연스럽게 태평양지역의 독일령이었던 비스마르크 제도, 마아샬 군도, 캐롤라인 제도 등을 접수할 수 있었다. 이로써 일본은 막대한 태평양지역의 자원을 활용할 수 있게 되었고, 이를 위해 해군력 증강에 박차를 가하였다.

일본의 해군력은 미국과
영국의 견제를 받을 정도로
성장하여 동북아와 남서 태
평양 일대에서 해양통제를
확보할 수 있게 되었다.

일본은 1930년대에 만주
(1931년)와 중국(1937년)을

태평양 전쟁을 결의한 어전회의 모습

침공했다. 제2차 세계대전이 발발하자 일본은 독일, 이탈리아와 삼국동맹
을 맺어 추축국(樞軸國)의 일원이 되었다. 1940년 6월 22일, 프랑스 괴뢰
정부였던 비시정권은 독일에 항복했다. 유럽에서 프랑스의 항복은 일본에
게는 좋은 기회였다. 독일은 추축국에 가담한 일본을 위해 비시정부를 압
박했고, 일본군은 인도차이나반도에 군대를 진주시킬 수 있었다. 일본의
동남아 진출이 시작된 것이다.

일본의 인도차이나 진출로 인하여 일본과 이 지역의 연합국들과의 충돌
은 불가피하였다. 1942년 말, 일본이 개전을 결정했을 때 이 지역의 연합
국 전력은 일본군보다 열세였다. 당시 이 지역에서 일본은 정규군 240만
명을 포함 540만 명의 병력과 항공기 7,500여 대, 함선 230척을 동원할
수 있었다. 그러나 영국과 미국은 우선 독일에 대한 전쟁을 수행한다는 정
책 하에 전쟁 물자를 유럽 방면으로 우선 투입함으로써, 상대적으로 열세
한 전투력을 유지할 수밖에 없었다.

1941년 12월 7일, 일본은 진주만에 대한 공격을 하는 동시에, 말레이 반
도 등 남방자원지대를 공격함으로써 태평양전쟁이 발발했다. 일본군은 연
합국에 대한 상대적 전투력의 우세를 바탕으로 말레이반도, 싱가포르, 홍
콩, 필리핀, 인도네시아 등 남방자원지대를 점령하였다.

이로써 이 지역의 구식민지 세력들-미국, 영국, 네덜란드-은 축출되었
고, 일본이 동북아를 넘어 태평양의 새로운 주인으로 등장한 것이다.

그러나 이러한 일본의 주인 행세는 그리 오래가지 못하였다. 1942년 중순경에 시작된 연합군의 반격은 일본을 피동의 위치로 전락하게 하였고, 1945년 8월 15일 연합국에 무조건 항복하게 된다.

중국은 1970년대의 개혁 개방으로 경제발전을 이루어 이제는 미국과 국력을 겨루는 G-2 국가로 부상하였다. 반면에, 미국은 21세기 초 10년간의 대테러전쟁과 경제위기로 인하여 상대적으로 국력이 약화되었다. 중국은 이러한 틈을 타서 과거 중국이 누렸던 동아시아에서의 주동적인 위치의 재확보, 즉 '반객위주'를 노리고 있다. 동아시아에서의 중국과 일본, 미국의 주도권 쟁탈전은 이미 시작되었다.

중국은 핵심이익의 확보를 위해 동남아시아 국가들과 영토분쟁, 일본과의 센카쿠 열도(중국명 댜오위다오) 분쟁을 마다치 않고 있다. 최근에는 마라도를 그들의 방공식별 구역에 포함한다는 발표로 우리나라와도 마찰을 일으킨 바 있다.

미국은 이러한 중국을 견제하기 위해 동아시아에 중점을 두는 외교전략 하에, 일본, 호주 등과 동맹 관계를 공고히 하면서 해군력을 포함한 전력을 이 지역에 증강해 가고 있다. 또한, 일본도 중국의 경제성장과 군사력 증대에 불안해하고 있다. 집단자위권 운운하며 군사력을 증대하고 있는 일본의 속내는 동북아에서 중국에 밀리지 않겠다는 것이다.

일본의 군사 대국화는 머지않아 실현될 것으로 보인다. 이는 미국이 힘이 약화된 가운데 동북아에서 일본이 일정한 역할을 담당하도록 한다는 계산과 일본의 영향력 확대 욕구와 일치하는 것이다.

이 지역의 주도권 쟁탈전의 한가운데 놓여있는 우리의 생존전략을 심각하게 고민해야 하는 시점이 아닐 수 없다.

# 마오쩌둥이 대장정의 역경을 딛고 중국의 주인이 되다

19세기 말 청(淸)은 무능하고 부패하여 서양 열강들의 중국 진출에 효과적으로 대처하지 못하였다. 결국, 청은 1911년 쑨원(孫文)이 중심이 되어 일으킨 신해혁명(辛亥革命)으로 무너졌다.

쑨원은 1912년에 중화민국 정부를 수립하였고, 1918년에는 국민당을 창당하였다. 한편, 중국 공산당은 3년 후인 1921년에 상하이(上海)에서 창당되었는데, 마오쩌둥은 창당 참가자 13인 중의 한 명이었다.

쑨원은 중국에 남아있는 군벌들을 타도하기 위한 북벌을 적극 추진하였는데, 그 과정에서 1924년 국민당과 공산당 간에 제1차 국공합작(國共 合作)이 이루어졌다. 하지만 1925년 쑨원이 사망하자 반공주의자였던 장제스는 1927년 공산당 세력 타도를 위한 공격을 시작함으로써 제1차 국공합작은 끝이 나고 말았다.

1927년부터 1934년에 걸친 국민당군의 공격으로 공산당은 거의 와해 위기에 처하였지만, 마오쩌둥은 이러한 위기를 극복해가면서 두각을 나타내기 시작하였다. 그는 1934년 10월, 국민당군의 공격을 피해 장시 성(江西省) 루이 진(瑞金)에서 산시 성(陝西省)의 옌안(延安)까지 1만 2,500km에 이르는 대장정(大長程)을 시작하였다. 마오쩌둥이 이끈 공산당의 대장정은 18개의 산맥과 17개의 강을 건너는 고난의 행군이었으며, 이 기간에 마오쩌둥은 당의 지도권을 장악할 수 있었다.

1936년, 장제스가 공산당 군대인 홍군에 대한 토벌을 다그치려 시안(西安)에 갔다가 동북군 사령관 장쉐량(張學良)의 군대에 감금을 당하는 사건(시안사변)이 일어났다. 장쉐량은 장제스에게 공산당과 힘을 합쳐 대일전쟁에 나설 것을 간곡하게 진언하였다. 그러나 장제스가 이를 거부하자 장쉐량은 그를 감금하고 압력을 가하였다. 이에 장제스는 공산당 토벌을 포기하고 항일전쟁에 나설 것을 선언하지 않을 수 없었다.

시안사변의 결과 국민당과 공산당의 제2차 국공합작이 이루어졌고, 마오쩌둥은 공산당의 홍군을 국민혁명 제8로군으로 개편하여 국민당군과 함께 항일전에 참여하였다.

1945년 8월 15일, 일본이 연합국에 항복하자 마오쩌둥과 장제스는 충칭(重慶)에서 만나 화평건국의 모든 원칙에 합의하였지만, 실행에 옮기지는 못하였다. 1946년에 이르러 공산당과 국민당은 다시 결별하였고, 양측은 내전에 돌입하였다. 공산당의 홍군은 초기의 열세를 만회하고 1949년 12월까지 국민당군을 중국으로부터 타이완(臺灣)으로 축출하였다.

마오쩌둥은 정치가이자 뛰어난 연설가이며 병법가였다. 공산당의 홍군(紅軍)은 그의 유격전술에 입각한 작전지도 하에 항일전과 국민당군과의 전쟁을 수행하였다. 또한, 6 · 25전쟁 시 한반도에 참전한 중국군도 그의 세심한 작전지도 하에 작전을 수행하였다.

마오쩌둥의 유격전술은 16자 전법이라고 불리며, 그 내용은 '적진아퇴(敵進我退) 적주아교(敵駐我擾) 적피아타(敵疲我打) 적퇴아추(敵退我追) : 적이 전진하면 아군은 후퇴하고, 적이 야영하면 아군은 적을 교란하며, 적이 피로하면 아군은 공격하고, 적이 퇴각하면 아군은 추격한다.' 이다.

마오쩌둥은 군대를 '민중이라는 어항 속의 금붕어'라고 생각했다. 고기가 물이 없으면 살 수 없듯이 군대도 민중 속에 들어가지 않으면 생존할 수 없다는 것이다. 대장정을 통해 마오쩌둥은 중국공산당이 농민들 속으로 들어가 지지 기반을 확산해 가면서 세력을 증강했고, 이를 바탕으로 국민당군에게 공격당하면서 쫓기는 피동적인 입장에서 '반객위주' 하여 주동의 위치에 섬으로써 전 중국을 공산화할 수 있었다.

# 제6부  패전계(敗戰計)

　패전계란 전쟁에서 패하거나 극히 열악한 상황 속에서 취하는 전략전술을 말한다. 이는 패배를 승리로 반전시키고, 열악한 상황을 유리하게 전환하는 계책이다.

　이 계는 아군이 이미 위기에 빠져있고 적군이 강할 때 부득이하게 자구책으로 사용할 수 있다.

1. 제31계 : 미인계(美人計)

2. 제32계 : 공성계(空城計)

3. 제33계 : 반간계(反間計)

4. 제34계 : 고육계(苦肉計)

5. 제35계 : 연환계(連環計)

6. 제36계 : 주위상(走爲上)

# 제31계 : 미인계(美人計)

(美: 아름다울 미, 人: 사람 인, 計: 계략 계)

## 아름다운 여인을 이용하여 패배를 승리로 이끈다

'미인계'는 아름다운 여인을 이용하여 적을 제압하는 것이다. 특히 영웅들은 미인에게 쉽게 정복당한다. 세계 역사를 돌아보면, 영웅과 미인은 뗄 수 없는 관계가 있다.

이 계의 원문(原文)과 해석(解析)은 아래와 같다.

> 兵强者(강병자), 攻其將(공기장),
> 將智者(장지자), 伐其情(벌기정)
> 將弱兵頹(장약병퇴), 其勢自萎(기세자위),
> 利用御寇(이용어구), 順相保也(순상보야)
>
> 적이 강하면 적의 장수를 공략하고, 적의 장수가 지혜로운 자라면 그의 의지를 좌절시켜야 한다. 장수가 약해지고 병사들이 쇠하게 되면, 적의 세력은 스스로 위축될 것이다. 이렇게 하면 순조롭게 자신을 보호할 수 있다.

이 계는 적의 장수를 목표로 한 것이다. 영웅은 미인에 약하다는 말이 있다. 미인을 보고 한눈에 마음이 흔들리지 않는 사내가 없으니, 영웅 역시 예외는 아니었다. 역사적으로 미인계를 이용해 상대의 초점을 흐리는 계략은 수없이 많다. 매혹적인 것으로 상대의 주의를 끈 다음 상대의 의지와 계획을 바꾸게 하는 계략이 바로 미인계이다.

## 범려가 서시를 이용하여 오나라를 멸망시키다

중국에는 4대 미녀를 지칭하는 '침어낙안 폐월수화(沈魚落雁 閉月羞花)'라는 말이 있다. 여기에서 침어(미인을 보고 고기가 숨는다)는 춘추시대의 서시(西施)를, 낙안(기러기가 떨어진다)은 한나라 시대의 왕소군(王昭君)을, 폐월(달을 숨게 한다)은 후한 시대의 초선(貂蟬)을, 그리고 수화(꽃도 부끄러워한다)는 당나라 시대의 양귀비(楊貴妃)를 일러 각각 지칭한 말이다.

이중 서시는 춘추시대 월(越)나라 사람으로서 재상 범려(范蠡)의 미인계에 따라 오(吳)왕 부차(夫差)에게 보내져 오나라를 멸망에 이르게 한 미녀이다.

서시의 본명은 시이광(施夷光)으로 저장성(浙江省) 저라산(苧蘿山) 인근의 나무 장사꾼의 딸로 태어났다. 저라산 아래에는 2개의 마을이 있어서 하나는 동촌, 다른 하나는 서촌이라 하였는데, 시이광은 서촌에 살고 있어 서시라 부르게 되었다고 한다.

서시

B.C. 494년에 오 왕 부차는 월나라와의 전쟁에서 승리했고, 월 왕 구천(句踐)은 회계 산에서 부차와 굴욕적인 강화를 맺어야 했다. 구천은 와신상담(臥薪嘗膽)하며 오나라에 대한 복수를 꿈꾸고 있었다. 이때, 월나라의 재상 범려는 오 왕 부차가 호색가임을 고려하여 미인계를 쓸 것을 구천에게 건의하였다.

범려는 서시의 미색이 출중하다는 소문을 듣고 서시를 궁으로 데려와 3년간 가무와 궁인으로서의 몸가짐을 가르쳤다. 드디어 서시가 부차를 유혹하여 빠지게 할 수 있는 모든 준비가 완료되었을 때, 월 왕 구천은 서시를 오 왕 부차에게 선물로 보냈다.

범려의 예측대로 오 왕 부차는 서시를 보고는 한눈에 빠져 버렸다. 오나라의 충신 오자서(伍子胥)는 월나라가 미인계를 쓰고 있음을 간파하고, 부차에게 서시를 다시 월나라로 돌려보내라고 충언하였다. 그러나 부차는 이미 서시의 미색에 빠져 오자서의 충언을 듣지 않았다. 부차는 서시를 위해 춘소궁(春宵宮)과 같은 호화로운 저택을 짓고, 서시의 미색에 빠져 국정을 버려두며 지냈다. 심지어 그는 서시의 꾐에 빠져 충신인 오자서를 자결하게 하였다.

이 틈을 이용하여 월왕 구천은 힘을 길렀고, 드디어 기회가 오자 오나라를 공격하여 멸망시킬 수 있었다.

미인계에 빠져 나라를 잃어버린 오왕 부차는 국경으로 쫓겨 가서 오자서를 믿지 못한 자신을 한탄하며 자결하고 말았다.

## 독일의 스파이가 된 마타하리

마타하리

세기의 미녀 스파이로 불리는 마타하리(Mata Hari)는 1876년 8월 7일, 네덜란드의 레이우아르던에서 부유한 모자 상인의 딸로 태어났다. 그녀의 본명은 마그레타 기투루이다 맥클레오드(Margretha Geertruida Macleod)이다.

그녀는 레이덴교육대학을 졸업한 후, 1895년에 스코틀랜드 출신 장교로 네덜란드 식민지군 소속의 캠벨 매클라우드 대위와 결혼하여 1897년부터 1902년까지 인도네시아의 자바와 수마트라에서 살았다.

그녀는 1905년에 유럽으로 돌아와서 남편과 이혼하였고, 파리에서 직업 무희로 활동하면서 마타하리란 이름을 사용하기 시작하였다. 이는 말레이어로 '태양(낮의 눈동자)'이라는 의미이다.

훤칠하고 매력적이며 동인도의 춤을 어느 정도 출 줄 아는 그녀는 대중 앞에 나체로 출연하는 등 파리를 비롯한 대도시에서 흥행에 성공을 거두었다. 그녀에게는 평생 많은 애인이 있었는데 대부분 군의 장교들이었다고 한다.

제1차 세계대전이 한창이던 1916년, 헤이그에서 살고 있던 마타하리는 독일 영사로부터 프랑스를 여행하면서 정보를 수집해주면 돈을 주겠다는 제의를 받고 독일의 스파이가 되었다.

이러한 그녀의 행각에 의심을 품고 있던 영국 정보부가 프랑스에 이 사실을 제공하자, 프랑스군은 1917년 2월 13일 파리를 방문한 그녀를 체포하였다. 프랑스 정보부 심문과정에서 그녀는 몇몇 낡은 정보를 독일군 정보장교에게 제공했다는 것을 인정했고, 그 전에 독일 점령 하의 벨기에에서 프랑스 스파이로 활동하였다고 진술하였다. 아울러 독일과 접촉한 사실도 털어놓았다. 그리고 연합군을 위해 독일의 공작이며 영국 컴벌랜드 공작 작위 상속자인 에른스트 아우구스투스의 도움을 얻을 생각이었다고 진술하여 파문을 일으켰다.

그녀가 이중첩자일 것이라는 의혹이 커지자 프랑스는 1917년 7월 24일, 마타하리를 군사재판에 넘겨 사형을 선고하고 10월 15일 총살형에 처하였다.

결국, 마타하리의 미모와 프랑스군 내부의 친분을 이용하여 연합군의 첩보를 획득하려던 독일의 미인계는 부분적인 성공을 거두었지만, 이중간첩 마타하리의 죽음으로 막을 내렸다.

## 이강국이 애인 김수임을 간첩으로 활용하다

8 · 15 해방 후 미 군정기에 북한을 위해 활동한 미녀 간첩으로 김수임이라는 인물이 있다. 그녀는 1911년 개성에서 태어나 가정형편이 어려워 11세에 남의 집 민며느리로 들어갔다가 도망쳐 나와, 어느 선교사의 도움으로 늦게야 여학교를 마칠 수 있었다. 이후 김수임은 이화여자전문학교(현 이화여자대학교) 영문학과를 졸업하고 세브란스 병원의 미국인 통역원으로 일했다.

그녀는 파티 석상에서 우연히 공산주의자인 이강국을 알게 되었다. 이강국은 경성제국대학교(현 서울대학교 전신) 법문학부를 졸업하고 체격과 풍채가 좋았다. 첫눈에 그녀는 이강국에게 매력을 느껴 사랑에 빠졌고 동거에 들어갔다.

8 · 15 광복 후 이강국은 공산주의 운동에 분주하여 김수임을 만나는 기회가 적어지자 둘의 관계는 소원해졌고, 그사이 김수임은 미국 대사관의 통역으로 일자리를 옮겼다. 김수임은 미국 대사관 직원이란 신분과 교분을 이용하여 미국 수사기관의 최고고문으로 있던 미군 대령과 동거하게 되었다. 하지만 첫사랑이었던 이강국을 사모하고 동경하는 마음은 여전히 남아 있었다.

1947년 공산주의자 이강국에 대한 체포령이 내려지자, 김수임은 그를 미국인 고문관의 집에 숨겨두었다가 월북시키는 데 도움을 주었다. 이강국은 김일성 정권 하에서 북한인민위원회 사무국장 등 요직에 있으면서 김수임을 이용하여 남한과 미군 관련 주요 정보를 입수하고자 하였다.

이강국은 공작원을 김수임에게 보내 머지않아 공산주의자들이 중심이 되는 세상이 올 것이며, 자신의 김수임에 대한 애정은 영원하며, 결혼하는 그날을 손꼽아 기다리고 있다고 전하면서 자신을 위해 일해 달라고 부탁하였다. 이강국을 사모하고 동경하고 있던 김수임은 마침내 이강국의 뜻을 받아들여, 미군 대령과 사는 집을 북한 공작원들의 아지트로 사용하도록 허용하였다.

그 후부터 김수임은 북으로부터 파견된 이강국의 연락원을 1947년부터 1년여 동안 여러 차례 자신의 집에 숨겨 주었고, 이강국의 지령에 따라 1949년에 '미군 철수계획'과 같은 중요기밀을 북측에 넘겼다. 그리고 육군 특무부대에 수감 중이던 남로당 소속의 이중업을 탈출시켜 의사로 가장시킨 뒤, 자신이 근무하는 미 대사관에서 지프 한 대를 빌려 태우고 개성까지 동행하여 38도선을 넘어 월북시키기도 하였다.

그러나 이러한 그녀의 간첩활동은 대공 수사기관에 포착되었고, 김수임은 1950년 4월 초에 체포되었다. 김수임에 대한 가택수색 결과 권총 3자루, 실탄 180발, 그리고 북한으로 보내려던 많은 기밀문건 등이 발견되었다.

김수임은 1950년 6월 15일 육군본부 고등군법회의에서 사형이 확정되었고, 6 · 25전쟁 발발 직전 총살형에 처했다. 이로써 6 · 25전쟁 전 우리 한국 사회를 발칵 뒤집을 정도로 큰 파문을 일으킨 김수임 간첩사건 즉, 이강국의 미인계는 막을 내리고 말았다.

최근 원정화 사건과 같은 북한의 미인계는 우리 사회에 만연한 안보 불감증을 다시금 일깨워 주었고, 북한의 군을 대상으로 한 집요한 대남공작이 지금 이 시각에도 진행 중임을 보여 주었다.

# 제32계 : 공성계(空城計)

(空: 빌 공, 城: 성 성, 計: 꾀 계)

## 성을 비운 것처럼 위장하여 적의 판단을 흐리게 하라

'공성계'는 성안의 방어력이 허약할 때 오히려 성을 비워 두고 그 모습을 적에게 보여 주어, 적으로 하여금 우리 측이 계략을 세워 유인하는 것으로 착각하게 함으로써 성을 지키며 위기를 벗어나는 것이다.

공성계는 일종의 심리전술이다. 스스로 지킬 수 없는 상황에서 고의로 성을 비움으로써, 적이 의심을 하게 하여 앞으로 나가길 꺼리게끔 하는 것이다. 이 계를 수행하기 위해서는 상당한 위험을 감수해야 하는 것이 필수적이다.

이 계의 원문(原文)과 해석(解析)은 아래와 같다.

> 허자허지(虛者虛之), 의중생의(疑中生疑),
> 강유지제(剛柔之際), 기이복기(奇而復奇)
>
> 빈 것을 더 비게 하여, 의심 속에 의심을 낳게 한다.
> 강과 유가 어울리게 되면, 기묘함이 더욱 기묘해진다.

공성계에는 두 종류가 있다. 하나는 정세가 갑자기 긴급해져서 급히 허위진지를 구축하고 적을 곤혹스럽게 하여 위기를 면하도록 하는 것이고, 또 하나는 계획적으로 철수하고 적을 유인하여 깊이 몰아넣은 다음 포위하여 섬멸하는 것이다. 이른바 덫을 놓고 적을 치는 방법이다.

방어 시 적을 유인하여 격멸하고자 하는 기동방어는 공성계의 대표적인 적용방법이라 할 수 있다. 제2차 세계대전 당시 독일군은 기동방어에 능했다. 독일군의 방어배치는 '전경후중(前輕後重)'으로, 전방에는 미약한 병력을 배치하고 후방에 주력으로 강력한 기동예비대를 보유하였다. 독일군은 이러한 배치로 적을 종심 깊게 유인하여 격멸하였다.

## 숙첨과 제갈량이 공성(空城)으로 위기를 넘기다

기원전 666년, 초(楚)나라의 대군이 영윤(令尹)인 자원(子元)의 지휘 하에 병차 600승을 이끌고 정(鄭)나라를 공격했다. 초군은 몇 개의 성을 탈취하고 기세가 등등하여 곧바로 정나라의 수도인 신정(新鄭)에 이르렀다.

이때 정나라 문공(文公)은 급히 신하들을 모아 대응책을 상의했으나 의견만 분분할 뿐이었다. 그도 그럴 것이 정나라는 국력이 초나라만큼 강하지 못하였을 뿐 아니라, 성 내의 병력 또한 미약하여 초나라의 대군을 막아낼 방법이 신통치 않았기 때문이었다. 이때 정경 숙첨(叔詹)이 나서 초군을 상대할 계책으로 건의한 것이 바로 공성계였다.

숙첨은 초군이 정나라의 성 앞에 당도하자, 성 위에 군사들을 정연히 줄지어 서 있게 하고 성문은 활짝 열어 놓는 동시에, 성안의 백성들로 하여금 태평스럽게 거리를 활보하게 하였다. 그러자 초군의 선봉장은 놀라 자원에게 상황을 보고했고, 자원은 정나라가 다른 책략이 있을 것으로 보고 성을 공격하지 못하였다. 더욱이 정나라와 동맹국인 제(齊)나라의 구원군이 오고 있다는 첩보까지 들리자 자원은 겁을 먹고 퇴각해 버렸다.

삼국시대의 제갈량도 숙첨과 비슷한 공성계로써 위기를 넘겼다. 촉한(蜀漢)의 승상 제갈량은 유비의 아들로 보위에 오른 유선(劉禪)에게 출사표(出師表)를 올린 후, 위연(魏延)과 왕평(王平)군을 거느리고 북벌에 나섰다. 제갈량은 양평이란 곳에 주둔하면서 대장 위연에게 주력부대를 이끌고 동쪽으로 위남 평원으로 나가 위군을 공격하게 했다. 그리하여 제갈량이 위치한 양평에는 소수의 병력 2,500여 명의 군사만 남게 되었고, 그

나마도 병약한 병사들이 대부분이었다.

한편, 위의 대장군 사마의(司馬懿)는 15만 대군을 이끌고 촉군의 주력인 위연군을 목표로 공격하려 하였으나, 위연군과 길이 어긋나는 바람에 제갈량의 본진이 위치한 양평을 압박하는 형세가 되고 말았다.

위군이 양평에서 60리 떨어진 곳까지 다가오자 제갈량은 다급해졌다. 그러나 그는 성문을 활짝 열게 한 다음, 20여 명의 군사를 백성으로 꾸며 성문 안과 밖에서 아무 일 없는 듯 태연하게 청소를 하도록 하고, 자신은 성벽 위에서 태연히 거문고를 뜯었다.

이 광경을 목격한 당대의 전략가 사마의는 성이 비어있는 것을 보고 제갈공명의 의도를 의심하였다. 신중하기로 소문난 제갈공명이 본성을 방비도 없이 비워둘 리 없다는 생각을 떨쳐버릴 수 없었다. 제갈량은 분명 성을 비운 것처럼 위장하고 복병을 두었을 것으로 생각한 사마의는 급히 퇴각해 버렸다.

이처럼 숙첨과 제갈량은 공성계로써 적을 속여 위기를 극복하고 성을 지킬 수 있었다.

## 쿠투조프가 모스크바 공성전으로 나폴레옹군을 섬멸하다

숙첨과 제갈공명이 열세한 전력으로 위기를 넘기고 성을 방어하기 위해 공성계를 썼다면, 러시아의 쿠투조프(Mikhail Kutuzov) 장군은 나폴레옹군이 러시아를 침공했을 때, 나폴레옹군을 러시아의 자연환경을 이용하여 깊숙이 유인하고 최후에는 모스크바를 비움으로써(空城) 격파할 수 있었다.

1812년 6월 22일, 나폴레옹은 프랑스군과 프로이센, 오스트리아군 등을 포함한 제국의 동맹국들에서 차출된 총 65만여 명의 병력으로 러시아를 침공하였다.(130년이 지난 1941년 이날에 독일군이 소련을 침공했다)

나폴레옹이 러시아를 침공한 이유는, 나폴레옹이 영국을 철저히 굴복시키기 위해 1906년에 유럽 국가들에게 영국과의 무역을 금지하도록 명령한 '대륙봉쇄령'을 러시아가 지키지 않은 것에 대한 응징이었다. 영국과의 무역을 통해 경제를 유지했던 러시아는 나폴레옹의 이 명령으로 인하여 경제적으로 막대한 타격을 입자 견딜 수 없었다.

나폴레옹군의 침공에 맞서 수적으로 열세한 러시아군은 대륙 깊숙이 퇴각하면서 초토화 전술로 도시와 곡식을 태워버려 나폴레옹군이 사용할 수 없도록 하였다. 나폴레옹군은 9월 7일에 보로디노에서 러시아군과 소모적인 격전을 치른 후 같은 달 모스크바에 무혈 입성하였다. 나폴레옹은 모스크바를 점령하면 러시아가 항복할 것으로 예상했으나, 러시아는 항전의 뜻을 굽히지 않았다.

나폴레옹이 러시아 황제 알렉산드르 1세의 강화조건을 기다리는 사이 몇 주가 지났고, 모스크바는 태반이 불에 타 파괴되어 있었다. 겨울을 지날 채비를 하지 않은 나폴레옹군은 결국 퇴각하지 않을 수 없었다. 식량을 현지 조달하는 나폴레옹군의 보급체계는 러시아군의 초토화 전술로 인해 그 한계가 드러났다.

나폴레옹의 러시아 원정도

나폴레옹군이 퇴각하는 순간을 기다리고 있던 러시아군은 철수하는 나폴레옹군을 추격하여 궤멸시켰다. 러시아의 파르티잔(게릴라)과 코사크 기병대의 추격을 피해 돌아온 나폴레옹군의 병력은 10만여 명 정도였다. 러시아 침공 시 가져갔던 야포 1,300문 가운데 남은 것은 불과 250문 정도였다. 이렇듯 나폴레옹은 러시아 침공에서 섬멸적인 타격을 입고 물러날 수밖에 없었다.

이처럼 러시아군은 광대한 영토와 동장군 등 자연환경을 효과적으로 이용한 쿠투조프 장군의 초토화 전술과 공성 전술로 나폴레옹 군을 깊숙이 유인하여 섬멸함으로써 나폴레옹을 쇠락의 길로 걷게 하였다.

## 독일군이 하리코프 전투에서 기동방어로 승리하다

앞 사례에서 숙첨과 제갈량은 열세한 전력으로 성을 방어하기 위한 책략으로 성을 비워 적을 유인하는 것처럼 기만하는 공성계로 성을 방어하고 생존할 수 있었다. 한편, 제2차 세계대전 시 독일군은 방어 정면에 미약한 전력을 배치하여 적을 유인하고, 강력한 기동예비대로 타격하여 격멸하였다.

독일군의 이러한 방어형태를 기동방어라 하며, 이는 독일군 방어의 전형이 되었다. 독일군의 기동방어는 공성계를 적용한 전술이라고 할 수 있다. 독일군의 공성계가 잘 적용된 예는 동부전선에서 벌어진 하리코프 전투였다.

하리코프는 우크라이나 북동부에 위치한 도시로 공업의 중심지이며, 키예프에 이어 우크라이나에서 2번째로 큰 도시이다. 소련 연방에 속해있을 당시는 모스크바, 레닌그라드(현 상트페테르부르크)에 이어 세 번째의 공업도시였다. 하리코프는 제2차 세계대전 시 전략적인 요충지로 독일군과 소련군이 이 도시를 차지하기 위해 치열한 공방전을 벌인 격전지였다.

독일군은 1941년 6월 22일, 바바롯사 계획(Babarossa Plan)에 의거 소련을 침공하였다. 독일군은 3개의 집단군으로 주·조공 없이 3개의 목표(레닌그라드, 모스크바, 우크라이나)를 향해 공격하였으나, 소련군은 광활한 영토와 동계의 혹독한 기상을 이용하여 독일군을 종심 깊이 끌어들였고, 레닌그라드와 모스크바를 사수함으로써 독일군의 공격을 저지할 수 있었다.

다음 해인 1942년 여름, 독일군은 레닌그라드와 모스크바 정면에서 소련군을 견제하는 가운데, 남부 전선에서 스탈린그라드(현 볼고그라드)와 코카서스를 목표로 제2차 하계공세를 감행하였다. 그러나 1943년 2월 초, 독일군은 스탈린그라드에서 제6군이 포위되어 항복하였고, 이후부터 소련군의 전면적인 반격에 직면하였다. 소련군은 독일군 동부전선 남쪽으로 깊숙이 진출하여 드네프르 강 남쪽 도하지점과 아조프 해까지 위협하였고, 이 지역의 독일군 돈집단군과 A집단군을 포위 격멸하려 시도하였다.

당시에 독일군 돈집단군 사령관은 만슈타인(Erich von Manstein) 원수였다. 그는 작전수행에 있어 노련함과 능력면에서 탁월한 작전적 감각을 가졌던 천재적인 군인이었다. 리델하트는 만슈타인에 대해 "서방 연합군을 곤경에 빠뜨린 가장 위험한 존재는 히틀러도 아니고 독일 국방군도 아닌 만슈타인이었다."라고 평한 바 있다.

만슈타인은 독일군의 프랑스 침공 시 A집단군 참모장으로서 탁월한 전략적 혜안으로 독일군의 주공을 기갑부대로 편성하여 아르덴 고원으로 투입할 것을 건의한 바 있다. 그 후 독일군의 소련 침공 시 만슈타인 장군은 레닌그라드 방향으로 공격한 북부집단군 예하 제4기갑군의 제56기갑군단장으로서 종심 깊은 진격으로 승리를 거둔 바 있으며, 제11군 사령관으로 임명되어 크림반도 공략작전을 담당하였다. 특히, 그는 케르치반도 반격전과 세바스토폴 요새 함락으로 1942년 7월 1일에 원수로 승진하였다. 또한, 1942년 말에 있었던 스탈린그라드 전투에서 포위된 제6군을 구출하기 위하여 편성된 돈 집단군의 사령관직에 보임되어, 제6군을 철수시키기 위한 작전에는 실패하였지만, 소련군의 전면적인 공세에 직면하여 코카서스 방면에 투입되어 있던 A집단군의 철수를 엄호함으로써, 남부의 독일군 전체가 소련군에 포위되는 위기를 극복하기도 하였다.

A집단군이 무사히 철수한 뒤인 1943년 2월 6일에 만슈타인은 히틀러로부터 미우스 강을 연하는 선까지 돈 집단군의 우익을 회복하라는 지시를 받고 있었다. 더욱이 2월 중순 하리코프를 점령하고 있던 제2SS기갑군단이 소련군의 포위 기도를 회피하기 위해 철수함으로써 하리코프는 소련군 수중에 떨어졌다. 이에 남부집단군(B집단군 해체 후 돈집단군의 변경 명칭) 사령관 만슈타인은 히틀러의 명에 따라 2월 20일부로 캠프군을 투입하여 도네츠 분지를 확보하였다.

캠프군이 남부집단군 우익으로 투입됨에 따라 캠프군과 제1기갑군 간에 간격이 발생하였고, 소련군은 이 틈을 노렸다. 소련군 남부전선사 예하의 포포프 기갑군이 캠프군과 제1기갑군 사이에 발생한 160km에 달하는 간격으로 물밀 듯이 몰려들어 드네프르 강까지 도달함에 따라 남부집단군은 포위될 위험에 직면하게 되었다.

만슈타인은 부대 이동을 명령하였고, 소련군은 독일군의 부대 이동을 보고 드네프르 강까지 철수할 것으로 오판하고 독일군의 철수를 방해하고자 하였다. 이로써 소련군은 측방이 노출되었고, 병참선이 신장되어 작전 한계점에 이르렀다.

이러한 상황에서 만슈타인은 소련군 남부전선사를 격파하기 위한 역공격을 명령하였다. 제1기갑군 예하의 제40전차군단은 북서쪽으로, 제2SS 전차군단은 동쪽으로, 제4기갑군 예하의 제48전차군단은 북쪽으로 공격하여 소련군을 강타하였다. 이로써 소련군 제6군, 제1근위군, 포포프기갑군은 격멸되고 말았다. 만슈타인은 소련군의 공세를 중심 깊게 유인하여 격멸하였으나, 히틀러는 더 나아가 하리코프의 재탈환을 요구하고 있었다.

3월 초에 소련군은 공세를 재개하였다. 소련군은 보르네츠전선사를 투입하여 공격하였고, 이때 만슈타인은 히틀러가 요구한 하리코프의 탈환보다는 소련군 격멸에 목표를 두고 작전을 수행하였다. 만슈타인의 작전개념은 기동방어로 적을 격멸하는 것이었다. 그는 월등하게 우세한 전력을 보유한 소련군을 상대로 소수의 부대로 전선을 유지하는 동시에, 소련군이 공격 시 가용한 기동 예비를 확보하였고, 소련군의 공세가 힘을 다한 시점에 기동 예비로 역공격을 함으로써 격멸하였다.

만슈타인의 남부집단군은 이러한 대담한 기동방어로 소련군 50여 개의 사단을 격멸시켜 하리코프를 재탈환하였으며, 소련군이 더는 공세를 취할 수 없을 정도로 심대한 피해를 입혔다. 만슈타인의 이러한 대담한 작전은 1943년 3월 23일에 종료되었다. 3월 말에는 얼었던 땅이 녹아 '길이 없어지는 현상(라스푸티차)'으로 독일군은 더는 작전을 진행할 수 없었다.

만슈타인은 이후 1943년 7월 초에 벌어진 독일군의 쿠르스크 공세가 실패로 돌아간 후, 소련군이 연속적으로 공세를 해오자 진지를 양보하고 후퇴할 것을 주장하였다. 그러나 만슈타인의 이러한 주장은 진지고수를 명령하는 히틀러의 명령과 상반되는 것이었고, 히틀러는 1944년 3월에 만슈타인을 남부집단군 사령관직에서 해임하였다.

1973년까지 생존한 만슈타인은 『잃어버린 승리』라는 책을 저술하여, 당시의 작전상황과 작전수행 과정에서 대군의 생사를 책임진 사령관으로서의 고뇌를 생생히 기록해 놓았다.

# 제33계 : 반간계(反間計)

(反: 돌이킬 반, 間: 사이 간, 計: 꾀할 계)

## 적의 첩자를 역이용하여 승리한다

'간(間)'은 간첩(間諜)을 의미하며 '반간계'는 적의 간첩을 활용하는 책략이다. 반간계를 적용하는 데 있어 중요한 것은 적을 아군이 원하는 대로 움직이도록 하는 것이다. 적은 아군에 대한 정보에 민감하게 반응할 것이므로, 아군의 전력이나 국민들의 사기가 강하고 도저히 이길 수 없는 상대로 인식시킨다면, 적을 억제하여 적이 섣불리 전쟁을 일으키지 못하도록 할 수 있을 것이다. 또한, 전쟁 중에는 적 지도부에 잘못된 정보를 줌으로써 적에게 혼선과 내분을 일으키도록 할 수 있다.

이 계의 원문(原文)과 해석(解釋)은 아래와 같다.

> 疑中之疑(의중지의), 比之自內(비지자내), 不自失也(부자실야)
>
> 의심하면 더욱 의심하게 하여야 한다. 아군 속에 들어와 있는 적의 간첩을 역이용하면 잃을 것이 없다.

손자병법 제13편에는 간첩을 이용하는 다섯 가지 방법을 언급하고 있다. 그 다섯 가지는 인간(因間), 내간(內間), 반간(反間), 사간(死間), 생간(生間)이다. 인간(因間)은 적국의 현지인을 우리나라가 간첩으로 이용하는 것이고, 내간(內間)은 적국의 관리를 우리나라의 정보 공작원으로 매수하는 것이며, 반간(反間)은 적이 우리나라를 정탐하기 위해 파견한 간첩을 굴복시킨 후 역이용하여 적의 정보를 탐지하는 것이다. 사간(死間)은 고의로 정보를 날조하고 군사상황을 누설하여 우리나라의 간첩이 듣고 적에게 전하여 적으로 하여금 의혹을 일으키게 하는 것이므로 적에게 일단 발각되었을 때 우리나라의 간첩은 반드시 피살된다. 그리고 생간(生間)은 특수한 인물을 이용하여 자유로이 적국을 출입시켜 정보를 받고 보내는 것이다.

오간 중 반간이 중요한데, 그것은 적의 간첩을 우리 쪽을 위해서 이용하는 것이기 때문에 치밀한 계산과 심오한 계략이 요구된다. 반간계를 행하는 방법은, 우리나라를 정탐하러 온 적국의 간첩과 우연히 부닥쳤을 때, 많은 선물과 뇌물로 그를 매수하여 거꾸로 우리를 위해 이용하는 것이다. 또는 고의로 적의 간첩에게 거짓 정보를 제공함으로써, 간접적으로 우리를 위해 봉사하게 할 수 있다.

반간계의 사례는 많다. 중국에서 진이 멸망하고 유방과 항우가 쟁패를 벌일 때, 유방의 책사 장량과 진평은 항우의 첩자 우자기에 범증에 관한 잘못된 정보를 제공하는 반간계로 항우의 기둥이었던 범증을 제거하였다. 그리고 후한 말기 적벽대전에서 오의 장군 주유는 조조의 첩자이자 자신의 오랜 친구였던 장간이 거짓 정보를 조조에게 전하게 하는 반간계로 조조군의 핵심인 수군 대장 채모와 장윤을 죽이도록 하였다. 또한, 영국군은 노르망디 상륙작전 시에 영국 내에 암약하고 있던 독일 첩자를 통해 연합군의 상륙예정지가 빠드 칼레라는 잘못된 정보를 독일군에 전하도록 하는 반간계로 노르망디 상륙작전을 성공하게 할 수 있었다.

여기에서는 적국에 출입하여 정보를 받고 보내는 생간, 적국의 현지인을 간첩으로 이용하는 인간, 그리고 적국의 관리를 우리 측의 정보 공작원으로 활용하는 내간의 사례를 살펴본다.

## 전단이 생간(生間)을 이용하여 악의 장군을 파면시키다

중국 춘추전국시대에 제나라 전단(田單)은 적국에 출입하는 간첩을 이용하여 제나라를 침공하고 있던 연나라 장수를 파면시킴으로써 위기를 극복할 수 있었다. 이는 생간(生間)을 효과적으로 이용한 사례라 할 수 있다.

연(燕)나라는 악의(樂毅) 장군을 보내 제나라를 공략하여 70여 성을 점령하며 연승을 거두었다. 이때 연에서는 소왕(昭王)이 죽고 태자인 혜왕(惠王)이 왕위에 올랐다.

위기에 처한 제나라는 신하들이 모여 연의 대군을 어떻게 막을 것인가를 논의했으나, 뾰족한 방안을 모색하지 못하고 있었다. 이때 전단 장군이 나서 한 계책을 내놓았다.

그것은 새로이 등극한 연의 혜왕이 태자로 있을 때부터 악의 장군과는 뜻이 맞지 않았기 때문에 이러한 갈등관계를 이용하여 적을 치자는 것이었다. 이에 따라 그는 첩자를 연나라에 잠입시켜 "악의는 혜왕의 미움을 받아 죽음이 두려워서 제나라의 즉묵성(卽墨城)을 공략한다는 구실로 출정해 있는 것이다. 여차하면 제나라 군사와 연합하여 연나라의 왕이 되려고 한다. 지금 제나라가 두려워하는 것은 연나라가 다른 장군을 파견하여 공략하는 것이다. 만일 그렇게 된다면 즉묵성은 당장 함락될 것이다."라는 유언비어를 퍼뜨리도록 하였다.

이러한 유언비어는 곧 연나라 전역에 퍼졌고, 이러한 유언비어를 곧이곧대로 믿은 연 혜왕은 악의를 파면시킨 후 그 후임으로 기겁(騎劫) 장군을 파견하였다. 결국, 악의는 조(趙)나라로 망명할 수밖에 없었고, 연의 장수 기겁은 제나라 전단 장군의 화공(火攻)에 대패하여 연나라는 멸망의 수렁으로 빠지고 말았다.

## 남베트남이 인간(因間)들로 인하여 멸망하다

제2차 베트남전쟁 시 북베트남은 남베트남에 암약하고 있던 남베트남 공산주의자들을 활용하여 남베트남을 점령하였다. 이는 적국의 현지인을 아군의 간첩으로 활용하는 인간(因間)의 예라 할 것이다.

제2차 베트남전쟁(미국과 북베트남과의 전쟁)이 발발하자, 북베트남은 수천 명의 남부 출신 공산주의자들을 비밀리에 남파하여 남베트남의 주요 거점을 장악하도록 하였다. 이들은 거점 내에 행정체제를 구축하고 대대적인 토지개혁을 통해 민심을 끌어들이는 한편, 지역별로 자위대를 만들었는데 이들이 곧, 베트콩(Viet Cong, 월맹 공산군, 약칭 VC)이라 불리는 남베트남 내의 반정부 무장단체였다.

또한, 북베트남은 남베트남의 혁명역량을 강화할 목적으로 남베트남민족해방전선(NLF, Nation Liberation Front)을 결성하고 동조자들을 확보해 나가기 시작하였다. 이들은 미국의 지상군이 본격적으로 개입했을 당시에도 남베트남 국토의 58% 정도를 장악하고 있었다.

1973년 1월 23일에 체결된 파리평화협정으로 미군과 한국군을 비롯한 우방국 군이 철수했을 당시만 해도 남베트남군의 수준은 정규군 57만 명과 지방군, 민병대 53만여 명 등 110만 명의 병력을 확보하고 있었고, 전차 600대, 장갑차 1,200대, 항공기 1,300대, 헬기 500대, 함정 1,500척 등 세계 4위의 군사력을 유지하고 있었다.

반면, 북베트남과 NLF의 전력은 정규군 47만 명과 베트콩 등 100만 명의 병력을 보유하고 있었으나, 장비와 무기는 남베트남 전력과는 비교될 수 없는 수준이었다.

1974년 10월, 북베트남 노동당 중앙위원회에서 남베트남에 대한 총공세를 결정하였다. 당시에 이미 남베트남 내부에는 북베트남이 암암리에 심어놓은 동조자들이 5만 여명이나 되었다. 이들은 시민과 종교단체를 가장하여 반미·반전운동으로 미군과 우방국 군을 축출하였고, 본격적으로 남베트남군 내부를 분열시키기 위해 활동하고 있었다.

그들은 100여 개 이상의 좌익단체를 구성하여 조직적으로 반정부활동을 벌였으며, 상당수는 정부 조직 내에도 침투하고 있었다. 1967년 치러진 남베트남 대통령선거에서 차점으로 낙선한 야당지도자 '쯔옹 딘 쥬'도 그들 중 하나였다. 그는 외세를 끌어들여 동족끼리 피를 흘리는 모습을 조상들이 본다면 얼마나 슬퍼하겠느냐며 월맹에 대한 포용정책까지 주도하였다. 심지어 전후 증언에 의하면 대통령 비서실장, 장관, 도지사 등 권력의 핵심부에 있던 인사들도 상당수 좌익세력에 속해 있었다고 한다.

학살된 베트남 남부 인사

남베트남 패망 당시 사회저변에 침투해 있던 간첩세력은 공산당원 9,500명, 인민혁명당원 4만 명 등 총 5만여 명이었다. 이들이 가장 많이 침투해서 암약하고 있던 곳은 부패척결운동과 반미·반전·평화운동을 표방하는 시민과 종교단체였다. 이들의 적극적인 활동에 위축되어 당시에 남베트남에서 국방과 안보를 강조하는 사람은 전쟁 광신도나 미친 사람처럼 취급받았다.

그러나 전쟁이 북베트남군의 승리로 끝나자, 반공을 외치며 나라를 위기에서 구해야 한다고 주장했던 애국인사, 언론인들은 모두 살해되어 시체로 발견되었고, 남베트남 정부에서 종사했던 지식인, 공무원, 종교인, 그리고 자유 베트남정부에 협조한 모든 인사는 조국을 배신한 배신자로 간주되어 적대계층으로 분류되었고, 가혹한 육체노동을 강요받아야 했다.

## 미국이 내간(內間)을 이용하여 쿠바 위기를 극복하다

냉전기간 중 미국은 적국의 관리를 미국 측의 공작원으로 매수하여 활용하는 내간(內間)을 통해 위기를 극복할 수 있었다. 이 사례는 미국이 매수하지는 않았지만, 소련군 고위급 장교가 스스로 내간을 자처했던 사례이다.

핵무기가 개발된 이래 미·소의 냉전체제 하에서 핵전쟁의 위기가 가장 고조되었던 시기는 1962년 10월의 쿠바위기 때였다. 비밀리에 쿠바에 미사일 기지를 설치하려는 소련의 음모가 밝혀지자, 미국의 케네디(John F. Kennedy) 대통령은 소련에 대해 핵전쟁을 각오하든지, 아니면 핵무기를 쿠바에서 철수키든지 양자택일하라고 위협하였다. 이러한 일촉즉발 위기의 상황에서 전 세계는 공포 어린 시선으로 두 핵 강국의 행보를 바라보고 있었다.

펜코프스키 대령

그러나, 미국은 소련이 미국과 전쟁을 할 태세를 갖추고 있지 않다는 정보를 소련 내의 극비 첩보원을 통해 알고 있었다. 소련 서기장 흐루쇼프의 흉중을 알게 된 케네디 미국 대통령은 소련을 마음 놓고 위협하였다. 결국, 소련의 흐루쇼프 서기장은 쿠바로부터 미사일을 철수시켰으며, 이로써 미·소간 핵전쟁의 위기는 해소될 수 있었다.

소련 내 미국의 극비 첩보원은 바로 소련군 참모본부 정보총국(GRU) 소속의 펜코프스키(Oleg Penkovsky) 대령이었다. 펜코프스키 대령은 아버지가 반공주의자였다는 이유로 장군으로 승진할 길이 막혀버리자, 소련의 체제에 환멸을 느낀 나머지 자원해서 미국의 간첩으로 활동했다.

그는 1960년 8월에 모스크바의 미 대사관과 은밀히 접촉을 시도하였고, 4개월 뒤에는 소련 무역대표단의 보안담당 책임자 자격으로 서유럽의 레이더와 통신기술 도입을 위해 런던을 방문하였다. 런던의 호텔에서 그는 CIA와 접촉하여 마이크로필름에 담긴 80쪽의 극비문서를 전달하였다. 펜코프스키가 미국에 넘겨준 자료 중에는 미국이 손에 넣고 싶었던 소련의 최신형 SA-2 지대공미사일에 관한 상세한 극비자료와 SS-1, SS-6 등의 중장거리 미사일에 관한 특급정보가 포함되어 있었다.

그는 2년간 엄청난 양의 정보를 미국에 넘겨주었다. 소련 정보기관의 구조와 인력배치 현황, 서유럽에 파견된 300여 명의 KGB, GRU 소속 스파이들의 개인자료, 소련의 모스크바 방위사령부와 미사일부대 관련 자료, 소련군 야전 교범, 전술지대지 탄도미사일, 장갑차, 그리고 T-55와 T-62 전차 관련 자료 등이 초소형 카메라에 찍혀 미국으로 넘겨졌다.

그러나 펜코프스키 대령의 이러한 스파이 행각은 KGB에 노출되어 1962년 11월에 KGB에 의해 체포되었다. 그는 이듬해 5월에 반역죄로 총살형에 처해지기 직전에 스스로 목숨을 끊었다.

자신의 출셋길이 막히자 조국을 등진 펜코프스키 대령은 소련의 스파이에서 미국과 영국을 위해 일하는 내간(內間)이 되었다. 펜코프스키 대령의 사례는 직위가 높은 내간일수록 그 이용 가치는 높다는 것을 보여준다.

# 제34계 : 고육계(苦肉計)

(苦: 괴로울 고, 肉: 고기 육, 計: 꾀할 계)

## 자신의 몸을 희생하여 생존을 도모하라

'고육계'는 일종의 특수한 이간계(離間計)이다. 이 계는 자해(自害)를 통해 적으로 하여금 사실로 믿게 하는 것이다. 고육계는 박해를 받았다는 거짓 상황을 연출하여 적을 미혹하고 자기의 목적을 달성하는 것이다.

이 계의 원문(原文)과 해석(解析)은 아래와 같다.

> 인불자해(人不自害), 수해필진(受害必眞),
> 가진진가(假眞眞假), 문이득행(問以得行),
> 동몽지길(童蒙之吉), 순이손야(順以巽也)
>
> 사람은 스스로 자해하지 않기에 해를 입게 되면 적은 의심하지 않는다. 거짓을 진실로, 진실을 거짓으로 혼란스럽게 하여 목적한 바를 얻는다. 어리석어 보이는 것이 좋은 점은 잘 받아들여지기 때문이다.

'고육계'는 먼저 자신에게 상처를 입히고, 그 피와 상처를 이용하여 적에게 접근해서 적을 속임으로써 목적을 달성하는 것을 말한다.

이 계를 사용할 때는 극도로 신중을 기해야 한다. 왜냐하면, 상처를 입는 것은 단지 일의 시작일 뿐, 성공의 확신이 없기 때문이다. 만일 상대방에게 노출되면 공연한 부상과 심지어 이 때문에 목숨을 잃게 되기 때문이다.

역사상 고육계를 사용한 사람은 많았지만, 그중에는 성공한 예도 있고 실패한 예도 있다. 실패한 경우는 말할 것도 없고 설사 성공했다 하더라도 자신의 몸을 해하는 악전고투 끝에 얻은 처참한 승리일 수밖에 없는 것이다.

## 소진이 자신의 시체를 이용하여 범인을 잡게 하다

소진(蘇秦)은 중국 전국시대에 북방의 강자였던 진(秦)나라에 대항하기 위해 나머지 6국이 힘을 합쳐야 한다는 합종책(合從策)을 내세웠던 인물이다. 이러한 소진이 마지막으로 의탁했던 연(燕)나라를 위해 계략을 세웠다.

당시 연의 소왕(昭王)은 제(齊)나라의 침략을 받아 죽음을 당했던 선왕의 복수를 위해 28년의 세월 동안 절치부심하고 있었다. 그는 이를 위해 악의(樂毅) 장군으로 하여금 병사들을 모집하고 훈련하며 출전의 날을 기다리며 준비해 왔다.

소진은 직접 제나라로 가서 계략으로 제나라를 약화함으로써 연이 제를 공격할 수 있는 여건을 조성하고자 하였다. 그는 우선 적국인 제나라에 들어가서 제 민왕(湣王)의 신임을 얻었다. 그리고 당시 제나라 재상이었던 맹상군(孟嘗君)을 간계에 빠트려 진나라로 쫓아내고 자신이 재상이 되었다. 재상의 자리에 오른 그는 강력한 제나라의 국력을 약화하기 위한 은밀한 공작을 해나갔다.

한편, 소진 때문에 재상직에서 물러나 진나라로 쫓겨난 맹상군은 소진을 제거하기 위해 자객을 보냈다. 그러나 자객의 칼에 찔려 쓰러진 소진은 제 민왕에게 자신을 대역죄인으로 능지처참형(陵遲處斬刑)에 처하면 반드시 범인이 나타날 것이며, 이때 범인을 잡을 수 있다고 하면서 숨을 거두었다.

제 민왕은 소진의 진언에 따라 소진의 사체를 능지처참형에 처했다. 그러자 이를 본 맹상군의 자객은 큰 상을 기대하고 나타나 자신이 범인이라고 자백하였다. 자객은 그 자리에서 체포되어 심문을 받았다. 자객의 진술에 따라 소진을 공격한 자객이 맹상군의 일파임을 알게 된 제의 민왕은 그들을 모두 찾아내 처단하였다.

소진은 연나라를 위해 자신의 시체가 능지처참형을 당하도록 함으로써 고육계를 완성했다. 제나라는 소진의 계책에 말려들어 충신들까지 모두 쫓아냈고 국력이 크게 소진되었다. 이후 제는 연나라를 포함한 주변 5개국의 공격을 받아 멸망하고 말았다.

## 황개(黃蓋)가 체벌을 자처하여 조조군을 속이고 화공하다

나관중의 삼국지연의에는 그 유명한 적벽대전에서 오나라 장군 황개의 고육계에 관한 이야기가 나온다. 적벽대전이 시작되기 전 어느 날 조조군의 수군 도독이었던 채모(蔡瑁)는 주유의 반간계로 조조에 의해 죽임을 당했다. 이에 그의 아우이며 수군부장이던 채중(蔡中)과 채화(蔡和) 두 형제가 형의 원수를 갚겠다며 거짓으로 오나라에 투항해 왔다. 그러나 오나라 대도독 주유는 그들의 투항이 거짓임을 간파하고 있었다. 그럼에도 주유는 그들을 반가이 맞으며 위로하였다.

며칠이 지나 주유는 군사작전 회의를 열고 3개월의 군량을 나눠주며 조조군을 격파할 작전을 준비하도록 지시했다. 그런데 이때 노장 황개가 나서서 3개월, 아니 30개월의 군량을 준다고 해도 도움이 안 되며, 1개월 안에 조조를 물리치지 못할 거라면 차라리 항복하는 편이 낫다고 주장하였다. 그 말을 들은 주유는 벌컥 화를 내며 이전에 오 왕 손권이 앞으로 항복 운운하는 자가 있으면 가차 없이 목을 베라는 지시가 있었다고 하면서, 노장 황개를 끌어내어 당장 목을 베라고 명령하였다.

그러자 오나라의 장수들은 소스라치게 놀라 오나라 개국공신인 노장 황개의 그간 쌓은 공적을 보아 주유의 명을 철회하고 감형해 줄 것을 청하였다. 감녕(甘寧)을 비롯한 여러 장수가 목숨을 걸고 변호하자, 주유는 결국 태형(笞刑) 오십 대로 벌을 감해주었다. 그러나 태형 50대는 노장 황개에겐 무리한 체벌이었다. 황개는 살가죽이 터져 차마 눈 뜨고 못 볼 정도로 유혈이 낭자했고, 매를 견디다 못해 정신까지 잃었다.

오나라에 대한 이러한 내분첩보는 오에 거짓으로 투항에 있던 채중, 채화 두 형제를 통해 조조에게 그대로 보고되었다. 며칠 후 황개는 참모인 감택을 은밀히 조조에게 보내 황개 자신이 부대를 이끌고 투항하겠다는 밀서를 보냈다. 조조는 전후 사정을 들어 아는지라 황개의 투항을 곧이곧대로 믿고 말았다. 더욱이 얼마 지나지 않아 황개가 뱃머리에 파란색 깃발을 달고 투항하겠다는 밀서를 보내오자 조조는 황개의 투항의사를 철석같이 믿게 되었다.

드디어 건안 13년 11월 20일 밤에 황개가 20척의 선단을 이끌고 조조 진영으로 달려오고 있었다. 조조는 황개가 정말로 귀순해 오는 것으로 믿어 크게 기뻐하였다.

그러나 황개는 건초더미를 쌓은 배에 불을 붙여 쏜살같이 나아가 조조군의 쇠사슬로 연결된 선단에 부딪히도록 하였다. 순식간에 불길은 조조의 모든 선단에 옮겨붙었고, 이런 대혼란 속에 주유의 수군이 달려들자 조조군은 강 위에서 불에 타 죽거나 물에 빠져 죽는 자가 반이 넘었다. 조조는 측근의 도움으로 간신히 도망칠 수 있었다. 적벽대전에서 조조는 전선으로 출전한 이래 가장 참담하고 처참한 패배를 맛보게 되었다.

오나라의 승리 이면에는 이러한 황개의 고육지계(苦肉之計)가 있었다. 주유와 황개는 채중과 채화가 거짓 귀순해온 것을 간파하고, 사전 모의하여 반간계로 그들을 속이기 위한 연극을 벌인 것이었다. 또한, 조조를 속이기 위해 황개 자신의 동료들과 조조의 간첩까지 속일 필요가 있었고, 이를 위해 고육계로 자신의 한 몸을 기꺼이 희생했다.

## 엘리 코헨이 이스라엘군의 골란고원 점령에 기여하다

  적국에 침투하여 적국 대통령에게도 신임을 받을 정도로 완벽하게 신분을 위장하고 간첩행위를 했던 스파이가 있었다. 그는 결국 정체가 탄로되어 사형을 당하였다. 적국에 들어가 활동하다가 죽은 그는 사간(死間)으로 분류할 수 있다.

엘리 코헨

  그 스파이는 죽을 각오로 임하여 완벽했고 그래서 적이 믿을 수밖에 없었으며, 결국 죽음으로써 적국이 내부 수습에 에너지를 소모하도록 만들었다. 이 전설적인 스파이가 바로 이스라엘 정보국 모사드 요원인 엘리 코헨(Elie Cohen)이었다.

  1967년 6월 5일부터 10일까지 벌어진 제3차 중동전쟁(6일전쟁)에서 이스라엘은 시리아, 이집트, 요르단을 공격하여 시나이반도, 서안 지역(West Bank), 그리고 골란고원(Golan Height)을 점령하였다. 특히, 이스라엘과 시리아 국경 지역에 위치한 골란고원은 6월 9일에 이스라엘군이 공격한 지 10시간 만에 함락되었다. 이러한 이스라엘군 승리의 배후에 스파이 엘리 코헨이 있었다.

  코헨은 유대인으로 이집트의 알렉산드리아에서 태어나서 카이로 대학에서 전기공학을 공부하였으나, 유대인으로서 차별을 심하게 받자 학업을 포기하였다. 이후 그는 이집트에서 이스라엘을 위한 정보활동을 하다가 발각되어 1956년에 이스라엘로 추방되었다. 그는 30세 때 텔아비브에서 결혼하고 이스라엘 정보부 모사드의 직원이 되었다.

  코헨이 시리아로 잠입한 것은 1961년 2월이었다. 아랍어 등 5개 국어에 능통한 그는 카멜 다비트라는 이름의 시리아 출신 무역상으로 둔갑하여 아르헨티나의 부에노스아이레스로 갔다. 그는 1년 동안 무역업을 하면서 시리아 무관 하페즈 알 아사드(Hafiz al-Asad) 장군에게 접근하였다. 그는 완벽한 아랍인의 외모와 예리한 판단력과 지력, 그리고 모사드가 주는 풍부한 자금력으로 하페즈 장군이 그를 완벽한 시리아의 실업가로 믿도록 하는 데 성공하였다.

그는 하페즈 장군의 도움으로 시리아로 잠입할 수 있었다. 그는 모사드가 부에노스아이레스 은행에 저금해 놓은 무진장한 자금을 동원하여 시리아 수도 다마스쿠스에서도 무역상으로 활동하였다. 코헨은 30대의 젊은 실업가로서 단시간 내에 시리아 상류사회에 등장했고, 시리아 국영 라디오 텔레비전의 대 남미방송 담당자가 되기도 하였다.

그는 호화판 별장에서 수시로 파티를 열었고, 시리아 고관들을 초대하여 갖가지 기밀을 탐지하였다. 엘리 코헨은 이렇게 수집한 첩보를 무전기와 스페인어 방송을 통해 이스라엘의 모사드에 암호로 송신하였다.

1963년에 하페즈 장군이 쿠테타에 성공하여 시리아의 대통령이 되었고, 하페즈는 코헨을 장관으로 입각시킬 생각을 하기도 했다. 코헨은 이처럼 시리아에서 신임을 받는 주요 인사가 되어 있었다.

1964년에 모사드로부터 그에게 중대한 지령이 하달되었다. 그것은 시리아-이스라엘 국경지대의 시리아군 요새 특히, 골란고원의 내부구조를 탐지해 보고하라는 것이었다. 코헨은 골란고원에 대한 첩보를 수집할 목적으로 시리아 고관들을 만날 때마다 이스라엘과의 국경 지역 방어태세가 허술하여 걱정된다는 말을 했다. 그러자 시리아 군부는 대통령이 신임할 정도로 주요 인사이며 영향력이 있는 코헨의 입을 막기 위해 전선 지역 시찰을 권했다. 골란고원의 완벽한 대비태세를 코헨에게 보여줌으로써, 코헨이 그러한 말을 하고 다님으로써 더는 군부의 입장을 난처하게 만들지 않도록 한다는 군부의 계산이었다.

코헨은 골란고원을 비롯한 국경 지역의 주요 요새를 시찰할 기회를 얻자, 방문지역의 모든 시리아군 요새의 내부 현황과 포대의 위치, 병력 현황 등을 암기하여 무전으로 이스라엘에 암호로 전송하였다.

그러나 엘리 코헨이 이스라엘 첩보부로 송신하는 전파는 6일전쟁 몇 주전부터 시리아 방첩대에 포착되었다. 시리아 방첩대는 끈질긴 추적 끝에 전파가 코헨의 별장에서 송출된 것임을 확인하였다.

마침내 시리아 방첩대는 1965년 1월 24일에 엘리 코헨을 체포하였다. 이스라엘 정부는 엘리 코헨을 구하기 위해 거금과 다량의 물자 제공을 시리아 정부에 제의하였으나 거부되었다. 시리아 정부는 시리아 고위층의 사생활을 너무 많이 알고 있는 그를 풀어줄 수 없는 상황이었다. 결국, 시리아는 엘리 코헨을 군중들이 지켜보는 가운데 6시간 동안 목이 매달리는 교수형에 처했다.

코헨이 입수한 정보에는 소련 고문단이 작성한 이스라엘 공격계획, 소련이 시리아에 제공한 무기 사진, 골란고원의 시리아군 배치도 등이 있었다. 이는 이스라엘군이 6일전쟁에서 승리하는데 결정적으로 기여하였다.

엘리 코헨을 교수형에 처했지만, 시리아는 내부적으로 정부 관료들의 기밀 누출과 사생활에 대한 책임 소재로 상당한 진통을 겪게 되었다. 500여 명의 시리아인들이 엘리 코헨과 연루된 혐의로 체포되었고, 그를 가까이 두었던 하페즈 대통령도 군부 내 반대파들의 공격에 전전긍긍할 수밖에 없었다. 결국, 엘리 코헨은 생전에는 조국에 헌신하였고, 죽은 다음에도 적국을 교란시키는데 일조하였다.

# 제35계 : 연환계(連環計)

(連: 이을 련, 環: 고리 환, 計: 꾀할 계)

## 여러 가지 계책을 교묘하게 연결해 섬멸하라

'연환계'는 두 가지 의미가 내포되어 있다. 첫 번째는 계략을 사용하여 적끼리 서로 견제하도록 하고 그 힘을 뺀 후에 공격하는 것이며, 두 번째는 두 가지 이상의 계책을 혼합하여 사용하는 것을 말한다. 첫 번째를 좁은 의미의 연환계라 한다면, 두 번째는 넓은 의미의 연환계를 의미한다.

이 계의 원문(原文)과 해석(解析)은 아래와 같다.

> 將多兵衆(장다병중), 不可以敵(불가이적),
> 使其自累(사기자누), 以殺其勢(이살기세),
> 在師中吉(재사중길), 承天寵也(승천총야)
>
> 적의 장수와 병력이 많을 때는 정면으로 대적할 수 없다. 적으로 하여금 스스로 묶어 놓게 함으로써 그 기세를 꺾어야 한다. 아군에 뛰어난 군사(軍師)가 있다면, 이는 하늘의 은총이다.

넓은 의미로 연환계는 다양한 계를 복합적으로 운용함으로써 적으로 하여금 혼란에 빠지도록 하여 승리하는 계이다. 다양한 계를 효과적으로 운용하기 위해서는 상황에 부합하는 적절한 계를 선택하여 적용하되 이들의 조화가 요구된다. 전략적, 작전적, 전술적 수준에서 적절한 계들의 조합은 상황에 부합되는 것이어야 한다.

## 왕윤이 연환계로 동탁과 여포, 그리고 채옹을 제거하다

나관중이 쓴 삼국지연의에는 후한(後漢)의 사도(司徒) 왕윤(王允)이 미인계, 차도살인, 순수견양 등의 계를 혼합한 연환계를 써서 동탁과 여포, 그리고 채옹을 제거한 일화가 나온다.

왕윤은 여포(呂布)에게 미녀 초선(貂蟬)을 처로 삼게 해주겠다고 약속하고는 조정의 권신인 동탁(董卓)에게 보냈다. 동탁은 여포의 의부(義父)였고 두 부자는 하나같이 호색한이었다. 왕윤은 미인계로써 초선을 호색한인 동탁과 여포에게 준다고 약속하여 서로 물어뜯게 했다.

과연 여포는 불만을 품고 동탁과 갈등을 일으켰으며, 초선은 이들 사이에서 도발적으로 불을 질러 분노한 여포가 동탁을 찔러 죽이게 하였다. 왕윤이 여포를 이용하여 동탁을 죽이는 차도살인의 계가 실행되었다.

초선

좌 중랑장 채옹(采翁)은 동탁이 발탁한 인물로 동탁이 죽자 탄식하였다. 정적(政敵)인 채옹을 지원해 주던 동탁이 제거되자, 왕윤은 힘이 약해진 채옹을 순수견양으로 제거하였다.

왕윤은 연환계로 동탁을 죽이고 채옹을 제거했으며 여포를 망가뜨렸다. 이는 왕윤이 3가지의 계를 조화 있게 운용한 연환계로 이룬 성과였다.

## 적벽대전에서 유방과 손권의 연합군이 연환계로 승리하다

적벽대전(赤壁大戰)은 연환계가 가장 잘 적용된 사례이다. 주유가 이끄는 오군과 유비군은 연합하여 조조의 위나라 83만 대군과 장강(長江)에서 마주 보며 대치하고 있었다.

먼저, 오의 대도독 주유는 자신의 친구인 장간이 염탐하려 찾아오자 이를 역이용한 반간계로 조조의 수군대장 채모와 장윤을 조조의 손으로 죽이게 하였다. 또한, 제갈량은 무중생유의 계로 야음을 틈타 공격을 가장하여 조조군으로 하여금 화살을 퍼붓게 함으로써 화살 10만 개를 얻었다. 또한, 방통은 연환계로 조조군의 선단을 하나로 묶어 촉·오 연합군이 화공에 유리하게끔 여건을 조성하였다. 마지막으로, 주유는 자신의 부하 장수 황개를 이용한 고육지계로 황개가 배반한 것처럼 속여 조조의 선단에 불을 붙이는 계략을 사용하였다. 이렇듯 적벽대전은 여러 계략이 상황에 부합되도록 조화롭게 운용되어 유비와 오의 연합군이 얻은 승리였다.

여기서 방통의 연환계를 소개하면 다음과 같다. 주유와 제갈량은 적벽대전에 앞서 조조군의 상황과 기도를 분석하였다. 그 결과 조조군은 북방의 군사들로 수전(水戰)에 익숙하지 못하며, 원정군으로 먼 길을 달려와 지쳐 있고, 조조의 대군은 군량 확보에 문제가 있을 것이므로 장기전보다는 속전속결을 시도할 것이라 분석되었다.

이러한 분석을 기초로 제갈량과 주유는 화공(火攻)으로 조조군을 공략하기로 사전 결정해 놓고 이를 실천에 옮기기 위한 계략을 사용하였다. 유비와 오의 연합군이 화공을 하기 위해서는 조조군의 선단을 하나로 묶을 필요가 있었다.

이를 위해 등장하는 인물이 방통이었다. 방통은 일찍이 제갈량과 함께 수경 선생 밑에서 동문수학을 한 친구였다. 이들은 일지기 '와룡봉추(臥龍鳳雛)를 얻으면 천하를 얻을 수 있다.'는 말을 들을 정도였다. 제갈량은 와룡(臥龍, 누운 용)이었고, 방통은 봉추(鳳雛, 봉황의 새끼)였다.

방통은 조조 진영에 잠입하여 유비군과 오의 연합군을 위해 활동하고 있었다. 수전에 약한 조조의 북방 군사들이 뱃멀미를 하며 힘들어하자 방통이 조조에게 한 계책을 내놓았다. 그것은 선단을 쇠사슬로 하나로 묶고

각 선단에 널판을 설치하여 육상에서처럼 군사들이 배 위에서 자유롭게 활동하게끔 하자는 것이었다. 물론 이는 유비군과 오의 연합군이 화공을 할 때 조조군의 선단을 일거에 불에 태워버릴 양으로 방통이 쓴 좁은 의미의 연환계였다.

그러나 조조는 당시 바람의 방향이 촉·오 연합군에 불리하게 작용하고 있어서 방심하여 방통의 연환계에 넘어가고 말았다. 여기서 방통의 연환계라 표현한 것은 쇠사슬로 조조군의 선단을 묶은 계략이었기 때문이다.

## 아프간전쟁에서 미군이 연환계를 활용하다

21세기에 들어 지구촌의 사람들은 전쟁이 없는 평화를 기대하였으나, 이는 이슬람 원리주의 국제테러단체인 알 카에다가 자행한 9·11테러로 인해 깨져 버렸다. 9·11테러 사건이 발생한 후, 미국의 테러집단과 테러세력을 두둔하는 국가에 대한 강경한 대응은 유엔안전보장이사회의 지지를 받았고, 미국은 동맹국들과 함께 2001년 10월 7일 아프가니스탄을 침공하였다. 이로써 아프간전쟁은 21세기에 최초로 발발한 전쟁으로 역사에 기록되었다.

아프간전쟁 시 미국은 연환계로 다양한 계책을 아프간의 전략환경에 부합되도록 조화롭게 운용하였다. 미군의 아프간 작전(항구적 평화작전) 시 적용된 계는 상옥추제, 지상매괴, 가도벌괵, 무중생유, 차도살인, 위위구조, 금적금왕, 그리고 투량환주 등이었다.

당시 미국의 군사전략목표는 9·11테러의 주범인 오사마 빈 라덴을 제거하고, 탈레반 정권과 그 지도자인 오마르를 축출한 후, 아프가니스탄 내 친미 과도정권 수립 여건을 조성하는 것이었다. 아프간에 대한 침공작전은 이 지역을 담당하는 미 중부사령부가 담당하였다.

미 중부사령부의 군사전략목표를 구현하기 위한 작전개념은 CIA 및 외교활동에 의한 군사작전 여건을 조성한 후, 항공력과 토착 저항세력인 아프간 북부의 동맹군으로 탈레반 정권 및 테러 세력을 주요 도시 및 거점에서 축출하며, 인접 동맹국인 타지키스탄, 파키스탄 국경을 차단한 가운데, 미군 주도의 결정적 작전으로 지내 대의 잔적을 소탕하는 것이었다. 그리고 마지막으로, 안정화 작전을 통해 아프간 과도정부를 수립하고 국가 통합 및 재건활동을 시행하는 것이었다.

작전여건조성 단계에서 미군은 동맹국과 군사협력 및 군사력 전개를 위한 전개기지의 협조, CIA에 의한 토착 북부동맹군 포섭 및 전장 정보 등에 중점을 두었다. 미군이 태평양을 건너 아시아 대륙 중앙에 위치한 아프간을 침공하기 위해서는 동맹국들의 군사협력과 군사력 전개를 위한 전개기지가 필요하였다.

이를 위해서 미국은 우선 유엔 안전보장이사회에서 대테러전쟁의 필요성을 역설하여 안보리의 지지를 얻음으로써 정당한 전쟁 명분을 확보하였다. 국제적인 지지 기반과 전쟁의 명분을 확보하면서 미국의 단호한 의지를 테러집단과 테러집단 지원국들에 천명한 것은, 동맹국들이 테러와의 전쟁에 자발적으로 참여하거나 지원을 하지 않을 수 없도록 만든 '지상매괴', '상옥추제', 그리고 '차도살인'의 계였다.

또한, 미국이 군사력 전개를 위해서 아프간과 국경을 접하고 있던 우즈베키스탄에 공군기지를 협조하여 특수부대를 전개하고, 파키스탄과 타지키스탄에 군사력을 전개하는 동시에, 사우디아라비아 및 인근 항만 함대에 공군, 해군과 해병대를, 그리고 공군력을 인도양 디에고 가르시아(영국령)에 전개하였던 것은 아프간 침공을 위해 길을 빌린 '가도벌괵'의 계였다.

그리고 당시 아프간의 탈레반 정권에 대한 저항세력으로 아프간 북부지역을 점령하고 있던 토착 북부동맹군을 포섭하여 소규모의 특수부대와 함께 지상작전으로 남진하였던 것은 '차도살인'의 계라 할 수 있다. 미군은 토착 저항세력을 아군화 함으로써 탈레반 공격을 위한 전력을 창출하여 효과적인 전투와 첩보 획득이 가능하였다. 이는 바로 무에서 유를 창조한 '무중생유'의 계였다.

미군은 이렇듯 작전여건을 조성한 후, 알 카에다 및 탈레반 지도부를 주요 도시 및 거점에서 축출하는 결정적 작전을 수행하였다. 결정적 작전은 공중폭격 위주의 항공작전과 소수 정예 미군 특수부대로 북부의 토착 동맹군의 지상 전투를 지원하여 아프간의 수도인 카불을 점령하였고, 알 카에다 및 탈레반 세력을 파키스탄 국경 쪽(동쪽)으로 축출하였다. 이후 미군은 탈레반의 거점인 칸다하르의 군사시설과 비행장을 미 해병 특수부대를 투입하여 점령하였다. 이들 특수부대는 인도양에 전개한 항공모함으로부터 헬기로 투입되었다. 미군이 북부에서 토착 북부동맹군을 이용하여 남부로 진격하는 동시에, 남부의 탈레반 거점인 칸다하르의 비행장을 특수부대를 이용하여 공격한 것은 취약한 후방지역을 공격한 '위위구조'의 계였다.

미군을 주축으로 하는 동맹군은 파키스탄 국경 산악지역으로 패퇴한 탈레반과 알 카에다의 남은 세력을 소탕하기 위해 특수부대를 산악지역에 투입하여 탐색격멸 작전을 수행하였다. 이러한 작전은 토라보라, 아나콘다 작전이라 명명되었다. 그러나 동맹군은 탈레반과 알 카에다의 지도부를 체포하겠다는 '금적금왕'의 계는 실패하고 말았다.

아프간은 우리나라와 비슷하게 70% 이상이 산악으로 이루어진 국가이다. 1980년에 아프간을 침공한 소련군도 산악지역에서 아프간 저항세력인 무자헤딘을 소탕하는 데 실패한 경험이 있었다. 이에 미군은 대규모 지상전 부대를 산악지역 작전에 투입하기를 주저하였고, 아프간 토착 북부 동맹군이 포위망을 형성한 가운데 미군 위주의 특수부대를 투입하여 탐색격멸 작전을 시행하였다. 그러나 작전결과는 신통치 않았고, 미군도 큰 피해를 입었다. 이후 미군은 과거 소련군의 경험을 떠올리며 더 이상의 대규모 탐색격멸작전을 수행하지 않았다.

결정적 작전에 이은 미군의 안정화 작전은 실패한 것으로 평가된다. 탈레반과 알 카에다의 잔당이 완전히 소탕되지 않은 가운데 아프간 과도정부가 2002년 6월에 수립되어 국가 통합과 재건을 추진하였다. 미 중부사령부는 제18공정군단을 주축으로 CJTF-180을 설치하여 잔적소탕에 주력하였다. 또한, 아프간의 재건을 지원하기 위해 수도 카불에 지방 재건단(PRT : Provincial Reconstruction Team) 본부를 설치하고, 8개의 지방 재건단을 설치하여 아프간 과도정부를 지원하여 과도정부의 영향력 확대와 통제력을 강화하는 노력을 기울였다.

그러나 미군은 유엔이 아프간 파견을 승인한 나토군 위주로 편성된 국제안보지원군(ISAF)에 치안유지와 과도정부의 안정화, 그리고 아프간 재건을 일임한 채, 2003년에 이라크를 침공함으로써 미군의 주 전력은 이라크로 전환되었다. 또한, 안정화 작전의 중심이라고 할 수 있는 아프간 주민의 지지를 받지 못함으로써 안정화 작전은 실패하였다. 미군은 탈레반 정권을 무너뜨리고 새로운 과도정부로 대체하는 데는 성공하였으나, 작전의 중심을 공략하는 계인 '투량환주'에는 실패하였다.

아프간의 안정화를 방해하는 요소는 다양하였다. 제일 중요한 문제는 탈레반과 알 카에다의 잔존 세력 등 반정부 세력이 파키스탄 북부에 즉, 미군이 지상군 병력을 투입하여 공격할 수 없는 성역화 된 피난처에 근거지를 마련하고, 아프간과 파키스탄 국경을 넘나들며 아프간의 치안을 지속해서 위협하는 것이었다. 이는 미군이 탈레반과 알 카에다 세력을 뿌리뽑는 '부저추신' 계의 실현을 불가능하게 하였다.

또한, 아프간을 둘러싼 6개의 국가들(중국, 키르키스스탄, 타지키스탄, 우즈베키스탄, 파키스탄, 이란)이 아프간에 끊임없이 영향력을 행사하려는 의도였다. 특히, 파키스탄은 인도와의 관계를 고려하여 아프간 정치세력에 영향력 행사를 꾀하고 있었다. 인도는 아프간에 대한 투자를 적극적으로 전개함으로써 아프간에 영향력을 행사하려는 의도를 보였고, 파키스탄은 이러한 인도의 행보에 긴장하고 있으며, 정보국을 통해 은밀히 아프간의 반정부 세력을 지원하면서 앞으로 미군 철수 후 이들을 통한 영향력 행사를 꾀하고 있다. 이외에도 아프간과 국경을 접하고 있는 국가들은 아프간의 정치와 경제 등 모든 분야에 결부되어 있어 이들 국가의 이익 추구가 아프간의 안정화를 어렵게 하는 요인으로 작용하고 있다.

이외에도 아프간 과도정부와 지역 군벌들 간의 갈등, 지역 군벌들 간의 갈등, 탈레반 정권의 기반이 되었던 지배부족인 파슈툰족과 나머지 종족 (타지크족, 하지라족, 우즈베크족 등) 간의 갈등, 아프간의 경제 및 정치적 불안, 아프간 과도정부의 능력부족으로 인한 통제력 상실, 사회 기반시설의 부족과 국민들의 문맹률, 그리고 농지의 부족과 마약 밀매 등의 다양한 요인이 아프간 안정화를 어렵게 하는 요인으로 작용하였다.

아프간 안정화 작전의 교훈은 미래에 우리 군이 북한지역에 대한 안정화 작전을 수행하는 데 있어 많은 시사점을 제공한다. 작전의 중심은 북한 주민의 지지를 얻는 것이며, 북한의 잔존 저항세력이 우리 군이 공격할 수 없는 만주지역에 성역화된 근거지를 마련하고 한만 국경을 넘나들며 북한 지역의 치안을 위협할 수 있으므로, 이에 대한 근본적인 해결방안이 강구되어야 할 필요성이 있다.

## 제36계 : 주위상(走爲上)

(走: 달릴 주, 爲: 할 위, 上: 위 상)

### 불리할 때는 일단 도망치는 것도 상책이다

속담에 "삼십육계 중 도망이 상책이다."란 말이 있다. 적의 전력이 아군보다 압도적으로 우세하거나, 아군의 전력이 절대 열세할 때 선택 가능한 방책은 투항(投降)이냐, 강화(講和)냐, 도주(逃走)냐의 세 가지 중 하나이다. 투항은 아군이 완전히 패하는 것을 의미하고, 강화는 절반의 패배를 의미하는 것이다. 그렇지만, 도주는 결코 패배를 의미하지 않는다. 패배하지 않았다는 것은 후에 승리로 반전(反轉)시킬 기회를 살려놓는 것이다.

쟁취해야 하는 목표는 순간적인 이해득실이 아니라 최후의 승리이기 때문에 최후의 일각까지 최선을 다해야 한다. 여기서 말하는 도주란 불리한 상황을 슬기롭게 피하여 다른 곳으로 옮겨가 차후를 도모한다는 의미이다.

이 계의 원문(原文)과 해석(解釋)은 아래와 같다.

> 全師避敵(전사피적), 左次無咎(좌차무구),
> 未失常也(미실상야)
>
> 부대를 온전하게 하려면 강적을 피하라. 한쪽으로 물러나 다음을 기약하는
> 일에 허물이 없는 것은 불변의 도(道)인 상(常)을 잃지 않기 때문이다.

현대적 의미에서 도주는 철수, 지연전 등으로 표현될 수 있을 것이다. 정상적인 방어작전을 수행하다가 전력이 부족하여 더는 방어선을 지탱할 수 없을 때 작전형태를 변경하여 대처하는 방법이 철수 혹은 지연전이다.

방어작전 시 진지를 고수하는 것만이 최고의 선(善)이라고 믿고 행동하는 것은 잘못이다. 상황이 불리하거나 혹은 적을 유인하여 격멸할 필요가 있을 때 혹은, 특별히 준비된 강력한 진지에서 고수방어를 명받은 경우가 아닌 경우에는, 차후 방어선으로 후퇴하여 전열을 가다듬은 후에 적과 다시 전투할 수 있는 것이다. 작전상 후퇴는 결코 패배로 볼 수 없다.

## 중이(重耳)가 도망쳐 전국을 떠돌다가 결국 왕이 되다

중국 춘추전국시대에 진(晉)의 헌공(獻公)은 총애하던 여희가 자신이 낳은 해제(奚齊)를 왕위에 앉히기 위해 태자인 신생(申生), 중이(重耳), 이오(夷吾) 등 세 공자를 죽이려 하는 것을 방임함으로써 난국을 초래하였다. 이러한 난국 속에서 맏아들인 태자 신생은 목을 매어 죽었고, 중이와 이오는 도망을 쳤다.

둘째 아들인 중이는 왕의 자리를 두고 싸우지 않고 멀리 도망쳤지만, 고국에 대한 그리움으로 오매불망하며 지대한 관심을 기울였다. 중이와 그의 추종자들은 천신만고를 겪으며 열국(列國)을 돌아다녔다. 그러한 가운데에서도 중이는 조국의 생존과 발전을 위해, 그리고 또 장래 귀국하여 왕이 되기 위한 견실한 기초를 다지면서 열강들의 지지를 받기 위한 노력을 기울였다.

열강들이 중이를 지지한 이유는 실제로는 중이가 진왕으로 등극하면 그 대가로 영토할양 등 막대한 실익을 챙기려는 것이었다. 따라서 이들이 추구하는 막대한 실익은 중이에게는 매국(賣國)을 강요하는 것이었다. 그러나 중이는 결코 열국들에게 매국적인 언행을 하지 않았다.

이러한 예로 초(楚)나라 왕이 중이를 왕과 같이 예우한 뒤에 중이에게 진의 왕으로 등극하면 어떻게 보답할 것인가를 물었다. 이에 중이는 "만약 장래에 양국이 불행히 전쟁을 하게 된다면, 나는 먼저 세 번을 양보하여 물러나 준 다음 교전하겠다."라고 비굴하지 않게 대답하였다.

중이가 고국을 떠난 지 19년이 흘렀다. 당시 중이는 진(秦)나라에 의탁하고 있었는데, 진 목공(穆公)도 실익을 요구했고, 실익을 약속한 중이의 동생 이오를 먼저 진(晉)의 새로운 왕으로 천거했다. 그러나 이오가 왕이 된 후 약속을 지키지 않자, 진의 목공은 이오를 버리고 중이를 다시 진(晉)의 왕으로 옹립했다.

중이의 고국인 진(晉)나라에서도 백성들이 명군의 귀국을 바라고 있었다. 중이는 진(秦)나라에 빚진 일이 없었으며, 진 목공의 후원하에 고국으로 돌아와 왕위에 올랐다.

중이의 도망은 영원한 패배가 아니었다. 그는 위험한 상황에서 조국을 떠나 도망함으로써, 목숨을 유지한 채 열국을 주유하며 미래를 위한 준비를 했다.

이러한 그의 노력은 19년 만에 그 결실을 보아 고국으로 돌아와 왕위에 오를 수 있었고, 주위의 제후들에게도 결코 빚진 자로서 비굴하게 굴지 않아도 되었다.

## 유방이 홍문지회에서 무사히 도망쳐 후일을 기약하다

홍문지회(鴻門之會)는 중국 진(秦) 말기에 항우와 유방이 함양(咸陽) 쟁탈전을 둘러싸고 홍문에서 회동한 일을 말한다. 홍문은 중국 산시성(陝西城)의 임동현(臨潼縣)에 있다.

기원전 208년 9월에 진에 대한 반란군의 중심이 된 유방과 항우는 남쪽과 북쪽에서 각각 진의 수도 함양을 향해 진격해 갔다. 이때 초의 회왕은 맨 먼저 관중(關中)에 들어간 사람을 관중의 왕으로 삼겠다고 약속하였다.

207년 10월에 유방이 한발 앞서 함양을 점령함으로써 관중을 지배하였다. 이로써 진은 무너졌고 유방과 항우의 군웅할거 시대가 되었다.

한편, 항우는 유방이 관중을 지배하자 격노하여 단숨에 함곡관(函谷關)을 돌파하였고, 12월에는 홍문에 진을 치고 유방을 위협하였다. 이러한 험악한 양자의 대립을 해결하기 위해서 유방이 항우에게 사과하는 형식으로 열린 회견이 역사적으로 유명한 홍문지회였다.

항우는 이 기회를 이용하여 유방을 죽일 계획이었다. 그러나 항우의 우유부단한 태도로 말미암아 그 기회를 잃었으며, 유방은 부하들의 필사적인 활약으로 호랑이굴을 도망쳐 후일을 기약할 수 있었다.

유방과 항우는 진을 멸망시킨 이후의 국가통치체제에 대한 이상이 서로 달랐다. 유방의 비전은 진시황처럼 통일국가를 만들어 자신이 황제가 되는 것이었다. 그러나 항우의 비전은 통일된 진나라 이전의 전국시대가 모델이었다. 항우는 진을 멸망시킨 후 패왕으로서 만족하였고, 유방을 포함한 부장들을 제후국들의 왕으로 삼았다. 유방은 진시황처럼 황제가 지배하는 통일된 중국을 지향했으나, 항우는 옛날로 다시 돌아가자는 생각이었다.

유방은 항우의 계속되는 위협을 간간이 넘기며 도망쳤고, 한중으로 들어가 역량을 쌓으며 항우와의 천하쟁탈을 준비하였다. 유방은 한신, 장량 등 뛰어난 재사들을 주변에 두어 활용함으로써 항우를 물리치고 한(漢)을 건국할 수 있었다.

유방도 목숨이 경각에 달린 위험한 상황에서는 우선 도망쳐 생명을 보존하여 후일을 도모했다.

## 유엔군이 지연전으로 공간을 내주고 시간을 벌다

6 · 25전쟁 당시 국군의 방어 작전개념은 38도선 상에서 북한군의 공격을 저지 격멸함으로써 지역을 고수하는 것이었다. 그러나 국군은 북한군의 전차를 동반한 기습공격에 맞서, 북한군 전차에 대항할 변변한 대전차

무기도 없었고, 병력과 화력의 상대적인 열세를 극복할 수 없었다.

북한군의 공격이 개시된 6월 25일, 국군의 38도선 상의 방어선은 곳곳에서 북한군에 의해 돌파되었고 특히, 의정부가 6월 26일에 북한군에 의해 점령됨으로써 수도 서울 북방에 위기가 조성되었다.

국군은 가용한 후방사단을 한강 이북으로 전개하여 의정부 지역에 대한 역습을 기도했으나 실패하였고, 수도 서울의 확보도 어렵게 되었다. 결국, 6월 28일 새벽에 한강교가 폭파되었으며, 국군의 주력은 한강 이북에 고립되고 말았다.

한강 이북에 고립된 국군 주력은 중장비를 유기하고 소총만을 휴대한 채 도강하여 한강 이남에서 재편성을 하였다. 북한군은 공격개시 3일 만인 6월 28일 수도 서울을 점령하였다.

국군은 6월 28일에 한강선 방어를 위해 시흥지구전투사령부를 창설하고, 한강을 건너 온 일선 사단들을 한강 방어선에 급히 배치하여 7월 3일까지 한강방어선을 유지했다. 국군의 한강선 방어전투는 미군의 한반도 전개를 위한 시간의 확보라는 매우 중요한 의미가 있다.

7월 1일, 미 제24사단의 스미스 특수임무부대가 부산에 도착했으며, 7월 4일에는 미 제24사단 본대가, 7월 10일에는 미 제25사단이, 18일에는 미 제1기병사단, 그리고 22일부터는 미 제29연대·미 제5연대전투단이 속속 전장에 도착함으로써, 7월에 들어 미군의 전투부대 규모는 3개 사단 2개 연대에 달하였다.

국군은 한강방어선에서 철수한 이후 한반도에 투입된 미군과 연합작전으로 지연전을 수행하였다. 미군은 경부가도를 중심으로 지연전을 수행하였으며, 국군은 미군의 동쪽 지역을 책임졌다.

한편, 북한군은 개전 초의 승기를 최대로 이용하여 8월 15일까지 부산 점령을 목표로 총공세를 펼치고 있었다. 북한군은 3개의 38경비여단을 사단으로 증편하고 후방 사단을 전선에 투입하여 전과확대에 총력을 기울였다.

북한군의 계속되는 공세는 미군의 한반도 투입으로도 일정한 방어선에서 저지 격멸되지 않았다. 북한군은 아군의 방어진지에 대해 전차부대를 선두로 정면에서 공격하는 동시에 아군 방어선을 우회하여 공격하였다. 이로써 아군의 방어진지는 돌파되었으며, 이때마다 아군은 철수해야만 했다. 상대적인 전투력의 열세로 인하여 아군의 방어선은 완전히 연결되지 못하였고, 북한군은 아군의 약점을 이용하여 파고들었다. 이러한 상황에서 아군이 철수하지 않고 고수방어를 고집한다면 이는 곧 부대의 고립과 전멸을 의미했다. 방어선을 지탱할 수 없을 때 조직적으로 철수하여 후방에 새로운 진지를 점령하고 다음을 기약하는 것이 상책이었다.

북한군은 남으로 전진하면서 점차 막심한 전투 손실을 보충하는 일로 어려운 상황을 맞고 있었다. 국군과 유엔군은 축차적인 방어선을 활용하여 방어전투와 철수를 반복하였고, 북한군에게 출혈을 최대한 강요하였다. 공간을 내주고 시간을 버는 이른바 '지연전(Delaying Action)'이었다.

미 제8군과 국군은 북한군의 부산점령을 목표로 한 8월과 9월의 파상적인 공세를 견디어 냈다. 인천상륙작전의 시행 여부는 낙동강방어선이 지탱될 수 있느냐에 달려있었으며, 미 제8군과 국군은 그 임무를 완수하였다.

이처럼 국군과 미군의 지연전은 아군이 전투력을 유지한 채 낙동강방어선으로 후퇴하도록 하였고, 이후 인천상륙작전과 낙동강선 반격작전의 발판이 되었던 것이다.

# 찾아보기

## (ㄱ)

가도벌괵 197, 199, 200, 279, 280
가쓰라–태프트밀약 44
가치부전 219, 221, 222, 224, 227
가토 기요마사 41
갑신정변 54, 55, 56, 57
강감찬 장군 46, 48
강강술래 233
강동6주 46, 47, 48
강민첨 47
강약허실 22
거란 성종 46
걸프전쟁 127, 156, 172
격안관화 92, 93, 94, 95, 97
계릉 24
계백장군 110
고노에 103
고니시 유키나가 41
고육계 269, 271, 272
고조선 168, 169
골란고원 18, 273, 274, 275
공성계 254, 255, 256, 258
공손강 93, 94
과달카날 섬 27, 122
관문착적 182, 183, 186, 188, 189
국제안보지원군(ISAF) 282
궁자기 199
권율 42
귀주대첩 48
그레이트 게임 43

금선탈각 176, 177, 178, 181
금적금왕 152, 153, 154, 156, 157, 279, 281
기만작전 16, 73, 74, 80, 81, 160, 236
김삼룡 105
김수임 252, 253
김유신 109
김종오 17, 118
김춘추 193, 194
김품일 110

## (ㄴ)

나 · 당 연합군 53, 54, 194
나제동맹 201
나치당 99, 210, 211, 212
나폴레옹 114, 154, 155, 156, 169, 170, 172, 230, 231, 256, 257, 258
낙동강방어선 29, 30, 31, 90, 91, 181, 237, 289
남경정부 103
남로당 48, 49, 50, 253
남베트남민족해방전선 265
남북전쟁 44
남진론 102
남한산성 163, 164
노르망디 상륙작전 71, 81, 263
노숙 36, 77
누벽 21

## (ㄷ)

다국적군 156, 162, 172, 173
다윗 220, 221
대동아공영권 101, 102
대량 24, 25
대미협상 101, 103, 104
대불동맹 170, 230
대장정 244, 245, 246
대한제국 44, 196
덩케르크 89
도서지역 27, 28, 129
도조 히데키 103
도하작전 138
독석동 해상철수작전 180
독·소 불가침조약 210
독·폴 불가침조약 100
돈 집단군 185, 259, 260
동락리 전투 117, 119
동탁 35, 277
동학농민군 57
둘리틀 중령 61
디일-브레다 계획 88

## (ㄹ)

러시아 침공 258
러일전쟁 44, 202, 203, 242
레그니차 전투 223, 224
레넨캄프 179
로멜 72, 234, 235, 236
루거우차우 사건 101
루이-조셉 몽칼름 70
룬트슈테드 원수 72
리지웨이 장군 110, 112, 123, 124, 125

## (ㅁ)

마릉 25
마리아나 제도 62
마속 141
마오쩌둥 32, 33, 94, 95, 104, 125, 245,
    246
마지노 선 86
마타하리 250, 251
만슈타인 87, 88, 259, 260, 261
만주사변 101
만천과해 14, 15
매소성 전투 117
맥아더 장군 28, 29, 30, 31, 33, 136
맹상군 270, 271
맹획 141, 142
메이지유신 54, 242
명량해전 79, 80, 234
모사드 273, 274
몽고메리 73, 133, 234, 235, 236
몽염 207
무중생유 76, 78, 80, 81, 278, 279, 281
미드웨이 해전 27
미인계 248, 249, 250, 251, 253, 277
미 중부사령부 279, 282

## (ㅂ)

바그다드 포위 143
바레브 선 137
바바롯사 계획 259
반간계 209, 262, 263, 271, 272, 278
반객위주 240, 241, 242, 244, 246
반격작전 27, 33, 50, 51, 124, 188, 237,
    289
발미 전투 154, 155

방연 23, 24, 25, 108
방통 278, 279
방호산 90
배주석병권 114, 115
백기 208
범려 249, 250
범저 191, 192
범증 209, 210, 263
베르사유조약 99, 100
베트남전쟁 149, 264
베트콩 130, 131, 132, 149, 150, 151, 265
병자호란 163
보장왕 54
봉암리 계곡 186, 187
부비트랩 123, 130, 132
부저추신 160, 161, 162, 164, 282
부차 249, 250
북부 동맹군 281
북아프리카 상륙작전 81
블라스코비츠 72
비스마르크 194, 195, 196, 242
비시정부 243
빠드 칼레 72, 73, 74, 81, 263

## (ㅅ)

사다트 19
사담 후세인 96, 156, 157
사마의 177, 256
사울 220
살수대첩 230
삼국동맹 102, 103, 196, 243
삼국시대 37, 92, 141, 177, 193, 255
삼국통일 201
삼도수군통제사 41, 42, 78, 79, 233
삼소노프 178, 179

삼제동맹 196
삼제회전 231
상옥추제 225, 226, 227, 229, 230, 231, 279, 280
생쥐전쟁 184
생활권 99
서시 249, 250
서희 46
석유수출금지 조치 102
설인귀 15, 16
성기 169
성동격서 64, 65, 67
세인트 헬레나 섬 154
셔먼 대장 30
소리장도 98, 101, 104, 105
소모전 19, 20, 24, 27
소배압 46, 47
소손녕 46
소정방 53, 116
소진 146, 270, 271
손권 35, 36, 37, 77, 271, 277
손빈 22, 23, 24, 25, 108, 109
손자병법 22, 23, 45, 82, 164, 167, 226, 262
솜 전투 161
송요찬 237
수니파 95, 156, 157
수보타이 222
수상개화 232, 233, 236, 239
수 양제 226, 228
수에즈운하 18, 19, 20, 137, 138
숙첨 255, 256, 258
순망치한 198, 199
순수견양 113, 114, 115, 116, 117, 198, 199, 202, 277
순식 199
순체 168

슐리펜 계획 86, 161, 178
스키피오 161, 162
스탈린 100, 104, 183
스탈린그라드 전투 186, 259
스트러블 중장 32
스페인 전쟁 44
승전계 13
시아파 156, 157
시칠리아 상륙작전 60, 81
신생과 중이 225
신해혁명 245
썬더볼트 작전 125

## (ㅇ)

아르덴 산림 지대 86
아우스터리츠 전투 231
아프간전쟁 96, 218, 279
악의 263, 264, 270
악의 축 217, 218
안동도호부 116
안전보장조약 35
안정화작전 96, 282, 283
알렉산드로스 65, 66, 67, 68
알렉산드르 1세 231, 257
알몬드 소장 32
알 카에다 95, 96, 143, 157, 217, 218,
    279, 281, 282
암도진창 82, 86, 91
양귀비 249
양동 45, 65, 68, 71, 74
양복 168
엘리 코헨 273, 274, 275
엘 알라메인 전투 235, 236
엘파소 작전 149
여포 35, 277

연개소문 53, 54
연남생 53
연정토 53
연합원정군최고사령부 73
연환계 276, 277, 278, 279
연횡책 147
영락제 214, 215
오광 208
오마치 고개 165, 166, 188
오사마 빈 라덴 95, 96, 143, 216, 217, 279
오스만튀르크 43
오자 182
오자서 250
왕소군 249
왕윤 277
외곽방어선 25, 26, 27
요시라 41, 42
요하 도하작전 16
욕금고종 139, 140, 144, 182
우거왕 168, 169
우문술 228, 230
우자기 209, 263
우회전술 25, 27, 28
우후 134, 135
울프하운드 작전 125
웅진도독부 116, 194
워커 중장 123
워털루 전투 155
원교근공 5, 6, 147, 190, 191, 192, 194,
    196, 197
원균 42, 78, 79, 148
원산상륙작전 50
원상 93, 94
원소 35, 36, 37, 93
원창고개 16, 17, 18
원회 93, 94, 104, 105, 252, 265

웨이벨 장군  80
위연  255, 256
위위구조  22, 28, 279, 281
위위구한  25
유격전술  246
유기  225
유도탄  138
유방  83, 84, 85, 139, 141, 208, 209, 210,
    263, 277, 286, 287
유비  35, 36, 37, 77, 92, 141, 225, 232, 255,
    278
유엔군 제1차 반격작전  33
유엔군 제2차 반격작전  50
유엔 한국위원단  104
융커  99
을지문덕  228, 229, 230
이강국  252, 253
이대도강  107, 108, 109, 110
이라크 침공  96
이사  207
이세민  14, 15, 16, 153, 154
이세적  54
이순신  38, 41, 42, 78, 79, 80, 147, 148,
    149, 233
이스라엘  18, 19, 20, 137, 138, 191, 220,
    221, 273, 274, 275
이승만  35
이연  153, 226, 227
이일대로  45, 46
이정  153, 154
이주하  105
이집트  18, 19, 20, 21, 66, 67, 68, 80, 137,
    138, 234, 235, 273
이포대기  45
인민유격대  48, 49
인조  163, 164

인천상륙작전  28, 29, 30, 31, 32, 33, 50,
    110, 129, 198, 289
임부택  117
임오군란  54, 55, 56, 57
임진왜란  34, 38, 39, 40, 147, 233

## (ㅈ)

장량  83, 209, 210, 263, 287
장사귀  15, 16
장수왕  200
장쉐량  245
장의  145, 146, 147
장제스  94, 95, 245, 246
장춘권  237, 238, 239
적벽대전  37, 77, 92, 263, 271, 272, 277, 278
전국시대  22, 23, 108, 145, 182, 191, 207,
    263, 270, 285, 287
전기  23, 24, 108, 109
전단  263, 264
전략폭격  57, 58, 59, 60, 61, 62, 71, 172
정명가도  147, 198, 202
정유재란  40, 41, 78, 233
정일권  90
제1차 세계대전  58, 59, 69, 86, 87, 100,
    161, 178, 210, 242, 251
제2차 세계대전  57, 58, 59, 60, 71, 80, 86,
    100, 173, 174, 183, 195, 210, 234, 243,
    254, 258
제갈공명  36, 177, 256
제임스 울프  69, 70
제프리 암허스트  69
제해권  27, 40, 41, 42, 72, 80
조고  207, 208
조광윤  114, 115
조광의  114, 115

조구 241
조국통일민주주의전선 104
조만식 105
조조 35, 36, 37, 77, 78, 92, 93, 94, 232, 263, 271, 272, 277, 278, 279
조호이산 134, 135, 136, 137, 138
종화타겁 52, 57
좌산관호투 92, 94
주원장 214
주위상 284
주유 36, 37, 77, 78, 92, 263, 271, 272, 277, 278, 286
주코프 184
중국군 제1차 공세 136
중국군 제3차 공세 125
중국군 제4차 공세 50, 111, 125, 129
중국군 제5차 공세 129
중동전쟁 18, 19, 137, 273
지상매괴 213, 215, 216, 218, 279, 280
지암리 전투 189
지연전 89, 90, 108, 117, 284, 287, 288, 289
지평리 전투 110
진승 208
진시황 83, 192, 207, 208, 287
진주만 기습 26, 60, 101, 216
진평 209, 210, 263
진화타겁 52, 53, 54, 56, 57, 92, 153
쭈옹 딘 쥬 265

### (ㅊ)

차도살인 34, 35, 37, 42, 44, 78, 277, 279, 280
차시환혼 128, 131, 133
채옹 277
처치 90

처칠 60, 234
철령고개 전투 237
청야전술 47
청일전쟁 43, 57, 202, 203, 242
청 태종 163, 164
초선 249, 277
초 장왕 221
춘천 16, 17, 117, 188
칠종칠금 142
칠천량 해전 42, 79, 233
칭기즈칸 224

### (ㅋ)

칸다하르 95, 281
칸 지애리 153, 154
캐스캐이드 81
케네디 267
코소보전쟁 174, 175
콜린스 대장 30
쿠투조프 256
퀘벡전투 69
크로마이트 작전 30
크롬베즈 특수임무부대 112
크리스마스 공세 136
크림전쟁 43
크비슬링 210, 211, 212
킨 특수임무부대 186, 187

### (ㅌ)

타넨베르크 전투 178, 179
타초경사 122, 123, 125, 127
탈레반 95, 96, 217, 218, 279, 280, 281, 282, 283
태평양전쟁 25, 26, 27, 28, 29, 102, 122,

123, 243
텐진조약  56, 57, 202
토요토미 히데요시  40, 147
투량환주  206, 208, 210, 211, 279, 282

## (ㅍ)

파비안 전략  162
파비우스  162
파쇄공격  186, 187
파슈툰족  283
파시스트  212, 215
파울루스  185, 186
패튼 장군  81
펑더화이  51, 112, 124, 125, 136, 137
펜코프스키  267, 268
포러스  67
포에니전쟁  161, 162
포전인옥  145, 146, 149, 151
포츠머스 강화조약  44
포티튜드  73
풍희  146, 147
프란츠 2세  231
프랑스 대대  112
피실격허  22, 29

## (ㅎ)

하리코프  258, 260, 261
하인리히 2세  222, 223
하페즈 알 아사드  274
한강선 방어  288
한니발  161, 162
한단  23, 24
한신  82, 83, 84, 85, 86, 89, 209, 287
할더  87

할제이 제독  28
합종  145, 146
항공작전  172, 174, 175, 281
항우  83, 84, 85, 139, 141, 208, 209, 210,
    263, 286, 287
현종  47
호남 우회기동  91
호해  207, 208
혼수모어  167, 168, 169, 173, 175
홍문지회  286, 287
홍천  16, 17, 111, 117
화랑 관창  110
화랑 반굴  110
황개  271, 272, 278
황색계획  87
히다스페스 강  65, 67, 68
히틀러  87, 99, 100, 101, 185, 194, 195, 196,
    210, 211, 212, 215, 216, 259, 260, 261
힌덴부르크  99, 178, 179

## (기타)

B-29  61, 62
CIA  267, 279, 280
IED  131, 132, 133
JSPOG  29, 30
KATUSA  32
KGB  268

5천 결사대  109, 110
7년전쟁  69, 71
9·11테러 사건  143, 216, 279
10·19 여수순천사건  49
16자전법  246